高等学校应用型人才培养系列教材

U0887909

张子瑞 主 编

数字三维动画Maya技术

慕课版

| 修订版 |

化学工业出版社

·北京·

内容简介

本书以新时代高素质数字艺术应用型人才培养为出发点，通过Maya三维技术基础、NURBS建模、Polygon多边形建模、Maya灯光、Maya材质与贴图五章内容，详细介绍了Maya的工具、命令以及Maya制作方法、技巧。本着教学、实践一体化理念，书中提供了18个分解步骤详尽的案例，帮助学生高效掌握Maya软件的使用方法，有效强化实践能力，从而将所学知识快速运用到实际操作中。所选取的案例注重将数字艺术与Maya技术相结合，激发学生的求知欲，加深其对所学知识的认知和理解，使其懂得软件学习的最终目的是为设计服务。本书配套有课件、案例视频、案例源文件、素材。

本书可作为高等院校数字媒体技术、数字媒体艺术、动画等专业三维设计课程的教材，也可作为Maya软件初、中级学习者的参考读物。

图书在版编目（CIP）数据

数字三维动画Maya技术 / 张子瑞主编. -- 北京 : 化学工业出版社, 2025. 12. -- (高等学校应用型人才培养系列教材). -- ISBN 978-7-122-49382-8

Ⅰ. TP391. 414

中国国家版本馆CIP数据核字第2025ZK1324号

责任编辑：张　阳　　文字编辑：蒋　潇　　装帧设计：张　辉
责任校对：李雨晴　　版式设计：梧桐影

出版发行：化学工业出版社
（北京市东城区青年湖南街13号　邮政编码100011）
印　　装：河北京平诚乾印刷有限公司
787mm×1092mm　1/16　印张10¾　字数228千字
2025年12月北京第1版第1次印刷

购书咨询：010-64518888　　售后服务：010-64518899
网　　址：http://www.cip.com.cn
凡购买本书，如有缺损质量问题，本社销售中心负责调换。

定　　价：68.00元

前 言

Maya技术在当今高端三维专业软件中占据核心地位，并在影视、游戏、广告、艺术、建筑等多元化领域中得到了广泛应用，成为艺术与技术交融创新的关键载体。随着行业数字化及教育领域产教融合、科教融汇改革的深化，培养兼具扎实技术功底与创新应用能力的数字创意人才成为高等教育适配产业发展的重要使命。

《数字三维动画Maya技术》教材第一版于2015年10月出版。随着时代的发展、软件版本的更新，原有内容要适配新需求，教材的修订刻不容缓。本教材修订版2024年入选福建省“十四五”普通高等教育本科规划教材建设项目，并于2025年获批福州外语外贸学院教材资助。教材立足Maya 2025版本编写，符合当下制作与学习要求，在内容上深度革新，既保留软件操作核心逻辑，又全面升级案例的制作。

教材包括Maya三维技术基础、NURBS建模、Polygon多边形建模、Maya灯光、Maya材质与贴图五章，详细介绍了Maya的工具、命令以及Maya制作方法与技巧。教材编写注重教学创新，融合传统讲授与现代高科技教学手段，助力教学模式升级。各章节都对软件工具、命令进行了详细讲解，方便初学者的基础学习。为了让学生深入学习软件实践应用方法，教材在各章相应模块提供了具有详细分解步骤的实践案例，以便学生掌握软件应用要领。案例学习不仅有利于学生掌握Maya软件的使用方法，更能有效地强化其实践能力，实现教学、实践一体化，使其将所学的Maya技术知识运用到实际操作中，迅速理解理论知识和专业技术。教材案例注重艺术与Maya技术的结合，不仅能够激发初学者的求知欲，还可以加深初学者对所学知识的认知和理解，更重要的是能让初学者懂得学习该软件的最终目的是为设计服务。

本教材是校企合作、产教融合的实践成果，充分体现了应用型本科教育办学的特点。全书由张子瑞主编，龙凤、张捷侃、林莉娅、欧文婷、郑则凌、栀梓、钟艳、何燕、刘天星、王小明参编。福建天宏创世科技有限公司从行业前沿视角提出宝贵意见，提升了教材的实用性与前瞻性，在此致以诚挚谢意。由于编写时间仓促，编者学识水平有限，书中难免存在疏漏或待完善之处，恳请广大读者不吝赐教，助力教材不断精进。

编者

2025年6月

目 录

实例讲解视频扫码学

苹果与果盘 模型制作 （对应正文P19）	可乐瓶 模型制作 （对应正文P23）	煤油灯 模型制作 （对应正文P38）
汽车轮胎 模型制作 （对应正文P49）	书柜、书籍 模型制作 （对应正文P81）	墙面与窗户 模型制作 （对应正文P94）
书桌 模型制作 （对应正文P103）	椅子 模型制作 （对应正文P106）	画框 模型制作 （对应正文P108）
小方桌 模型制作 （对应正文P108）	花瓶 模型制作 （对应正文P109）	画架 模型制作 （对应正文P110）
垃圾桶 模型制作 （对应正文P113）	学习桌 模型制作 （对应正文P116）	整理室内 场景模型 （对应正文P118）
玻璃、布料 材质制作 （对应正文P135）	黄瓜、木板、 瓷砖材质制作 （对应正文P146）	多边形UV 贴图制作 （对应正文P157）

第 1 章 Maya 三维技术基础

学习目标 ① 掌握Maya基础知识并将其应用到实际操作中。

② 具备系统扎实的Maya基础知识与专业技能，了解三维动画制作的历史、现状和前沿动态，掌握本专业的研究思路和研究方法，具备良好的艺术素养与科学素养。

学习重点 ① 熟悉Maya菜单与快捷菜单操作方法。

② 掌握Maya界面、Maya物体变换及视图的基本操作方法。

Maya软件发展至今，操作界面在最初的设计基础上进行了一定的改进，但未破坏最初的设计，没进行大面积的界面操作更改，方便用户的学习与使用。本章主要对Maya界面以及Maya的基本操作进行详细介绍。

第一节 Maya界面介绍

一、工作区

工作区包含窗口、面板和其他界面选项。软件预设的“工厂”工作区包括“常规”（默认）以及为不同工作流设计的其他几个工作区。用户可以创建和共享自定义工作区。如图1-1所示。

图1-1 工作区

二、界面介绍

1. 菜单

Maya菜单分为两个部分，一部分为公共菜单，另一部分为模块菜单，如图1-2所示。

图1-2　Maya菜单栏

公共菜单是Maya默认的保持不变的菜单。公共菜单包括文件、编辑、创建、选择、修改、显示、窗口以及帮助，如图1-3所示。

模块菜单是通过切换模块进行变换的。用户可以通过Maya状态栏选择模块。Maya的模块包括建模、绑定、动画、FX、渲染、自定义，如图1-4所示。

图1-3　公共菜单　　图1-4　Maya模块

还可以在视图中通过快捷键打开Maya菜单。将鼠标放到视图中，长按空格键，点击鼠标左键，可在视图中打开菜单，如图1-5所示。

Maya菜单是可单独调出并在视图中进行独立移动的。每个菜单栏都有浮动框，用户可根据需要点击菜单最上面的浮动条，将常用菜单单独调出，并移动到视图中的适宜位置，以方便选择，不需要时也可关闭菜单，如图1-6所示。

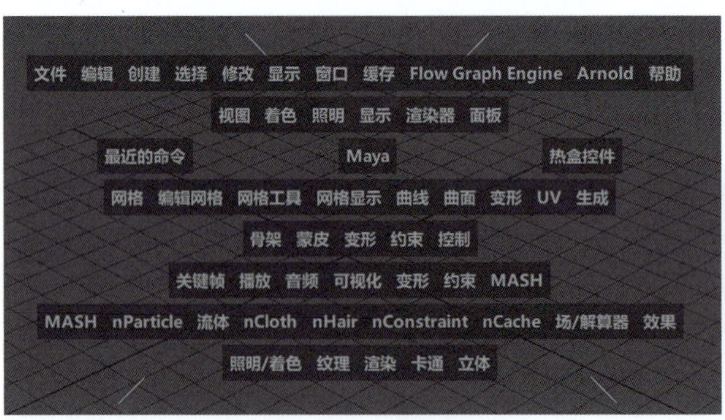

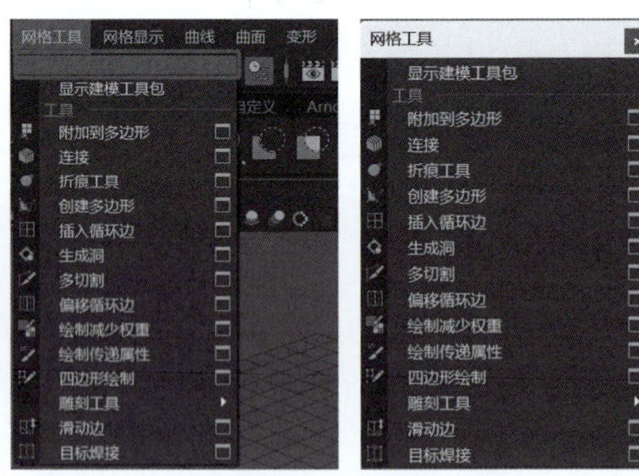

图1-5　快捷键菜单　　图1-6　Maya菜单

2. 工具架

Maya工具架主要用于陈列各个模块的常用命令，用户除了通过菜单选择命令外，还可以通过选择工具架上的快捷命令来执行操作。该工具架设置提高了工作效率，如图1-7所示。

3. 状态栏

Maya的状态栏以组的形式分类展示各项命令。用户可以通过扩展或者收缩这些组，对状态栏进行整理，如图1-8、图1-9所示。

图1-7 工具架

图1-8 默认状态栏

图1-9 展开状态栏

Maya状态栏主要包括一些常用的命令，如新建文件、打开文件、储存文件、特定的对象/组件类型、捕捉到栅格、渲染视图等。大多数命令都是便于建模、制作动画的快捷操作工具，有助于提高工作效率，如图1-10、图1-11所示。

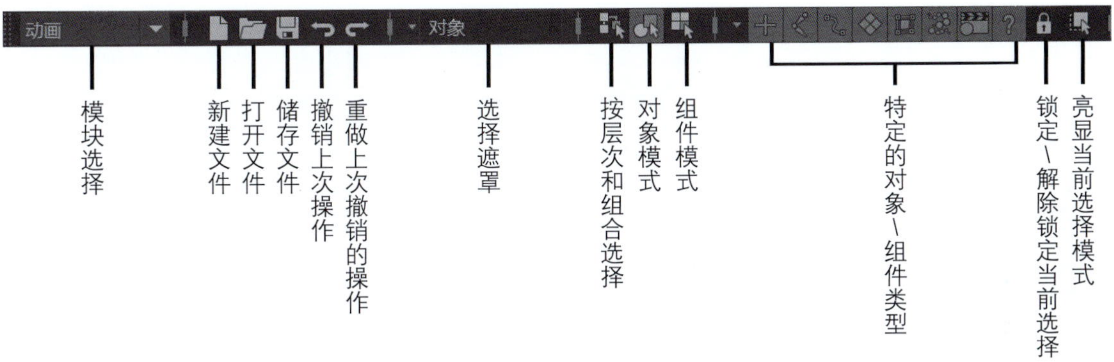

图1-10 状态栏1

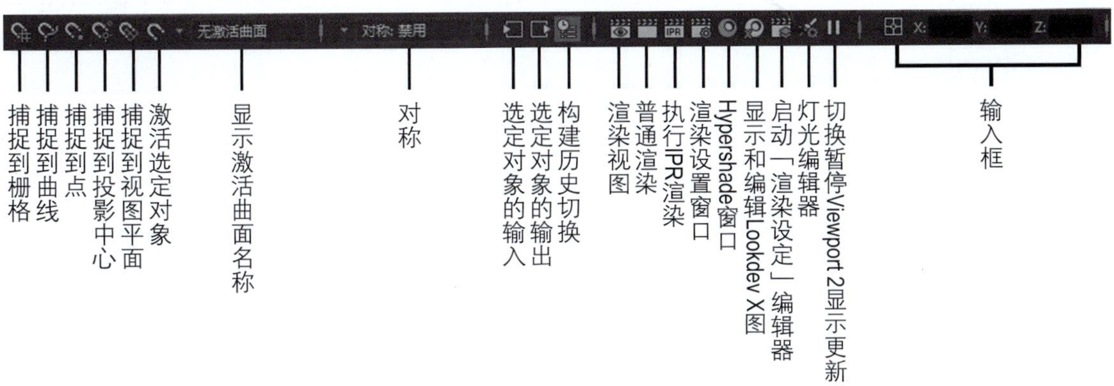

图1-11 状态栏2

4. 工具箱

Maya工具箱中涵盖了常用操作工具，包括选择工具（快捷键“Q”）、套索工具、绘制选择工具、移动工具（快捷键“W”）、旋转工具（快捷键“E”）、缩放工具（快捷键“R”）、上次使用的工具（快捷键“G”），如图1-12所示。

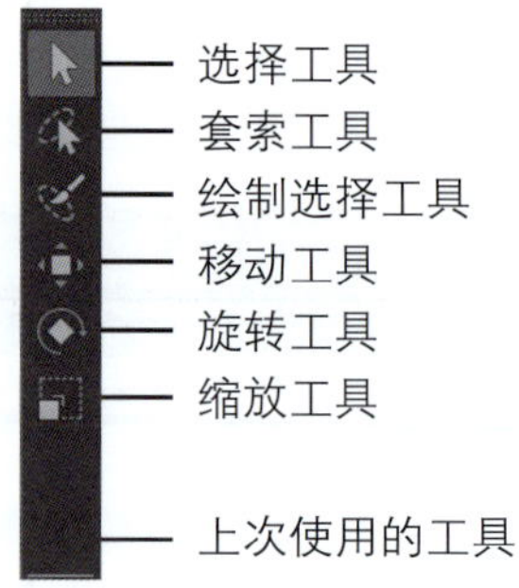

图1-12　工具箱

5. 视窗选择栏

Maya视窗选择栏主要用于控制视窗显示的布局。常用的视窗显示工具位于工具箱下方，包括透视图显示、四视图显示、双视图显示以及大纲视图显示，如图1-13所示。

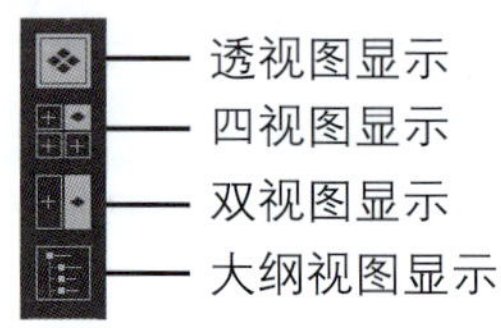

图1-13　视窗选择栏

6. 操作视图

Maya操作视图是对模型进行编辑和操作的工作区域。Maya的每个操作视图都有相对应的视图操作菜单及快捷命令按钮，便于用户对视图进行编辑与操作，如图1-14所示。

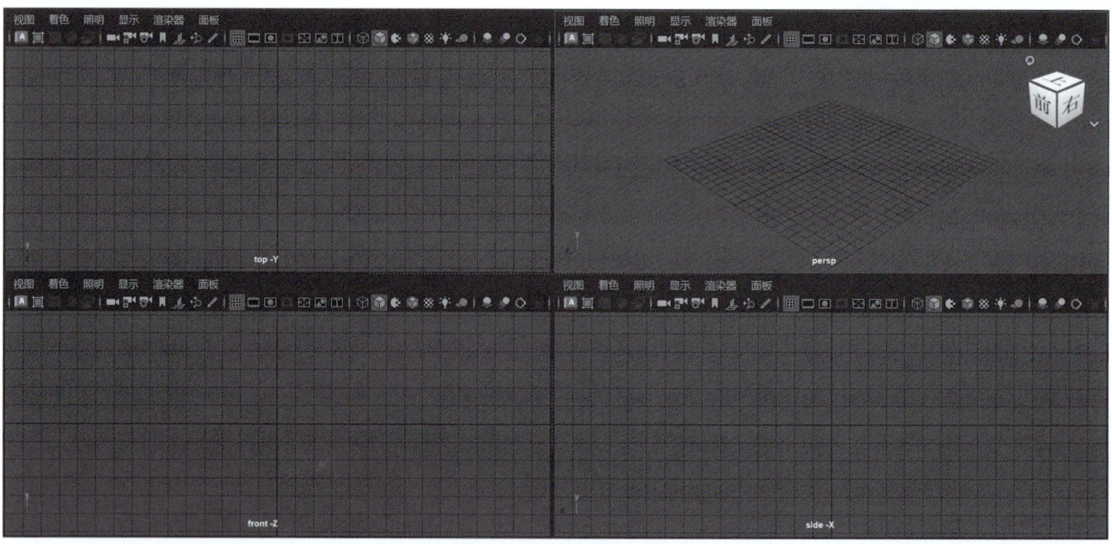

图1-14　操作视图

操作时可使用鼠标配合快捷键进行视图间的切换。例如在显示四视图的状态下，将鼠标移动到需要放大的某个视图上，不用点击鼠标，按空格键，就会对当前视图进行最大化单独显示。如果再次按下空格键，就会恢复到之前的四视图显示状态。也可在单独视图上长按空格键，点击鼠标右键切换视图，如图1-15所示。

7. 时间滑块

时间滑块显示了动画的时间范围，便于用户在制作动画时对时间范围进行控制与编辑，如图1-16所示。

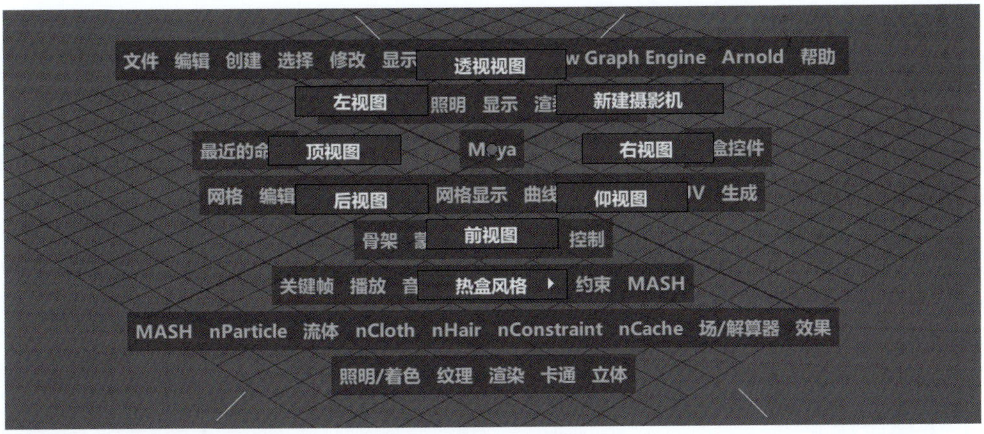

图1-15　视图切换菜单

图1-16　时间滑块

8. 范围滑块

范围滑块位于时间滑块下方，用于控制“时间滑块”体现的播放范围，如图1-17所示。

图1-17　范围滑块

9. 播放选项

播放选项用于更改有关动画播放的设置，如帧速率、循环和自动关键帧，如图1-18所示。

图1-18　播放选项

10. 播放控件

播放控件是动画播放控制区域，包括动画的播放、暂停、快进、快退等按钮，如图1-19所示。播放范围显示在“时间滑块”中。

图1-19　播放控件

11. 命令行和帮助行

命令行包括命令输入行、命令提示行以及脚本编辑器，如图1-20所示。

帮助行会对当前操作的命令进行显示以及简单提示，如图1-21所示。

图1-20　命令行

图1-21　帮助行

12. 属性编辑器

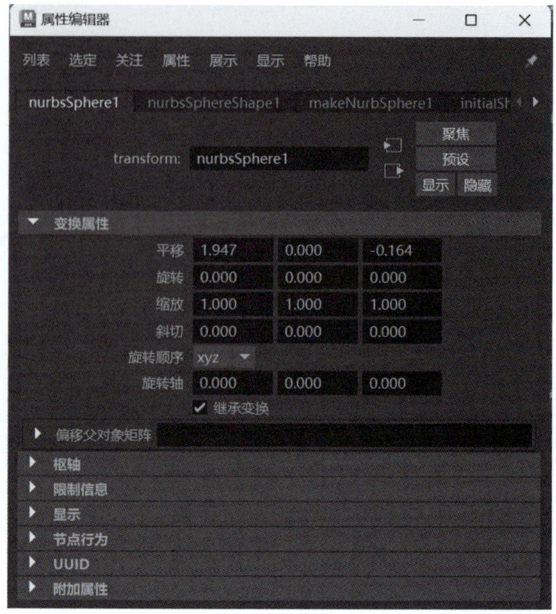

图1-22 属性编辑器

属性编辑器是物体的节点结构与物体相关属性的组合。它由若干个标签组成，主要用于查看和设置物体或者节点的基本属性，如图1-22所示。物体属性编辑器的打开方式有两种，一是选择物体后按快捷键“Ctrl+A”键，二是点击Maya界面右上角的按钮。

13. 工具设置

工具设置用于对工具属性进行编辑与设置，如图1-23所示。工具设置面板的打开方式有两种，一是点击Maya视图右上角的按钮，二是双击工具按钮。

14. 通道盒与层编辑器

通道盒与层编辑器的打开方式：点击视图右上角的通道盒与层编辑器按钮。通道盒用于编辑选定对象的属性和关键帧，如编辑对象的变换操作属性、显示的属性以及对象节点属性和创建时的构建历史。层编辑器包括显示层和动画层两种类型，显示层用于组织和管理场景中的对象，可设置层的可见性和可选性；动画层用于融合、锁定或禁用动画的多个级别。如图1-24所示。

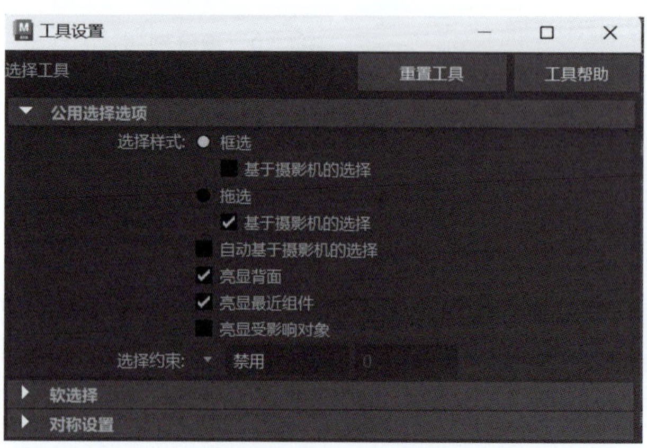

图1-23 工具设置

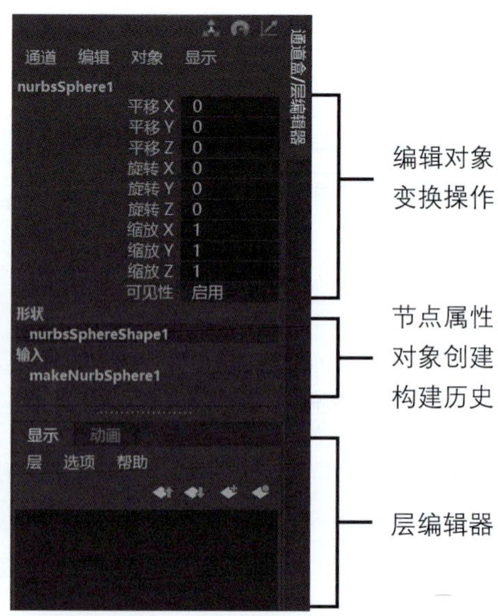

图1-24 通道盒与层编辑器

第二节 Maya操作基础

一、文件

Maya的文件菜单中主要包括文件创建与管理、导入/导出等功能。

1. 文件创建与管理

文件创建与管理主要包括新建场景、打开场景、保存场景、场景另存为、递增并保存、归档场景、保存首选项和优化场景大小，如图1-25所示。

2. 导入/导出

导入/导出主要包括导入、导出全部、导出当前选择、游戏导出器、发送到Unity、发送到Unreal、Adobe(R) After Effects(R)实时链接、导出到脱机文件、指定脱机文件和ATOM，如图1-26所示。

3. 引用

引用包括创建引用和引用编辑器，如图1-27所示。“创建引用”用于将场景内容以引用的方式加载到当前打开的场景中，而非将文件导入场景中。点击“引用编辑器”可以直接打开引用编辑器对话框。

4. 视图

视图包括查看图像和查看序列，如图1-28所示。查看图像：默认情况下，使用“FCheck”查看图像。查看序列：默认情况下，使用“FCheck”查看所选的图像序列。

5. 项目

项目包括项目窗口和设置项目，如图1-29所示。项目是一个工程文件夹，可将指定的一个场景或一组相关场景所需的所有不同文件组合到一起。点击“设置项目”可打开设置对话框。

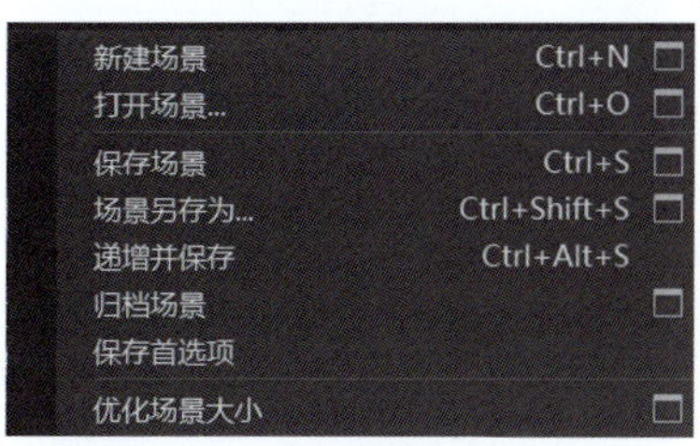

图1-25 文件创建与管理

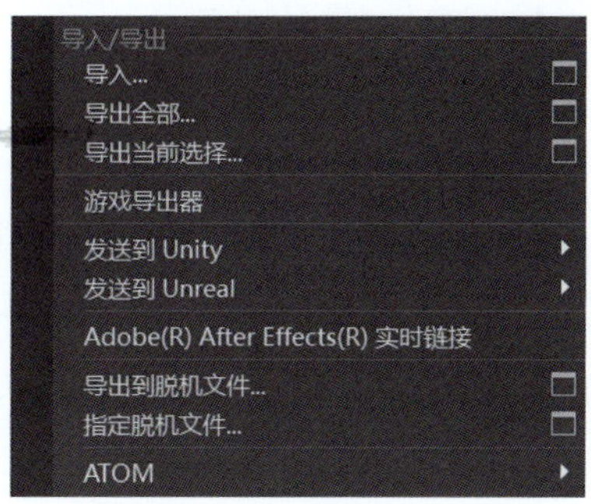

图1-26 导入/导出

图1-27 引用

图1-28 视图

图1-29 项目

6. 最近

最近包括最近的文件、最近的递增文件和最近的项目，如图1-30所示。点击“最近的文件”，系统会列出最近保存的场景文件。点击“最近的递增文件”，系统会列出最近打开的递增场景文件。点击“最近的项目”，系统会列出最近打开的项目，在此列表中选择一个项目文件夹名称，可将该文件夹设置为当前项目。

图1-30　最近

7. 退出

退出如图1-31所示。如果在选择“退出”之前刚刚对场景进行了保存，Maya软件将会退出。如果最近未保存场景，软件将显示一条消息，提示在退出之前要先保存。

图1-31　退出

二、编辑

编辑菜单包括一些常用的编辑命令，这些命令有的也可通过快捷键完成，包括：撤消，快捷键为“Ctrl+Z”；重做，快捷键为“Ctrl+Y”；重复，快捷键为“G”；最近的命令列表，用于显示最近命令；剪切，快捷键为“Ctrl+X”；复制，快捷键为“Ctrl+C”；粘贴，快捷键为“Ctrl+V”。如图1-32所示。

图1-32　常用编辑命令

可通过“Delete”键删除物体，也可通过菜单进行删除。执行菜单中的编辑>删除命令，可对场景中指定的物体进行删除。执行菜单中的编辑>按类型删除命令可根据物体特定的类型进行删除，如图1-33所示。

图1-33　删除

复制菜单包括多种复制类型，如图1-34所示。复制：创建单个所选副本。特殊复制：创建一个或多个所选副本，并可以选择对每个副本应用变换。复制并变换：复制所选内容并使用当前操纵器应用已执行的上一个变换。传递属性值：对于源和目标共享的所有同名属性，用一个对象的属性值来填充另一个对象的属性值，该操作适用于时间轴内的所有帧。

图1-34　复制

层级菜单包括分组、解组、LOD（详细级别）和建立/断开父子关系，如图1-35所示。分组用于创建群组，可对多个物体模型同时进行选择和编辑。解组用于将分组解散，以恢复多个物体的独立状态。LOD（详细级别）包括：创建LOD组、生成LOD网格、解组LOD组。LOD能够将高分辨率版本的网格自动生成要显示的低分辨率版本，可将其作为新级别添加到LOD组中。建立父子关系可以让

图1-35　层级

一个物体在进行移动、旋转、缩放等变换的同时带动另一个物体。在父子关系中，父物体控制子物体，子物体在变换时不会影响父物体。断开父子关系用于解除父子关系。

三、变换物体

变换物体主要是指对物体进行移动、旋转、缩放等操作。掌握好物体变换的方法，可以方便快捷地完成物体的各项变换操作。

1. 操纵控制器

变换物体的方法有很多种，最常用的变换方法是通过工具选择物体，然后进行基本的变换操作，如图1-36~图1-38所示。

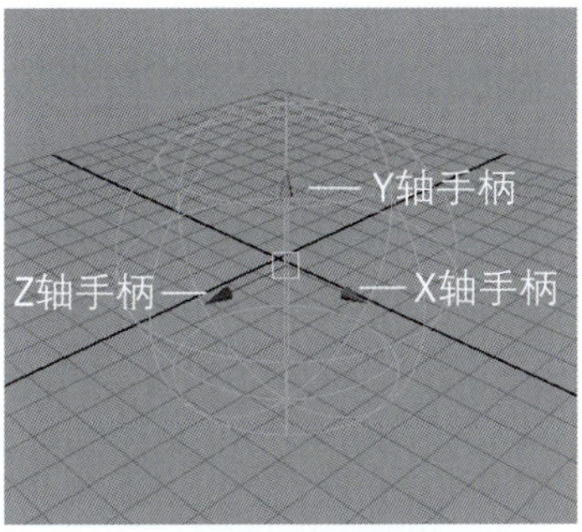

图1-36 移动手柄

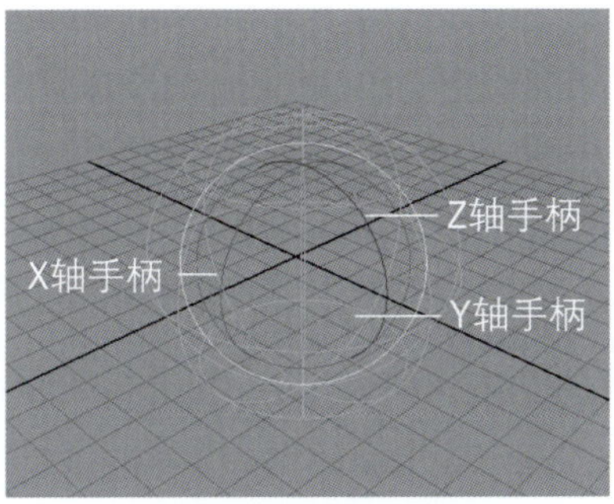

图1-37 旋转手柄

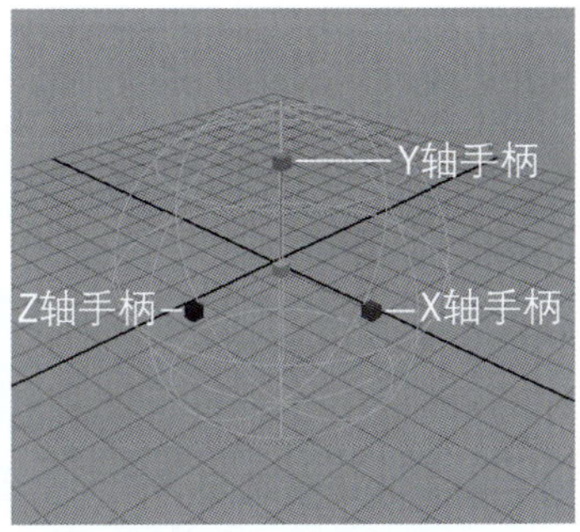

图1-38 缩放手柄

2. 物体轴心编辑

物体在三维空间中的变换都是围绕一个点进行的，这个点就是轴心。用户可根据编辑的需要，更改物体轴心并调节编辑轴心。操作时按“Insert”键进入轴心编辑状态，使用变换工具对轴心进行调整。轴心编辑操作完成后，再次按“Insert”键，退出物体轴心的编辑状态，如图1-39、图1-40所示。

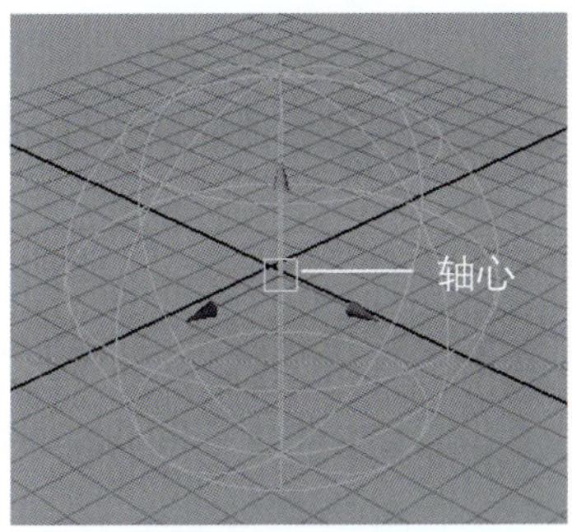

图1-39 轴心

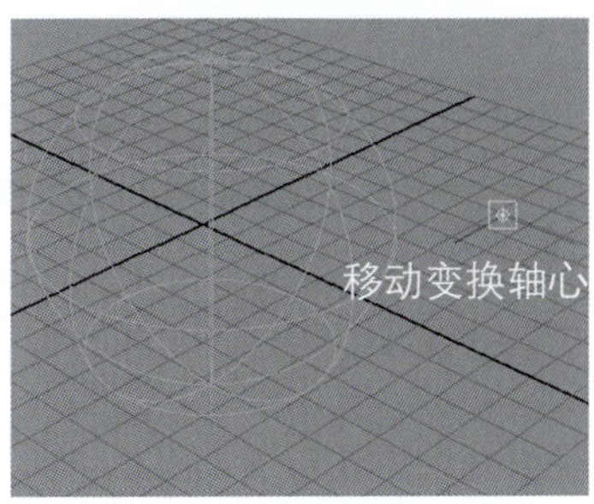

图1-40 移动变换轴心

若想将轴心恢复到物体中心点的位置，可执行菜单中的修改>使枢轴居中命令，将物体轴心进行中心复位，此操作比手动移动轴心更加精准。

3. 参数编辑设置

可以通过输入参数的方法精确变换物体，常用的方法有以下三种。

①在状态栏对选择的物体进行参数编辑设置。操作方法：选择物体，点击变换工具后，在状态栏

输入参数，按回车键结束参数编辑设置。例如，若想将物体沿着Y轴旋转20度，在此状态栏Y选项后输入参数“20” ，按回车键，此时物体就根据输入的参数沿Y轴旋转了20度，如图1-41、图1-42所示。

图1-41　输入旋转参数前

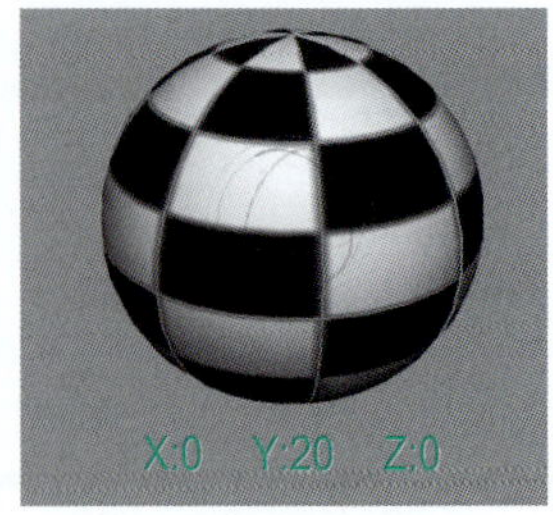

图1-42　输入旋转参数后

②在命令栏进行参数编辑设置。可以输入move、rotate以及scale命令来变换物体。例如，若想将物体移动至X轴为0、Y轴为5、Z轴为0的位置，在MEL命令栏输入move 0 5 0，按回车键，模型即沿Y轴移动5个单位，如图1-43所示。

③在通道盒中进行参数编辑设置。如在“平移Y”后的输入框中输入5，如图1-44所示。通道盒参数设置包括：平移X、Y、Z；旋转X、Y、Z；缩放X、Y、Z；可见性，用于控制物体是否显示。

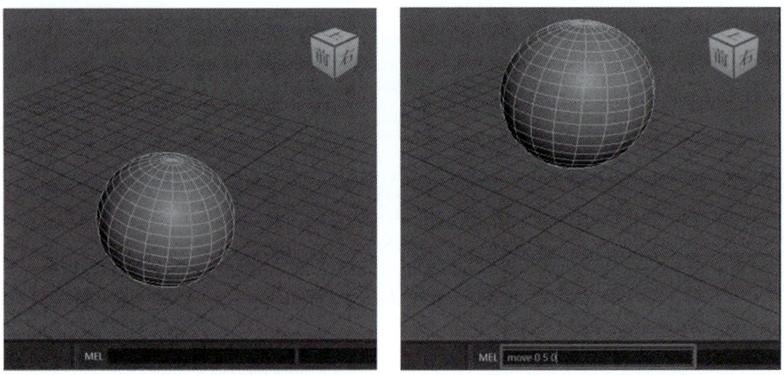

图1-43　输入Y轴移动参数

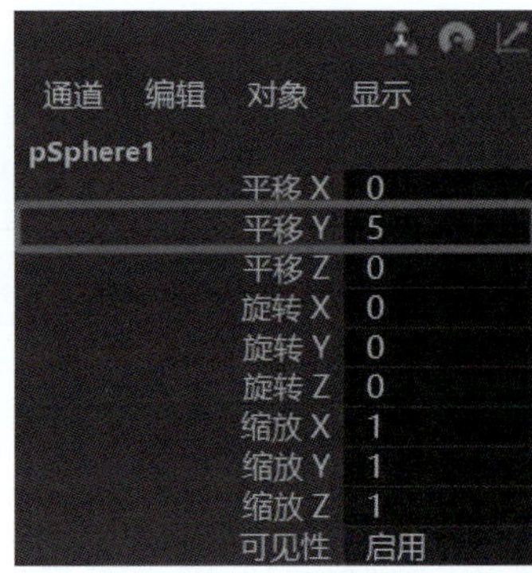

图1-44　通道盒

四、显示物体

合理应用显示物体的相关功能，不但能提高工作效率，还能简化工作界面，降低空间的复杂程度。

1. 显示菜单

显示菜单主要用于对视图中指定的项目进行显示设置。该菜单中的主要命令如图1-45所示。

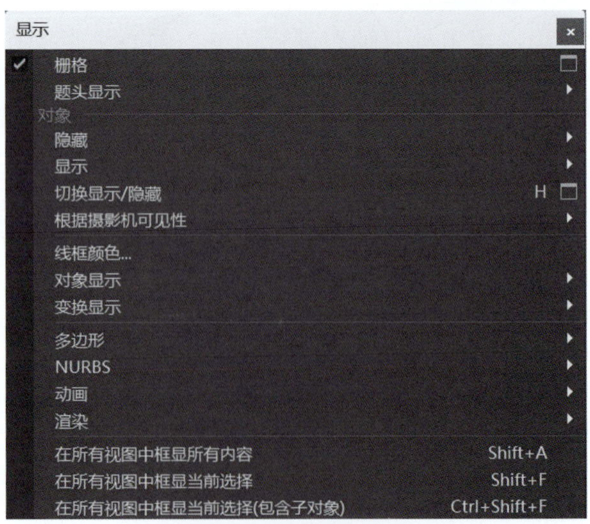

图1-45　显示菜单

2. 层显示设置

物体的显示可通过层对话框进行控制。首先将物体放在层中，然后再对该层的显示进行设置。在显示设置中，“V”为显示当前层，如图1-46所示。

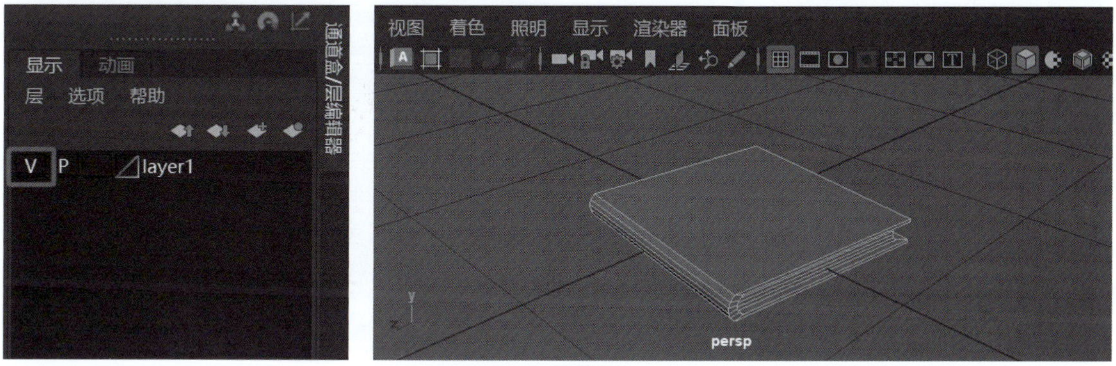

图1-46　层显示设置

在层显示设置中，如果不想显示层，可在显示设置中点击不显示，将当前层物体隐藏，如图1-47所示。

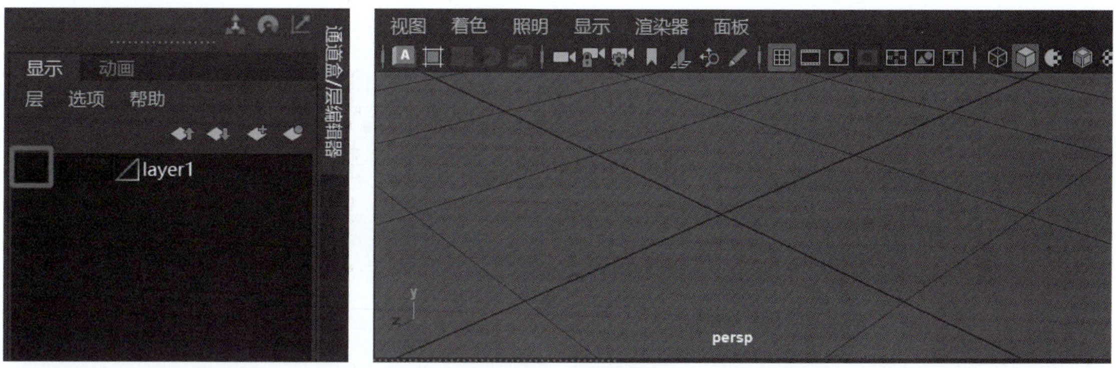

图1-47　不显示层

在层显示设置中，“T”为冻结当前层并以线框模式显示物体，物体在视图冻结时不可编辑，该层不可渲染，如图1-48所示。

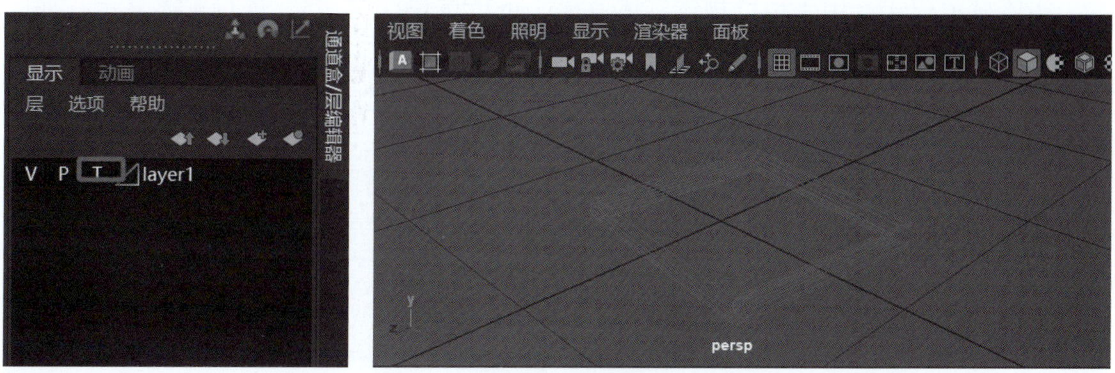

图1-48　冻结层并以线框模式显示物体

在层显示设置中，“R”为冻结该层，并以实体模式显示物体。物体在视图冻结时不可编辑，该层可渲染，如图1-49所示。

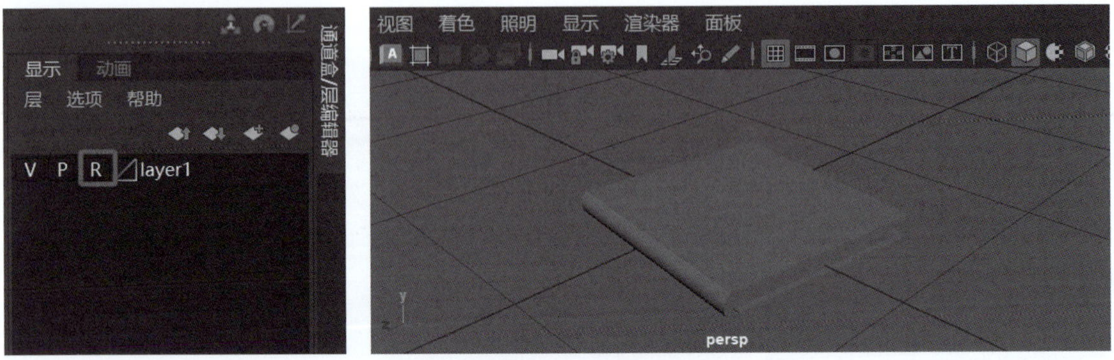

图1-49　冻结层并以实体模式显示物体

3. 视图显示菜单

每个视图上方都有一个视图菜单，视图菜单中的“显示”菜单用于对当前操作视图进行设置。“显示”菜单可以控制当前视图中的某个物体是否显示，如图1-50所示。此操作不会影响其他视图的显示，同样也不会影响最终渲染效果。在渲染该视图时，隐藏的项目依然是可渲染状态。

每个视图上都有一个视图工具栏，用于对当前视图进行摄影机设置、物体显示、渲染等操作。视图工具栏中物体的主要显示模式如下。

线框显示模式：线框显示模式可以提高电脑的运行速度，快捷键为“4”，如图1-51所示。

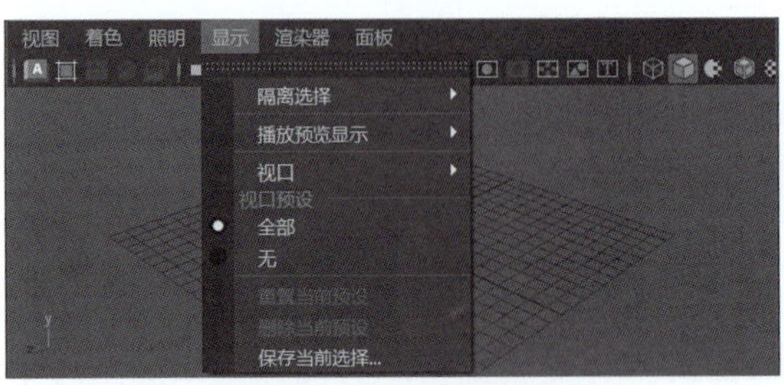

图1-50　视图显示菜单

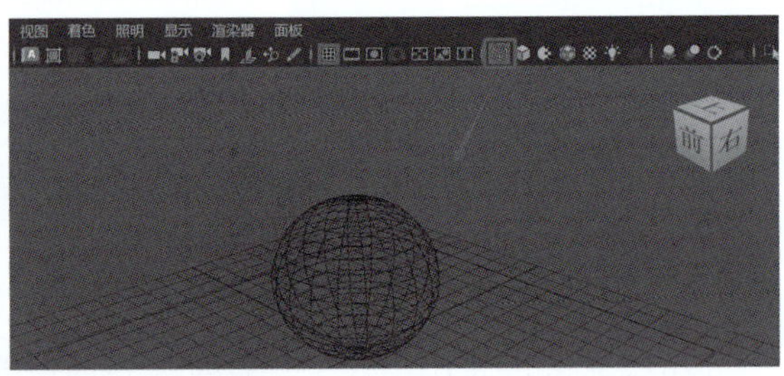
图1-51　线框显示模式

实体显示模式：用于预览物体实体效果，可以按快捷键“5”进行实体显示，如图1-52所示。

使用默认材质：视图使用默认材质显示，不使用指定材质显示，如图1-53所示。

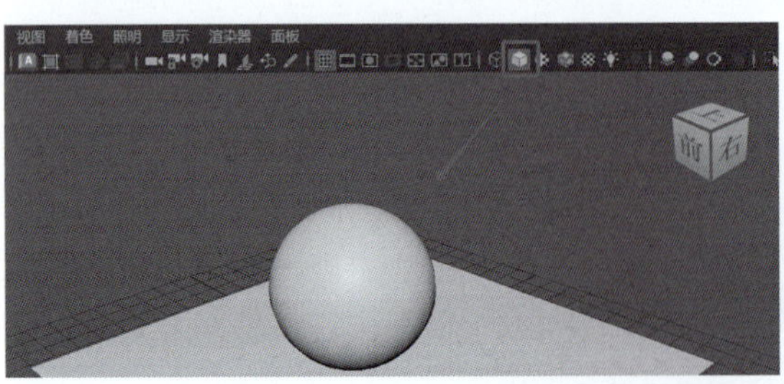
图1-52　实体显示模式

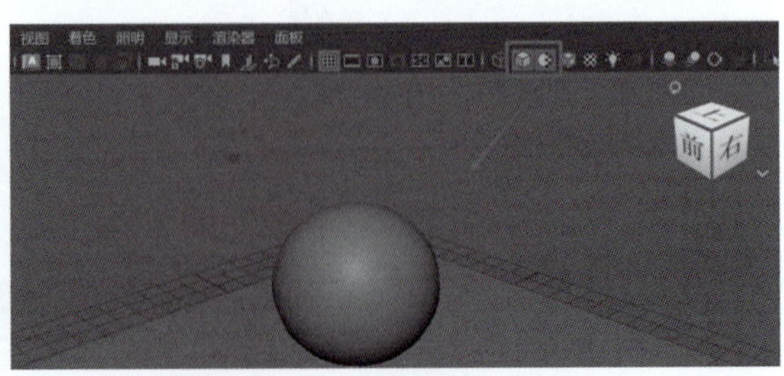
图1-53　使用默认材质

线框与实体同时显示模式：即同时使用线框与实体模式，如图1-54所示。

材质显示模式：要结合实体显示模式才能使用。可按快捷键“6”显示材质，如图1-55所示。

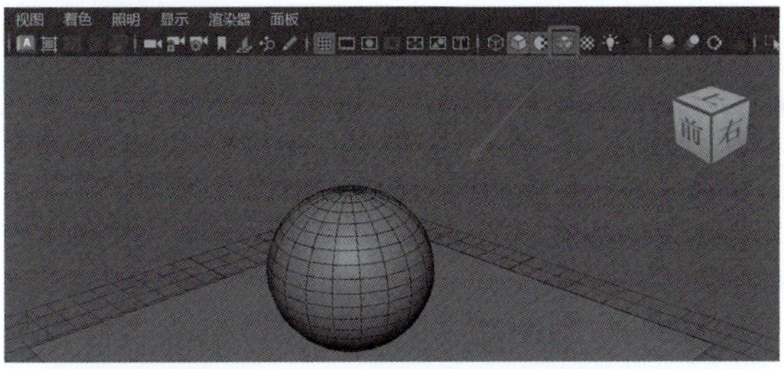

图1-54　线框与实体显示模式

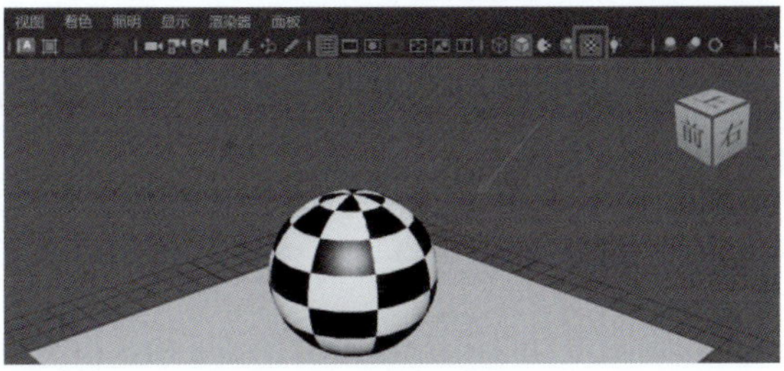

图1-55　材质显示模式

灯光显示模式：可在视图中进行简单的灯光显示，灯光显示模式要结合实体显示模式才能使用。可按快捷键“7”显示灯光，如图1-56所示。

投影显示模式：要结合灯光与实体显示模式，如果没有打开灯光与实体显示模式，那么该按钮没有任何效果。也可结合材质模式同时使用，如图1-57所示。

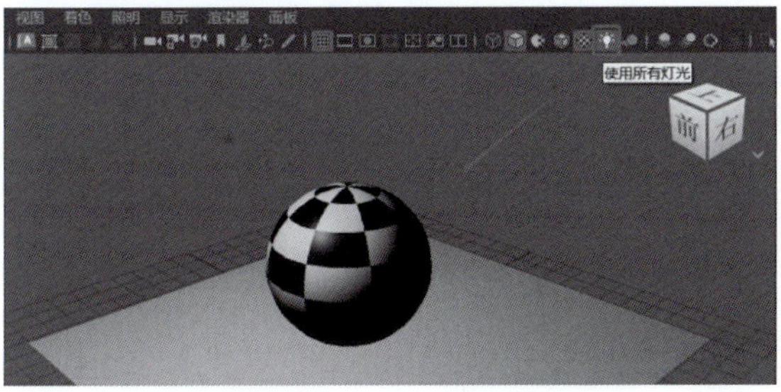

图1-56　灯光显示模式

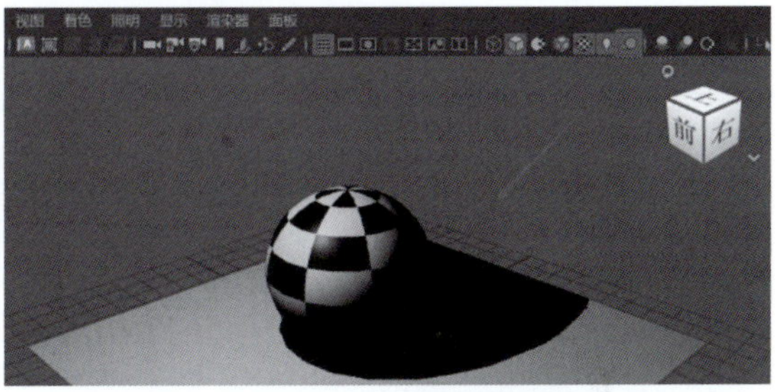

图1-57　投影显示模式

五、视图快捷操作

通常，视图的放大、缩小以及旋转等操作，都是使用快捷键与鼠标配合来完成的。

放大、缩小视图操作：使用“Alt”键+鼠标右键来放大或者缩小视图，如图1-58所示。也可以通过滚动鼠标中键来放大、缩小视图。

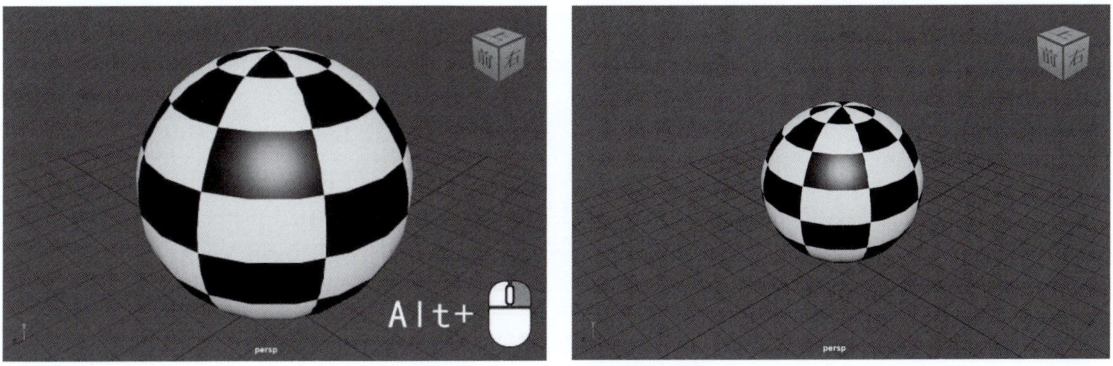

图1-58　放大、缩小视图操作

旋转视图操作：使用“Alt”键+鼠标左键。此操作只能在透视图、用户视图中使用，不能在平面视图中操作，如图1-59所示。

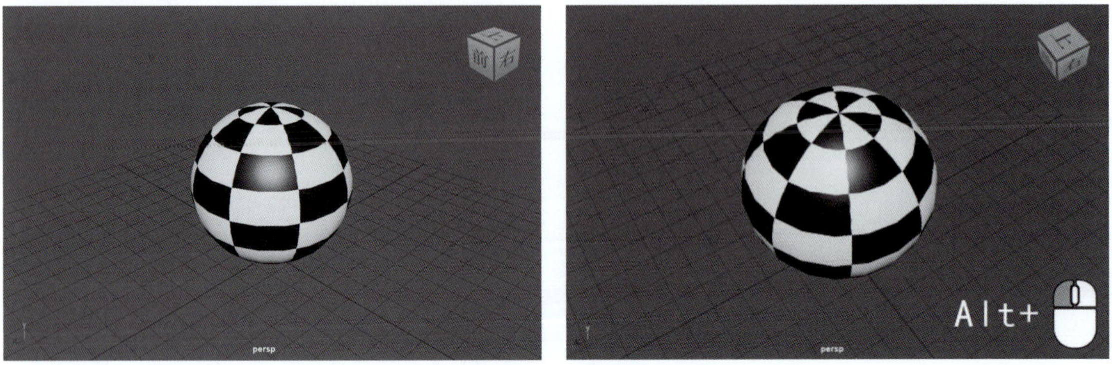

图1-59　旋转视图操作

局部框选并放大显示操作：使用“Ctrl”键+“Alt”键+鼠标左键，在视图中框选需要放大的部分，将选择的范围局部放大，如图1-60所示。

图1-60　局部框选并放大显示

课后实践

创建一组三维几何体。使用Maya软件自带的三维几何体创建一组静物几何，通过实践初步掌握Maya软件的基础应用技巧和方法。掌握移动、旋转、缩放等基本变换方法，熟悉视图操作方法。

第2章 NURBS建模

学习目标 ① 能够熟练掌握NURBS建模的方法，具备制作工业产品造型的能力。

② 能够综合运用Maya设计相关知识和技能，独立或合作完成作品创作、相关产品技术研发，能够分析和解决专业领域或相关领域复杂的曲面模型制作与创新等问题，具备较强的工匠精神。

学习重点 ① 学习曲线的创建及编辑方法。

② 学习曲面编辑元素，了解曲面属性，掌握曲面编辑与应用方法。

③ 学习曲面命令及属性设置，通过案例实践掌握曲线与曲面模型的制作技巧与方法。

第一节 曲线建模基础

NURBS建模是一种应用很广泛的建模方法。NURBS建模最大的特点就是能创建光滑和流线型的模型，它能够很好地控制模型的曲线，因此适用于制作光滑的工业产品造型、生物等。NURBS建模是以样条曲线来进行定义曲面模型的，曲线是创建曲面的基础。

曲线建模是三维建模的基础，大部分三维模型都是通过建好的曲线结合不同的编辑命令而生成的。

一、曲线的创建

可以在工具架中选择曲线工具进行Maya曲线的创建，如图2-1所示。还可以在“创建”菜单中选择曲线工具进行曲线的创建，如图2-2所示。

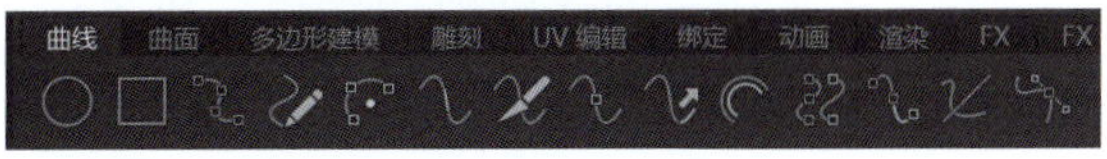

图2-1　工具架中的曲线工具

图2-2　创建曲线菜单

二、曲线编辑元素

在视图中选择要编辑的曲线，单击鼠标右键，根据编辑需要选择元素选项，如图2-3所示。“曲线点”：用于在曲线上添加编辑点或者打断曲线。“控制顶点”：用于对曲线周边控制点进行编辑。“编辑点”：通过曲线上的点编辑曲线。“壳线”：选择曲线外的壳线，编辑U向、V向的控制点。

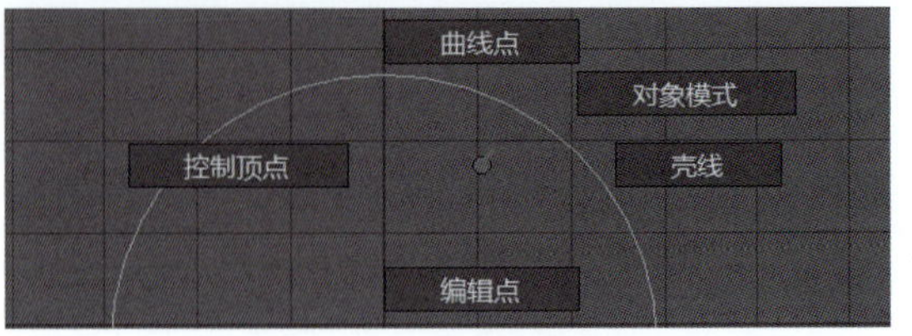

图2-3 曲线编辑元素

三、曲线编辑命令

利用曲线编辑命令可以在创建好的曲线形状基础上进行编辑，曲线编辑菜单包括以下命令。

复制曲面曲线：将曲面上的线复制提取出来。

对齐：在两条独立曲线之间实现对齐效果，这种对齐并不局限于两个端点的结合，曲线上任何点都可以作为对接点进行对齐。

添加点工具：可以从之前画完的曲线末端点继续绘制曲线。

附加：将两条独立的曲线合并为一条曲线。

分离：将一条独立的连续曲线分离成两条或者多条曲线线段。

编辑曲线工具：无需进入曲线的编辑模式就可以编辑曲线。该工具支持通过手柄控制曲线任意位置并进行编辑。

移动接缝：将一条闭合曲线的接缝起始点位置沿曲线移动。

打开/关闭：将闭合曲线打开，或将开放曲线闭合。

圆角：在两条曲线之间制作自由圆角效果。

剪切：将两条以上相交的曲线在相交处剪切并分离。

相交：常用于曲线的剪切操作，可求出相交曲线的交叉点。

延伸：将曲线在原有的形状基础上沿着曲线的起始点与结束点扩展伸长。延伸包括延伸曲线、延伸曲面上的曲线。

插入结：可以在曲线任意位置添加节点，增加曲线的点数。

偏移：将曲线进行一定距离的偏移并创建出一条新的曲线。偏移包括偏移曲线和偏移曲面上的曲线两种。

CV硬度：通过调整CV控制点硬度将圆角改变为硬角效果。

拟合B样条线：通过容差设定在插值曲线的原始曲线和拟合之间保持的精确度。

投影切线：用于调整曲线曲率，匹配两条线交叉处的曲率。

平滑曲线：在曲线原有形状的基础上，对曲线进一步进行平滑处理。平滑后点数不会增加，只会在原有的点数基础上进行点位置的移动，让曲线看起来更加光滑。

Bezier曲线：对曲线采用Bezier调整，包括描点预设和切线选项。

重建曲线：指在原有曲线形状的基础上减少或增加控制点，对曲线上的控制点进行重新分配。控制点的增加和减少需打开重建属性对话框进行编辑设置。

反转曲线方向：将曲线起始点的位置与结束点的位置进行反转。

第二节 创建曲面

一、创建曲面基础

Maya曲面的创建方式包括：工具架创建、菜单栏创建以及将曲线转化为曲面。工具架创建曲面时，可直接点击曲面标签提供的6个常用的基本几何体曲面，如图2-4所示。

图2-4　工具架创建曲面

也可以通过“创建”菜单选择并创建曲面。“创建”菜单中提供了Maya所有NURBS基本几何体创建命令，如图2-5所示。

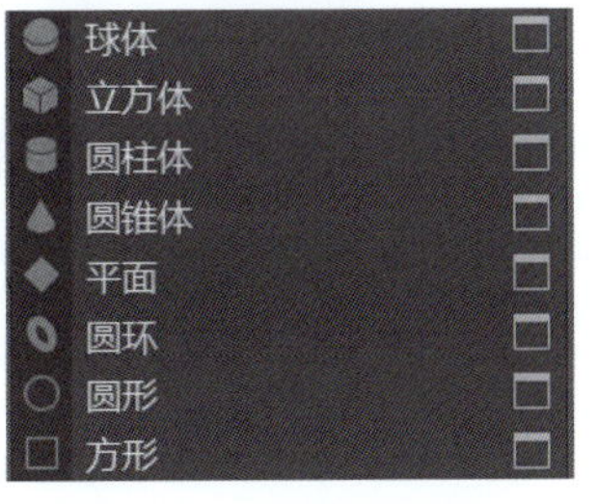

图2-5　菜单创建曲面

二、曲面菜单

除了系统提供的NURNS基本几何体外，大部分NURBS曲面的创建是通过曲面菜单将曲线转化为曲面的命令来创建的。

1. 放样

放样命令可以在两条或两条以上曲线之间形成曲面，曲线可以是任意形状，最终生成的曲面由曲线所围成的形状决定，如图2-6所示。

2. 平面

平面命令可基于一条闭合曲线生成一个平面。该命令要求曲线上的点必须在同一个平面上，并且曲线必须是闭合的，如图2-7所示。

图2-6　放样

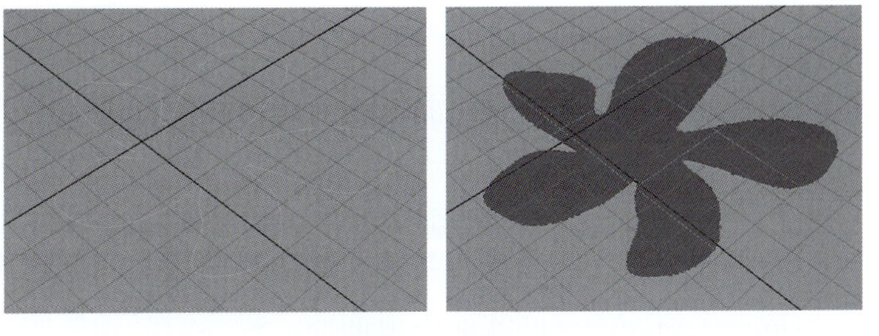

图2-7　平面

3. 旋转

旋转命令可使曲线围绕一个特定的轴向旋转，从而创建出一个曲面，如图2-8所示。

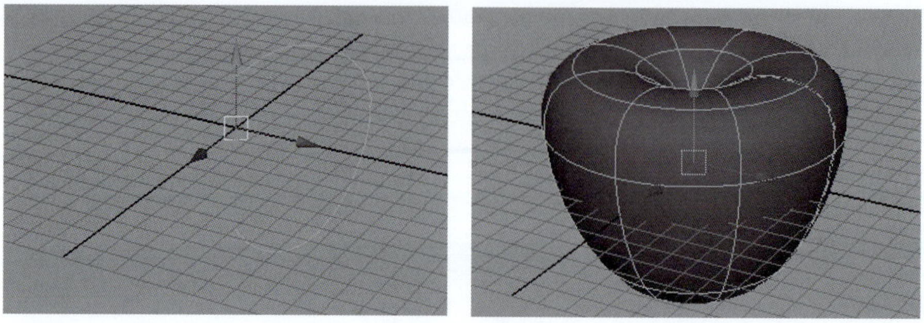

图2-8　旋转

4. 双轨成形

双轨成形命令可使一条或者多条轮廓曲线与两条轨道线结合生成曲面。该命令要求轮廓曲线起始点和末端点必须与曲线的某一端点相交，如图2-9所示。

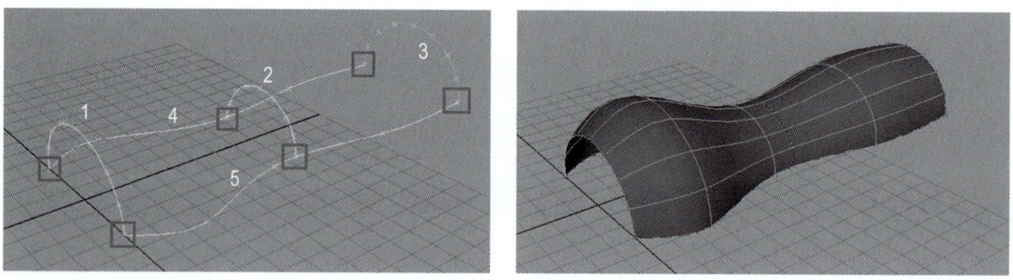

图2-9　双轨成形

5. 挤出

挤出命令可使一条轮廓曲线沿着一条路径曲线挤出曲面，如图2-10所示。也可通过该命令属性对话框修改参数，以创建不同的挤出效果。

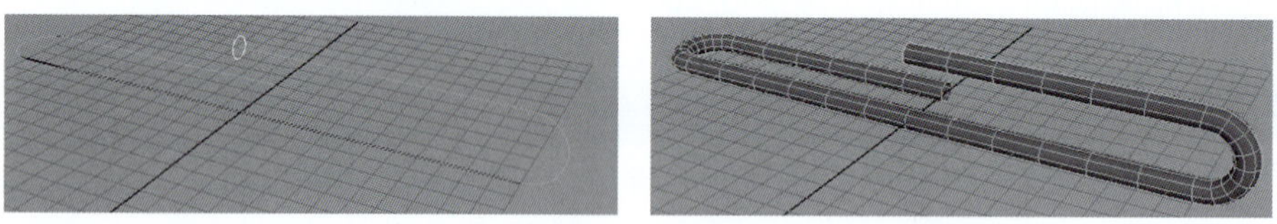

图2-10　挤出

6. 边界

边界命令可基于三条或四条曲线围成的区域空间生成新的曲面。

7. 方形

方形命令可在三条或四条相交的边界曲线之间创建连续性的曲面。边界曲线必须相交并形成一个封闭的空间才能生成曲面。操作时必须按照顺时针或逆时针依次选择曲线，不能跳跃选择曲线。

8. 倒角

倒角命令可通过独立的轮廓曲线或者物体表面的结构线生成倒角曲面，如图2-11所示。

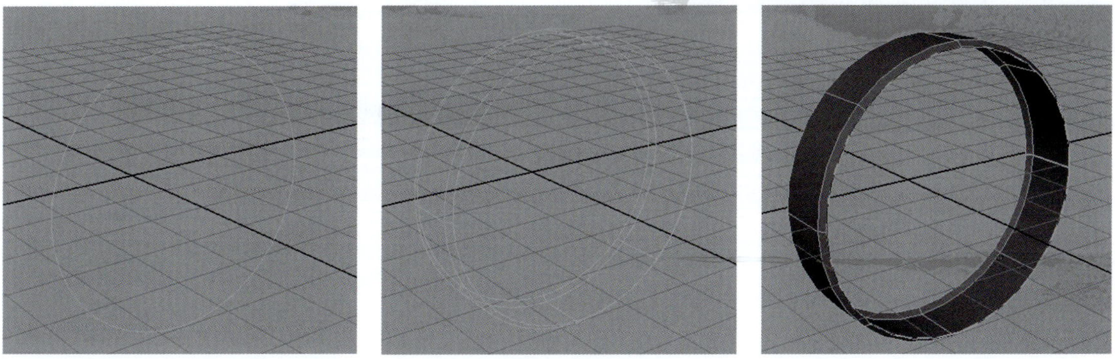

图2-11　倒角

9. 倒角+

倒角+命令可以生成形态更加丰富的倒角曲面，如图2-12所示。

图2-12　倒角+

第三节　曲线建模实例

一、制作苹果与果盘模型

利用本章所学习的曲线创建与编辑知识，制作苹果与果盘模型，如图2-13所示。

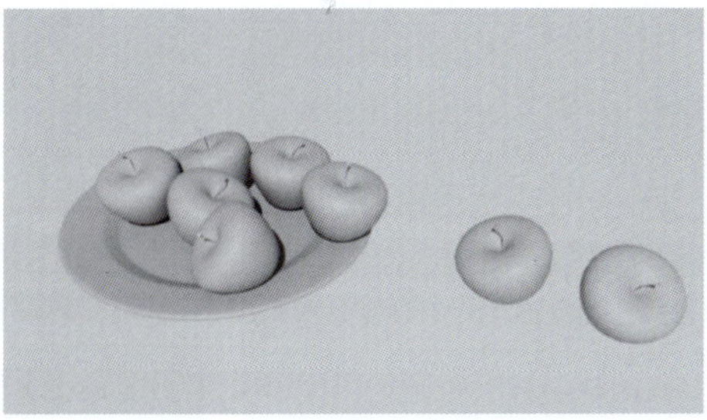

苹果与果盘模型制作讲解视频

图2-13　苹果与果盘模型

创建苹果曲线。选择工具架中的 “EP曲线”，激活“前视图”，绘制苹果侧面一半的曲线。绘制好后，在曲线上点击鼠标右键，选择“控制顶点”元素，点击 “吸附栅格”，将苹果曲线的第一个点和最后一个点吸附在视图中间较粗的栅格中心线上。也可使用吸附快捷键，操作方法：按住“X”键，用鼠标拖动两个点，使其分别吸附到中心的栅格线上，吸附好后松开“X”键。在视图上点击鼠标右键，选择“对象模式”，退出“控制顶点”编辑模式，完成曲线绘制，如图2-14所示。

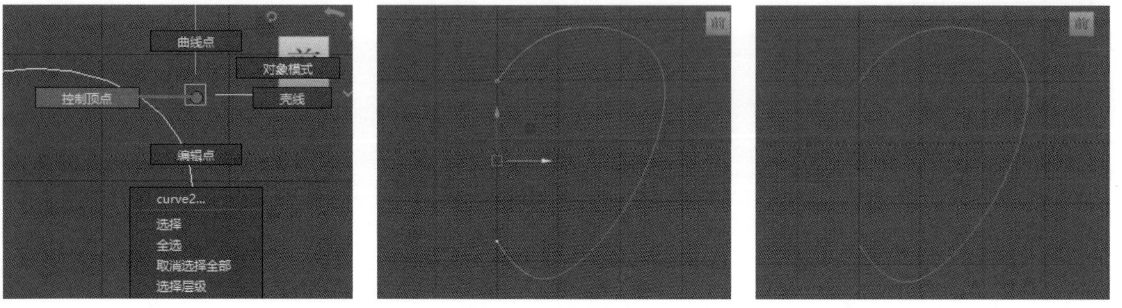

图2-14　吸附顶点

旋转曲线，在视图中选择绘制好的曲线，被选择的曲线呈现为绿色，点击菜单中的曲面>旋转，此时苹果曲线旋转成苹果曲面，制作出苹果的基本形状。注：如果旋转出来的苹果曲面是黑色的，则点击菜单中的曲面>反转方向，以修改曲面模型法线显示，执行此命令后该曲面颜色将正常显示。如图2-15所示。

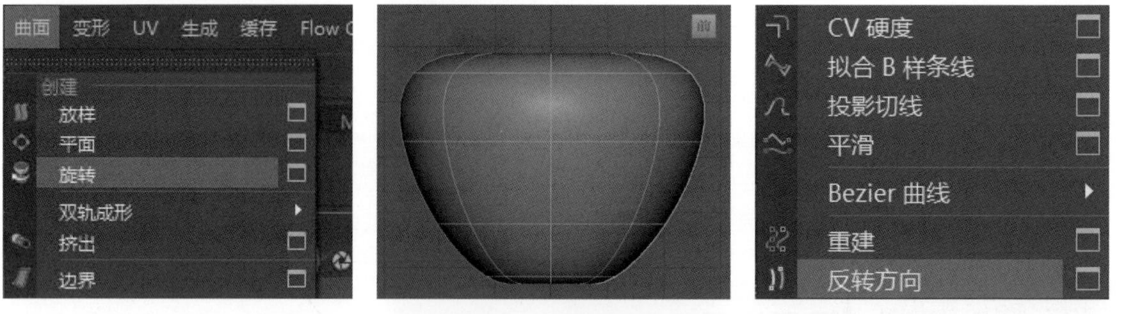

图2-15　旋转曲线

修改轴心。为方便后续曲面的变换，需要更改苹果曲面的轴心。选择菜单中的修改>使枢轴居中，将苹果曲面轴心居中，如图2-16所示。

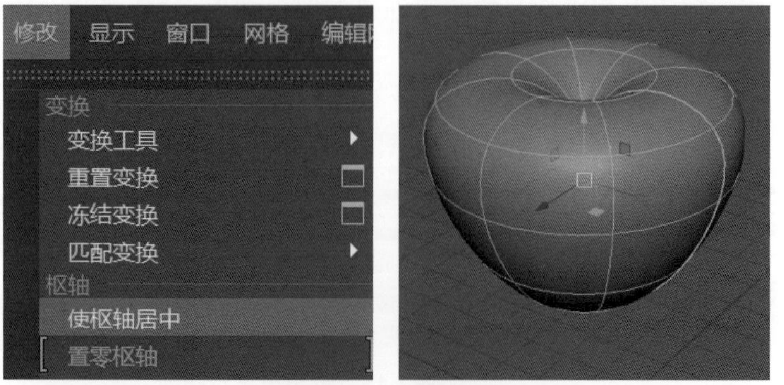

图2-16　使枢轴居中

制作苹果果柄。选择工具架中的EP曲线工具，激活前视图，绘制并调整苹果果柄侧面曲线形状，选择绘制好的曲线，执行菜单中的曲面>旋转命令，将曲线旋转成曲面，如图2-17所示。

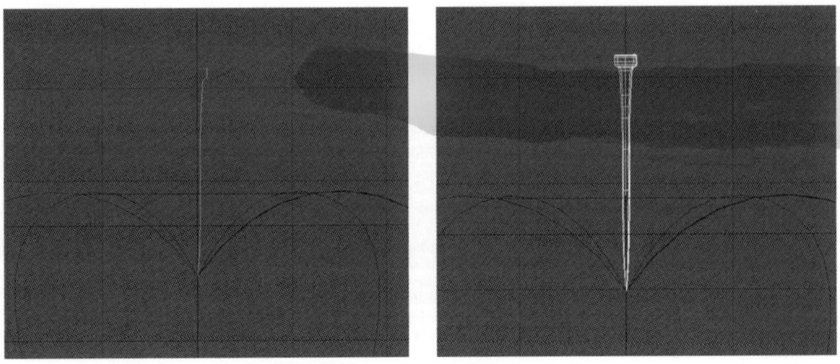

图2-17　苹果果柄

调整苹果果柄形状。首先选择果柄并点击鼠标右键，选择“控制顶点”命令，进入果柄曲面编辑点状态，选择编辑点，通过移动、旋转编辑曲面。调整好控制点之后，点击鼠标右键，选择“对象模式”，退出编辑点状态，完成苹果果柄的制作。如图2-18所示。

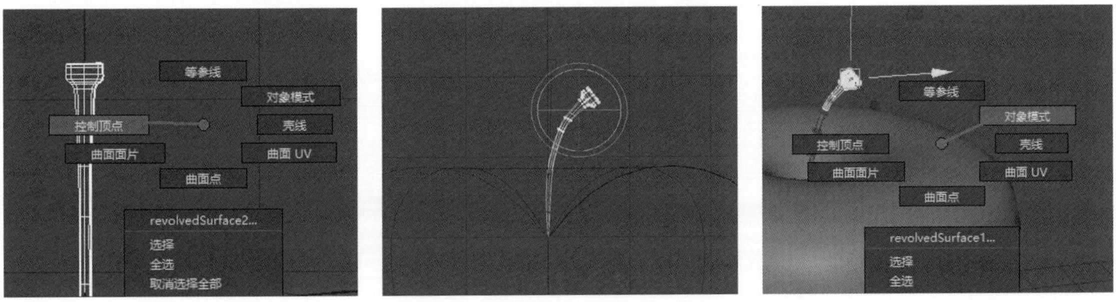

图2-18　旋转顶点调整果柄形状

为方便后续选择整个苹果，将苹果与果柄创建为群组。选择苹果与果柄两个曲面，按快捷键“Ctrl+G”（群组命令），此时两个曲面线框在视图中都呈现为绿色，完成群组。调整组的曲面中心，点击菜单中的修改>使枢轴居中，使苹果组曲面轴心居中，如图2-19所示。

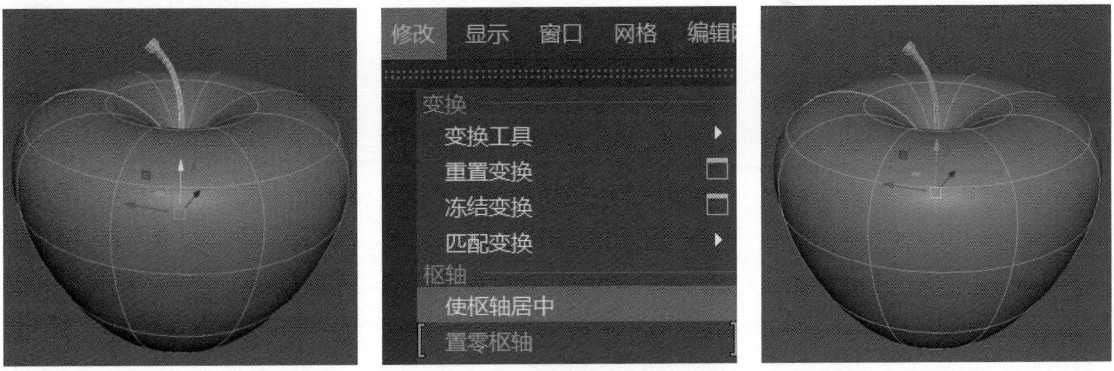

图2-19　创建群组并复位轴心

创建果盘。在前视图中绘制盘子侧面的曲线，在视图中点击鼠标右键，选择曲线的“控制顶点”，通过控制顶点调整盘子基本形，如图2-20所示。

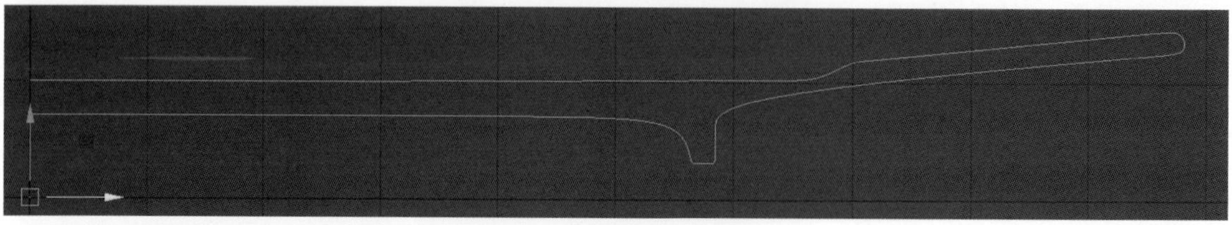

图2-20　绘制果盘曲线

制作盘子细节。在盘子转角处以及曲线变换的地方添加多个曲线编辑点，制作模型细节。在视图中，选择曲线并点击鼠标右键，选择“曲线点”，在曲线上点击要添加点的位置，此时添加的点呈现为黄色，如图2-21所示。如果要选择多个点，需配合“Shift”键加选点。

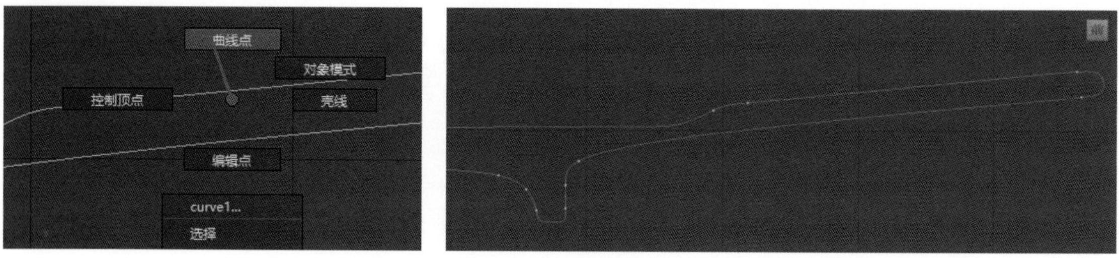

图2-21　添加曲线点

插入节点。选择图2-21中的黄色曲线点，将其添加到曲线上。点击菜单中的曲线>插入结，为曲线添加控制点。添加好曲线点后，在视图上再次点击鼠标右键，选择“控制顶点”，调整控制点的位置，修改盘子曲线的细节，效果如图2-22所示。

图2-22　插入结

设置曲面分段数。调整好盘子曲线的细节后，点击鼠标右键，选择“对象模式”，退出编辑顶点模式。选择绘制好的盘子曲线，执行菜单中的曲面>旋转命令，旋转出盘子曲面模型。选择盘子曲面，在视图右边的通道盒中点击“输入”下方的“revolve”（旋转），将曲面分段数改为22，如图2-23所示。曲面的分段数越高模型越细化，盘子的模型会更加光滑。

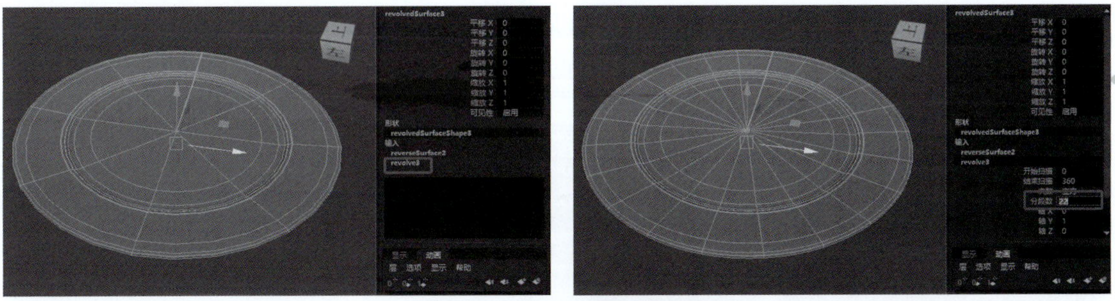

图2-23 设置曲面分段数

旋转完成后，如对盘子造型的个别细节不满意，还可通过原始的盘子侧面曲线进行编辑，如采用添加控制点或者移动曲线点的方法，最后完成盘子细节制作，如图2-24所示。

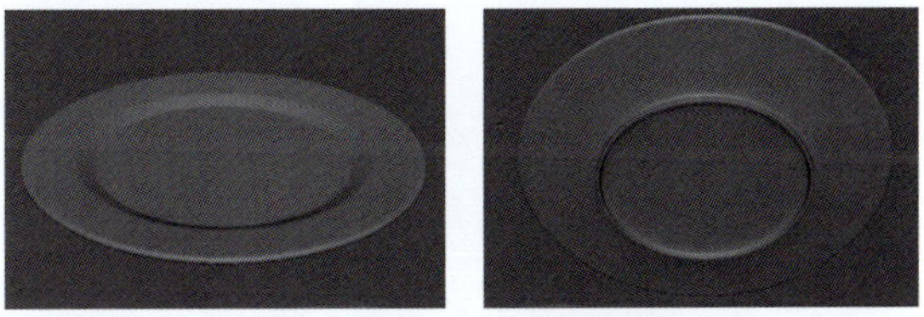

图2-24 盘子最终效果

将苹果移动到盘子里。在视图中选择苹果或果柄其中一个曲面，按键盘的“↑”键，选择苹果整个组。使用移动工具结合四视图将苹果移动到盘子中。复制苹果组，结合“Shift”键与移动工具，在移动的同时复制出新的苹果，如图2-25所示。

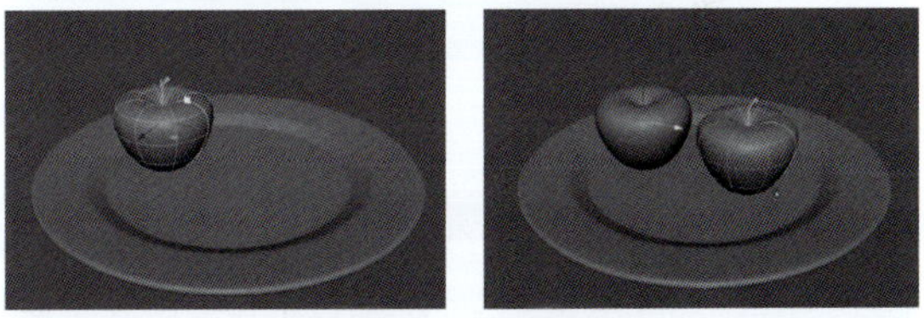

图2-25 复制苹果

修改复制苹果的方向。旋转苹果组，再单独旋转苹果和果柄方向，让复制的苹果方向不雷同，自然而不呆板。复制多个苹果，通过移动、旋转工具进行不同角度的变换，完成制作，如图2-26所示。

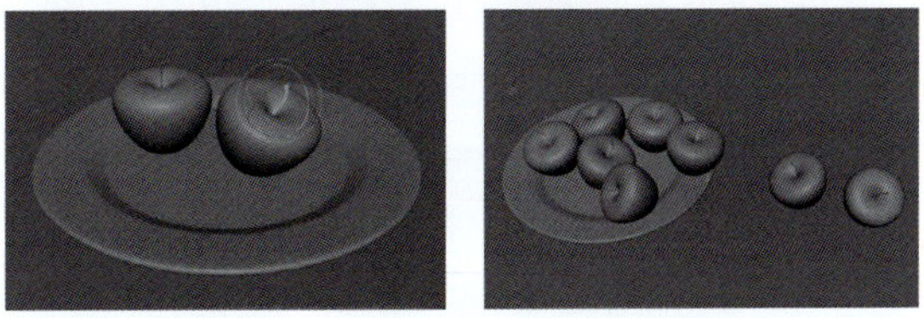

图2-26 复制苹果并调整苹果方向

二、制作可乐瓶模型

利用曲线编辑的方法，参考图2-27学习制作可乐瓶模型。

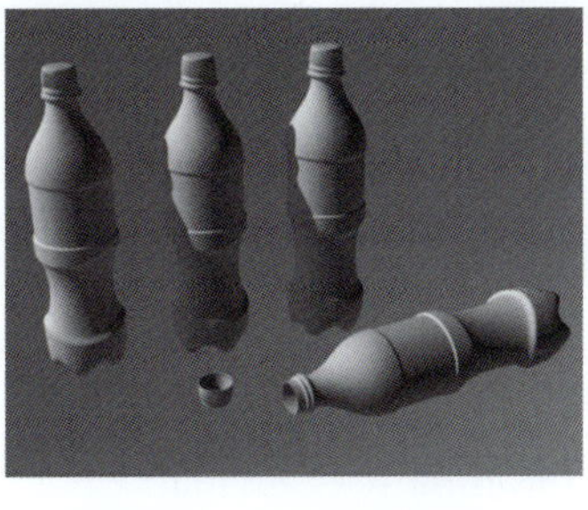

图2-27 可乐瓶模型

可乐瓶模型制作讲解视频

创建可乐瓶身侧面曲线。选择工具架中的EP曲线工具，激活前视图，绘制可乐瓶侧面的一半曲线。绘制时注意，瓶子细节部分的点要多。绘制好后，按回车键完成曲线绘制。点击鼠标右键，选择“控制顶点”，调整可乐瓶侧面曲线形状。可乐瓶曲线底部最后一个顶点要吸附在视图中间较粗的中心栅格线上，打开栅格吸附工具或配合“X”键即可吸附该顶点。调整好后点击鼠标右键，选择“对象模式”，退出控制顶点的编辑模式。如图2-28所示。

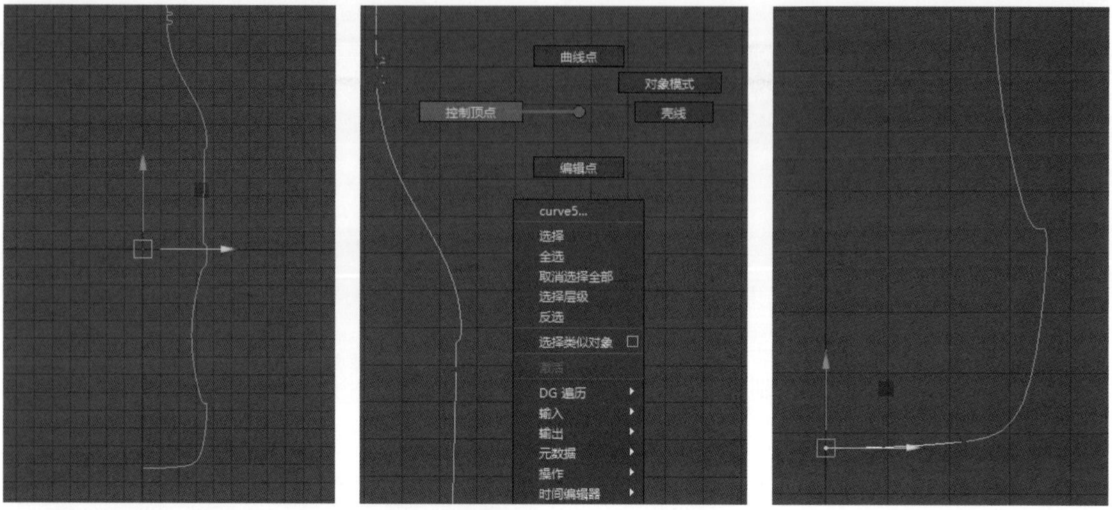

图2-28　创建可乐瓶身侧面曲线

修改可乐瓶口曲线细节。在瓶口曲线变换的地方添加多个曲线编辑点，点击鼠标右键，选择“曲线点”，在视图曲线上点击要添加点的位置，此时添加的点在曲线上呈现为黄色。如果要选择多个点，按“Shift”键可以加选。选择菜单中的曲线>插入结，为曲线添多个控制点，修改瓶口部分的细节，如图2-29所示。

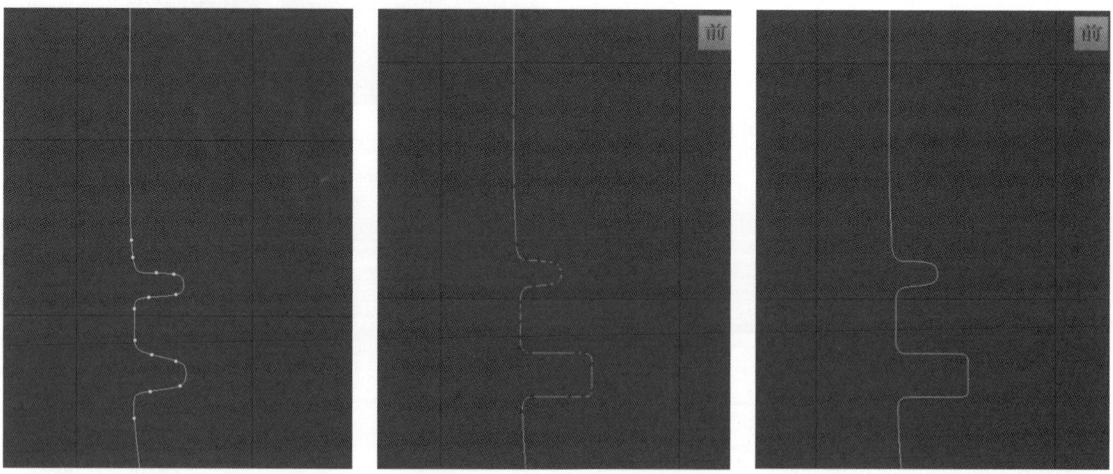

图2-29　修改瓶口细节

调整瓶身体与瓶底细节。选择曲线，点击鼠标右键，选择“曲线点”，在视图中添加细节点，配合“Shift”键加选多个添加点。选择菜单中的曲线>插入结，为曲线添多个细节控制点，结合移动、缩放工具调整瓶身与瓶底细节，如图2-30所示。

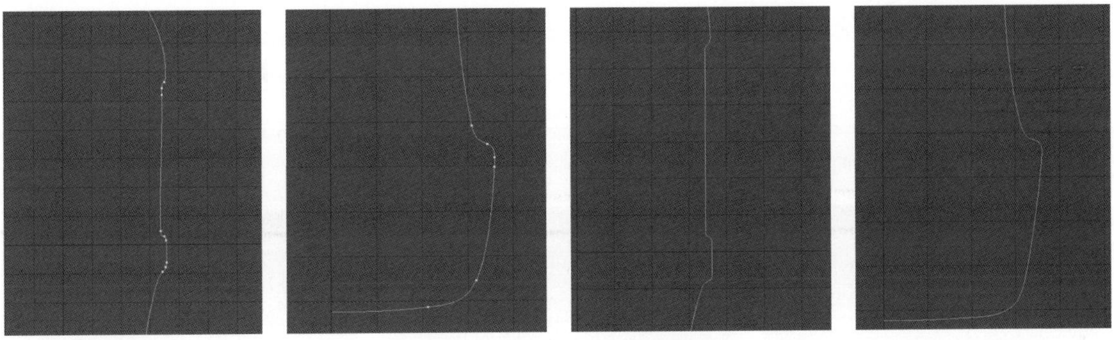

图2-30　修改瓶身与瓶底细节

复制曲线，制作瓶身厚度。选择曲线，使用“Shift”键，在前视图沿“X”轴向左边移动并复制曲线。点击鼠标右键，选择“控制顶点”，删除瓶口多余的点。调整瓶底曲线点的位置，注意可乐瓶底部剖面最后一个控制顶点需吸附在中间视图中心的栅格线上，如图2-31所示。

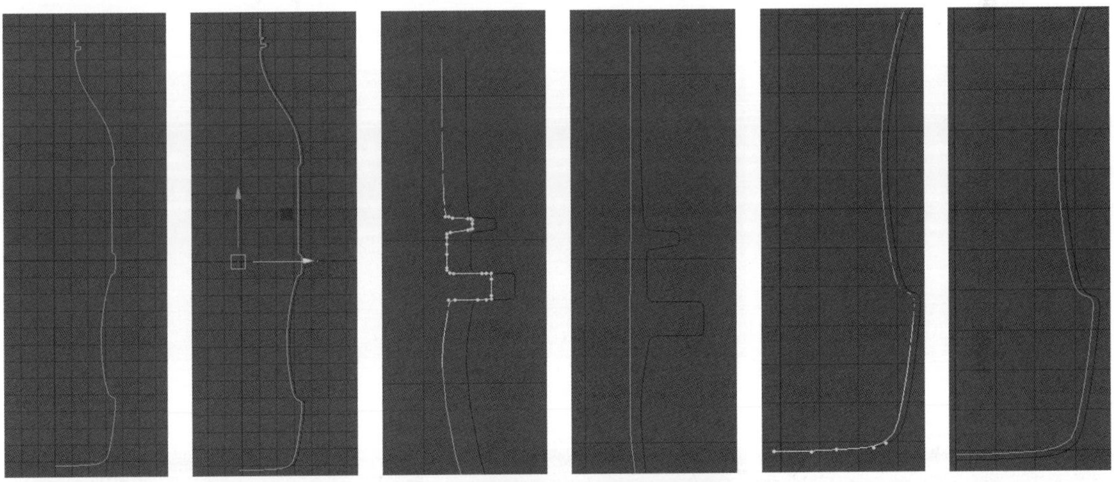

图2-31　复制曲线，制作瓶身厚度

合并两条曲线。选择两条曲线，点击菜单中的曲线>附加，在弹出的附加曲线选项对话框中，取消勾选“保持原始”，执行附加命令，如图2-32所示。

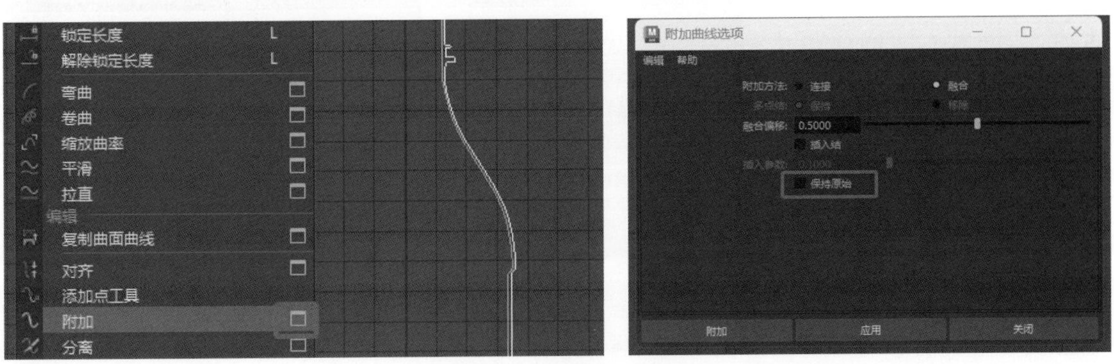

图2-32　附加曲线选项

执行曲线合并命令。如果执行附加命令后曲线合并方向反了，可点击视图左边通道盒中的“attach Curve”，将反转1改为“启用”（输入参数“1”），将反转2改为“禁用”（输入参数“0”），这样曲线合并方向就正确了，如图2-33所示。注：如果执行附加命令后曲线合并方向正确，则不需要进行此步骤。

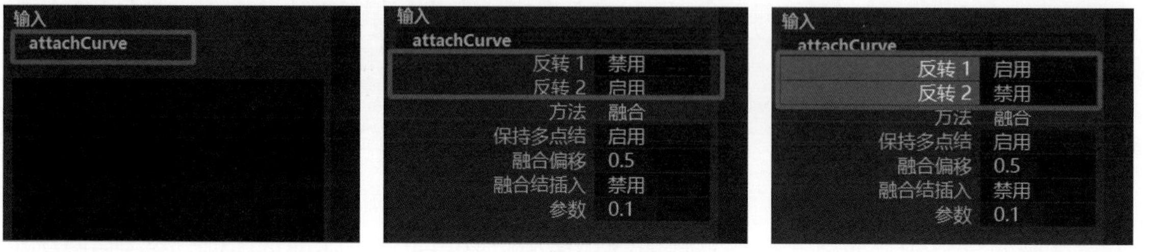

图2-33　修改曲线合并方向

合并后，调整可乐瓶口曲线形状。如果控制点不够，可点击鼠标右键，选择“曲线点”，点击菜单中的曲线>插入结，为瓶口曲线添加控制点，修改瓶口形状，如图2-34所示。

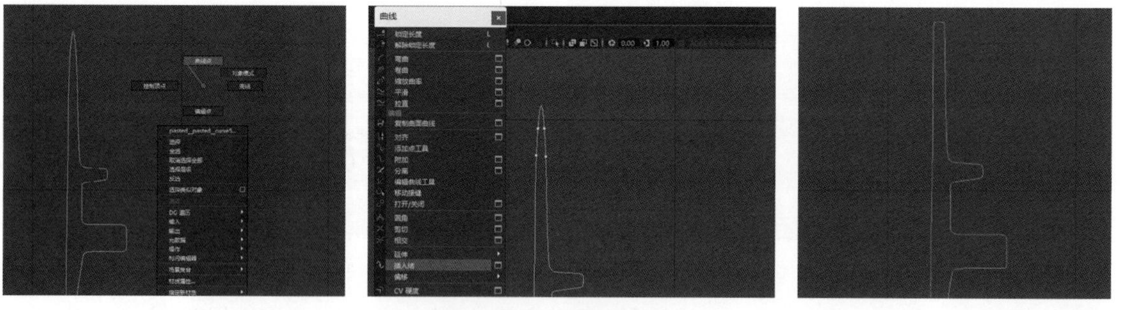

图2-34　修改瓶口形状

旋转可乐瓶身曲面。编辑点结束后，点击鼠标右键，选择“对象模式”。在视图中选择可乐瓶身曲线，执行菜单中的曲面>旋转命令，旋转出可乐瓶身模型，如图2-35所示。

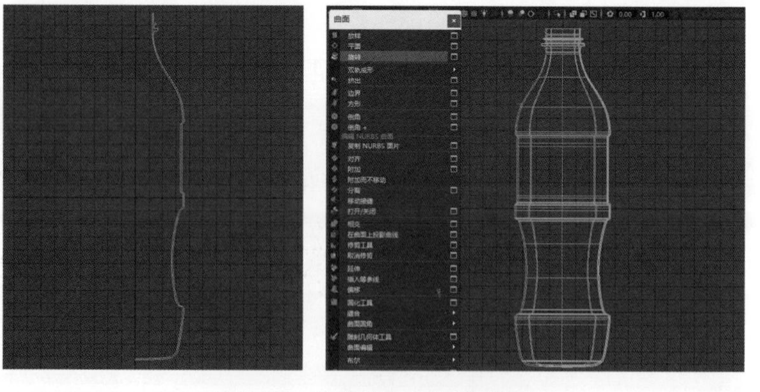

图2-35　旋转出可乐瓶身模型

修改可乐瓶身模型分段数。选择可乐瓶身曲面，点击视图右边的通道盒，点击输入下方的revolve（旋转），将曲面分段数修改为20，让曲面更加光滑，如图2-36所示。

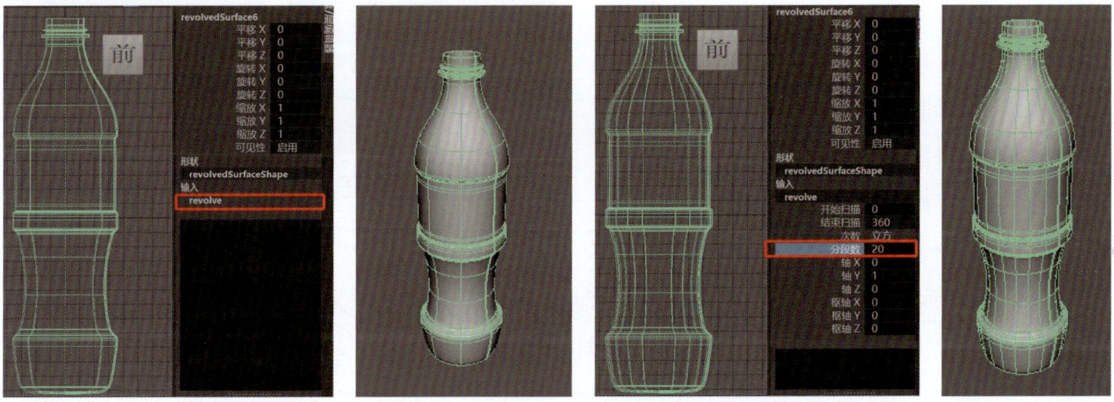

图2-36 修改可乐瓶身模型分段数

制作瓶身弧线效果，根据新增的分段数来修改瓶身曲面的控制顶点。选择瓶身曲面部分，点击鼠标右键，选择“控制顶点”，选择需要调整的曲面点，注意两边点要对称选择，使用移动工具上下移动控制点，调节出瓶身的弧线效果，如图2-37所示。注：编辑曲面点要在前视图和边视图（右视图）中完成。调整好后点击鼠标右键，选择“对象模式”，退出控制顶点编辑模式。

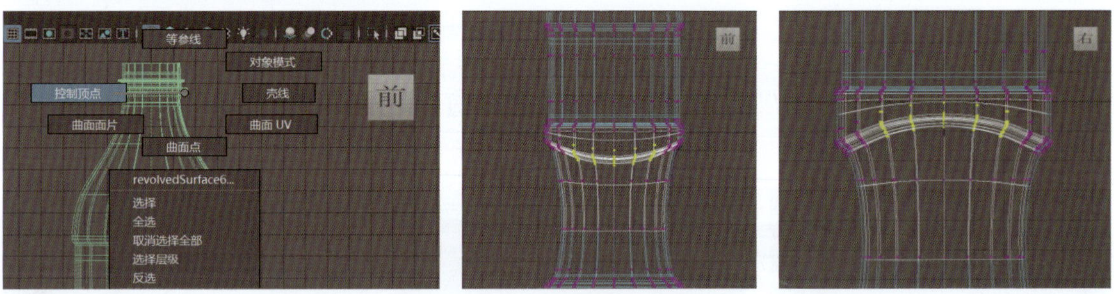

图2-37 调整瓶身曲面

旋转瓶身曲面。选择瓶身曲面，在通道盒中将旋转Y设为45，使瓶身沿着Y轴旋转45度，如图2-38所示。

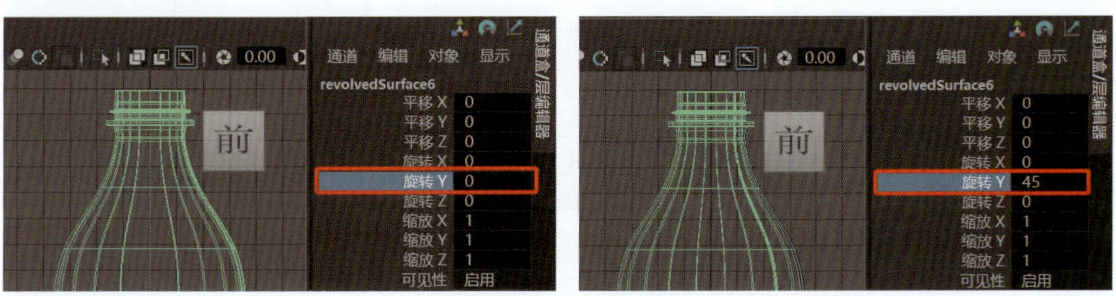

图2-38 旋转瓶身曲面

修改瓶身底部弧线效果。选择瓶身曲面并点击鼠标右键，选择“控制顶点”，选择需要调整的曲面点，注意两边点要对称选择，调节出瓶身底部的弧线效果。编辑曲面点要在前视图和边视图中完成，如图2-39所示。调整好后点击鼠标右键，选择“对象模式”，退出控制顶点编辑模式。

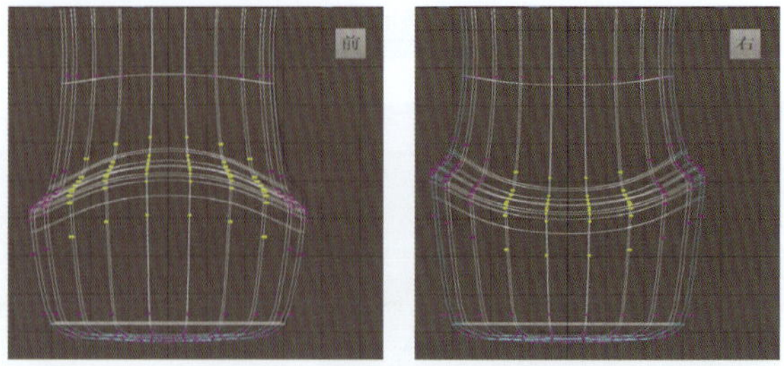

图2-39　调整瓶身底部曲面

制作瓶子底部图形。选择瓶子底部控制顶点，在顶视图配合“Ctrl”键减选，采用隔两组选两组的方法选择瓶底控制顶点，如图2-40所示。

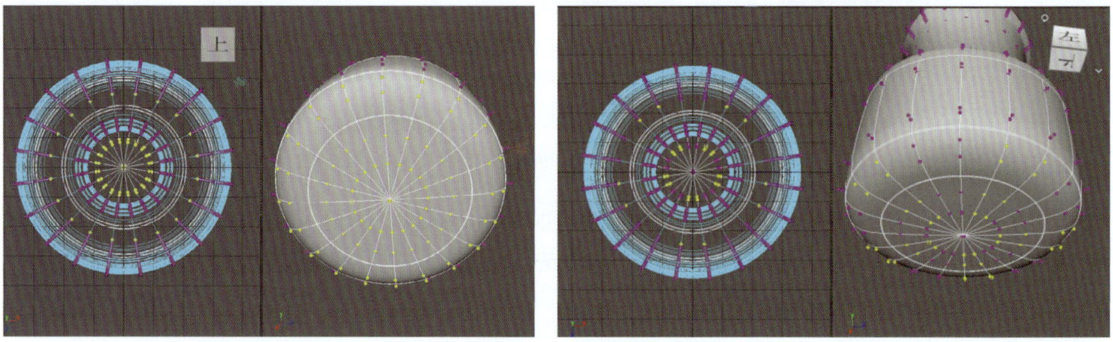

图2-40　选择瓶子底部控制顶点

使用移动工具，沿着“Y”轴向下移动选择好的控制顶点，调整出瓶底效果，如图2-41所示。

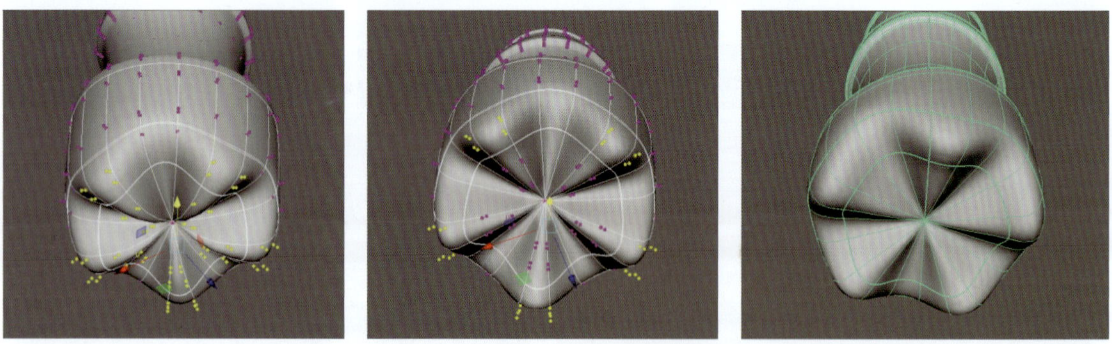

图2-41　移动瓶子底部控制顶点

制作瓶盖。选择工具架中的EP曲线工具，在前视图中绘制瓶盖侧面的一半曲线。绘制好后，复制曲线，制作出瓶盖厚度。调整复制曲线的控制点，注意两条曲线上半部分的第一个控制顶点要吸附在视图中心较粗的栅格线上。完成后点击鼠标右键，选择“对象模式”，退出控制点编辑，如图2-42所示。

合并两条曲线。在视图中选择两条曲线，点击菜单中的曲线>附加，取消勾选“保持原始”，执行附加命令，如图2-43所示。

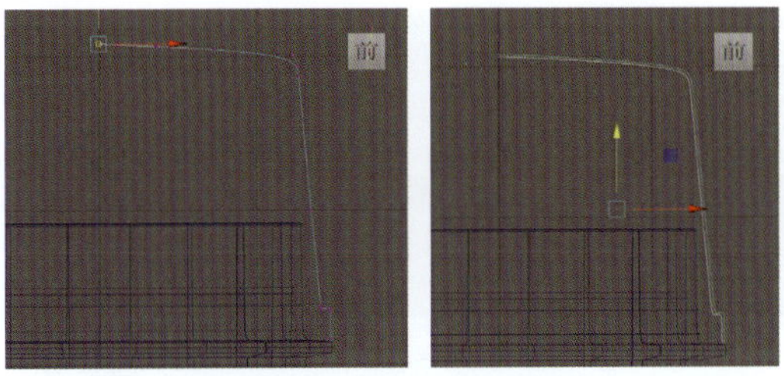

图2-42　绘制瓶盖曲线

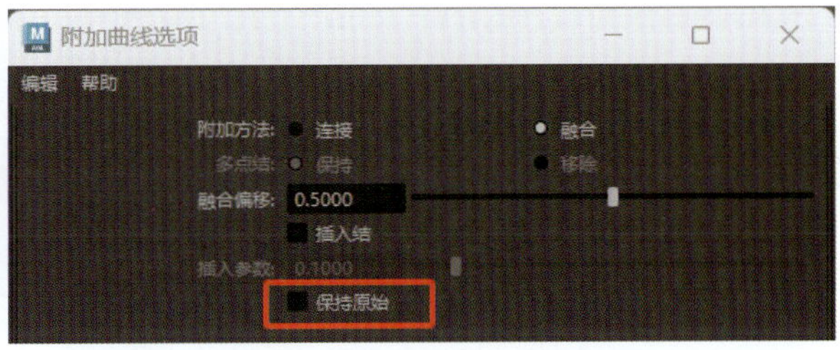

图2-43　附加曲线参数编辑

调整附加后的曲线点。如果执行附加命令后曲线合并方向反了，可点击视图左边通道盒中的“attach Curve”，将反转1改为“禁用”（输入参数“0”），将反转2改为“启用”（输入参数“1”），完成方向调整，如图2-44所示。注：如果执行附加命令后曲线合并方向正确，则不需要进行此步骤。

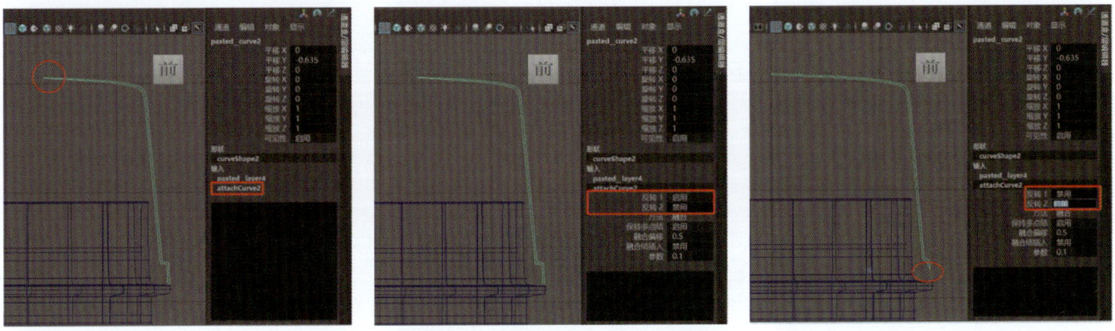

图2-44　通道盒附加曲线参数编辑

合并后，调整合并曲线交界处的点。在视图中点击鼠标右键，选择“曲线点”，执行菜单中的曲线>插入结命令，为曲线添加控制点。点击鼠标右键，选择“控制顶点”，调整瓶盖曲线细节。调整好后，点击鼠标右键，选择“对象模式”，退出控制顶点编辑。选择瓶盖曲线，执行菜单中的曲面>旋转命令，完成瓶盖曲面基本型的制作，如图2-45所示。

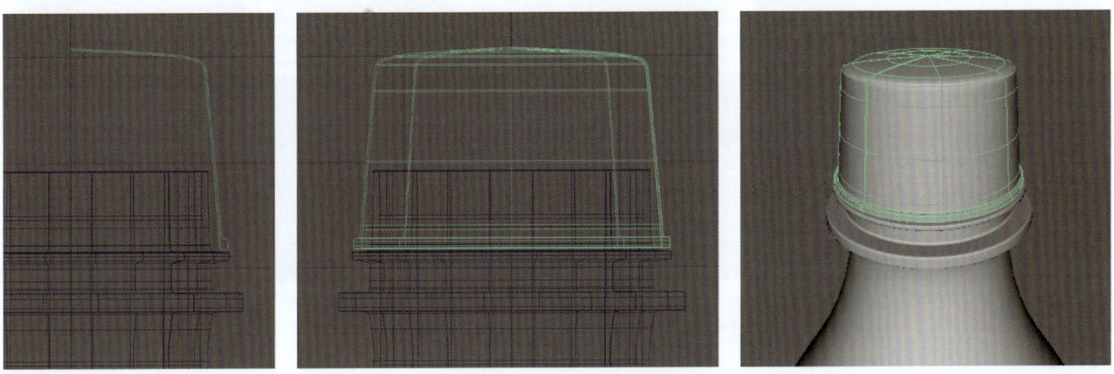

图2-45　旋转瓶盖曲面

修改瓶盖模型分段数。选择瓶盖曲面，在视图右边的通道盒中点击输入下方的“revolve”（旋转），将分段数修改为20，完成后的瓶盖曲面更加光滑，如图2-46所示。

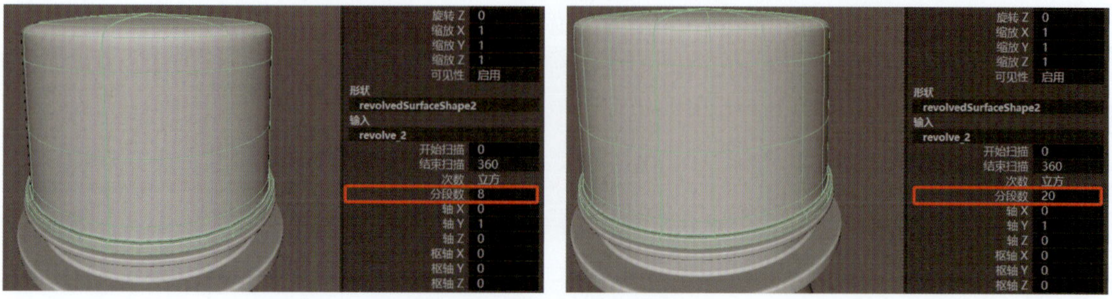

图2-46　修改瓶盖分段数

制作瓶盖细节。在顶视图中创建圆形曲线，修改通道盒中的属性参数，将扫描参数更改为90，保留四分之一圆形曲线，如图2-47所示。

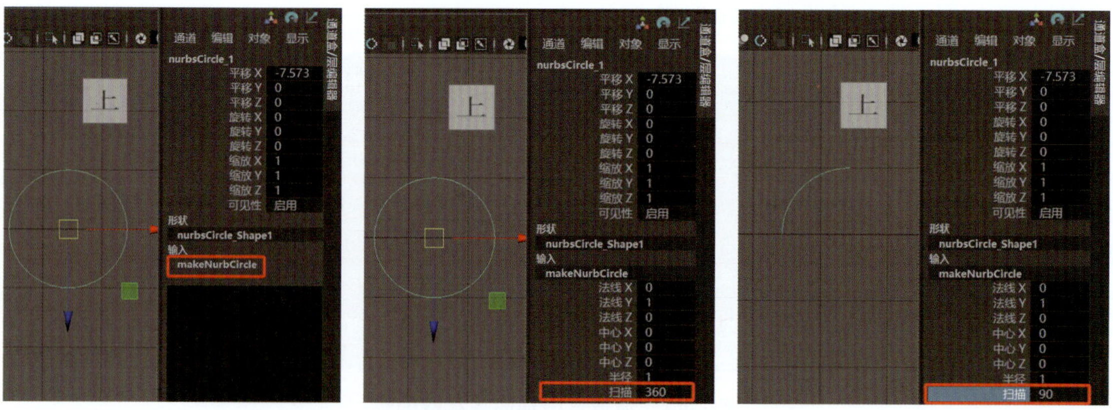

图2-47　绘制圆形曲线

在通道盒中将圆形曲线的分段数设为45，点击鼠标右键，选择“控制顶点”，采用曲线间隔点的选择方法，配合“Shift”键加选，选择要编辑的点，如图2-48所示。

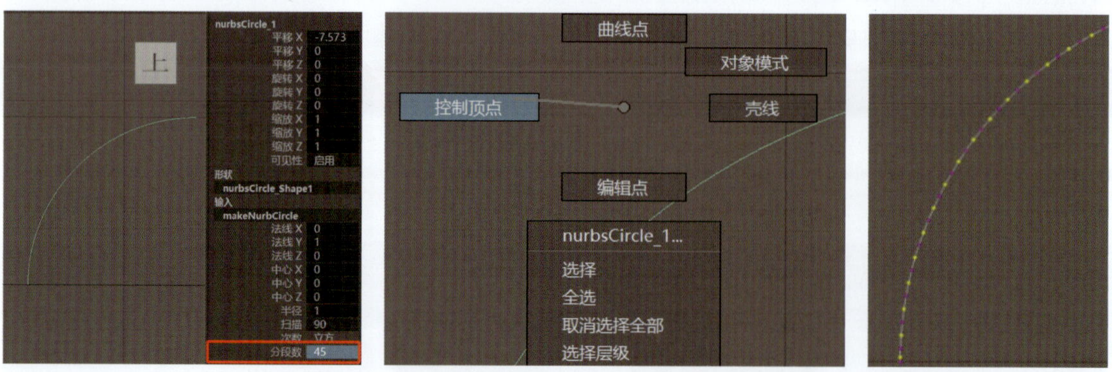

图2-48　设置曲线的分段数并选择点

使用移动工具和缩放工具调整点的位置，如图2-49所示。

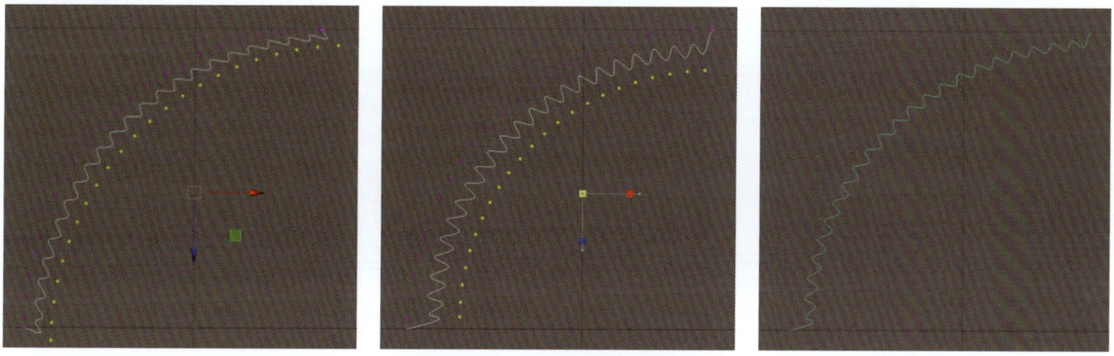

图2-49　调整点的位置

复制并向右镜像曲线。在顶视图中选择曲线，使用Ctrl+D快捷键复制曲线，修改复制的曲线通道盒中的参数，将缩放X改为–1，完成右边镜像曲线，如图2-50所示。

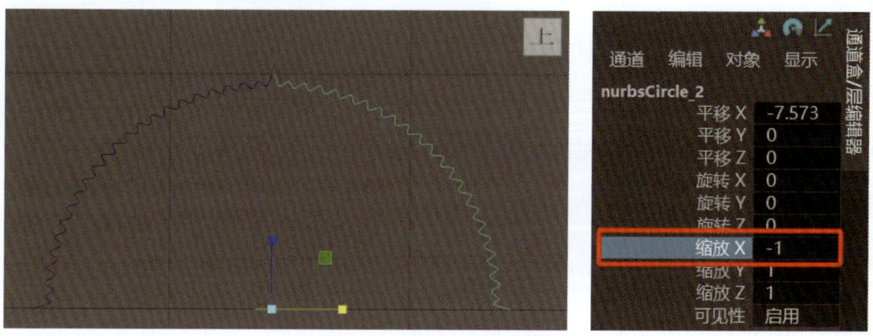

图2-50　复制并向右镜像曲线

合并左右两条曲线。在顶视图中选择两条曲线，点击菜单中的曲线>附加，取消勾选“保持原始”，点击对话框的应用命令，完成曲线合并，如图2-51所示。

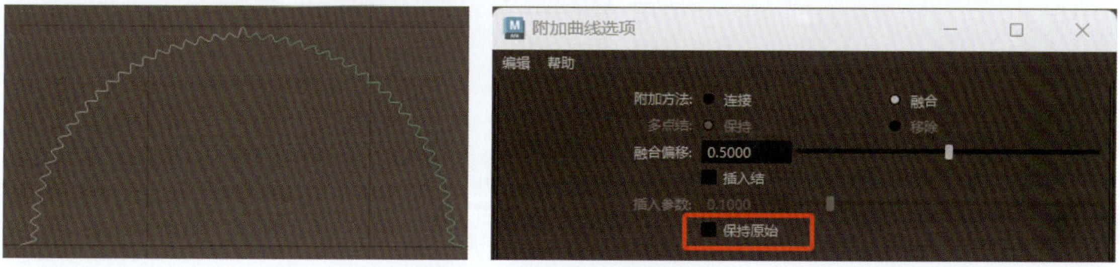

图2-51　合并左右两条曲线

调整合并后的曲线。点击鼠标右键，选择“控制顶点”，选择曲线的中间点，使用移动、缩放工具进行调整。可使用局部放大快捷键“Shift+Ctrl+鼠标左键框选”放大视图，调整控制顶点，如图2-52所示。调整好后，点击鼠标右键，选择“对象模式”，退出点的编辑。

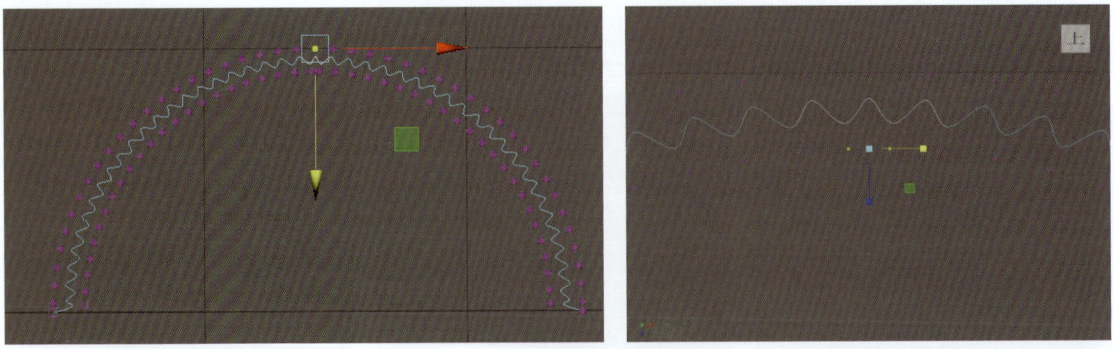

图2-52　调整曲线控制顶点

复制并向下镜像曲线。在顶视图中选择曲线，按“Ctrl+D”键复制曲线，将通道盒中的缩放Z改为–1，如图2-53所示。

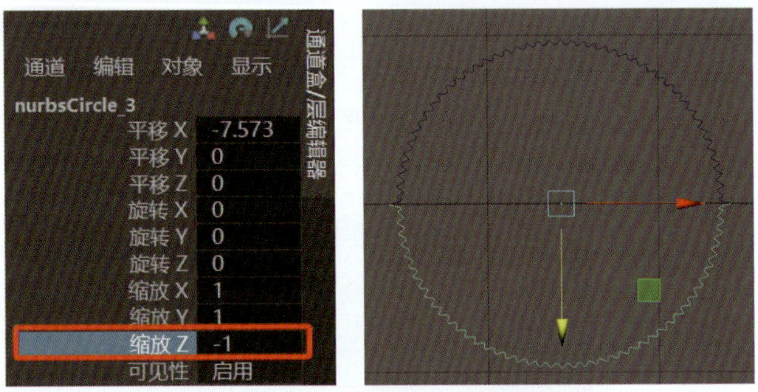

图2-53　复制并向下镜像曲线

调整曲线的方向。在视图中选择两条曲线并点击鼠标右键，进入“控制顶点”模式，这时会发现两条线的起点对起点、终点对终点，需要将其中一条曲线的方向进行反转。操作方法：选择其中一条线，点击鼠标右键，选择“对象模式”，退出点的编辑模式。点击菜单中的曲线>反转方向，完成后点击鼠标右键，进入“控制顶点”模式观察，可发现曲线方向已反转，如图2-54所示。

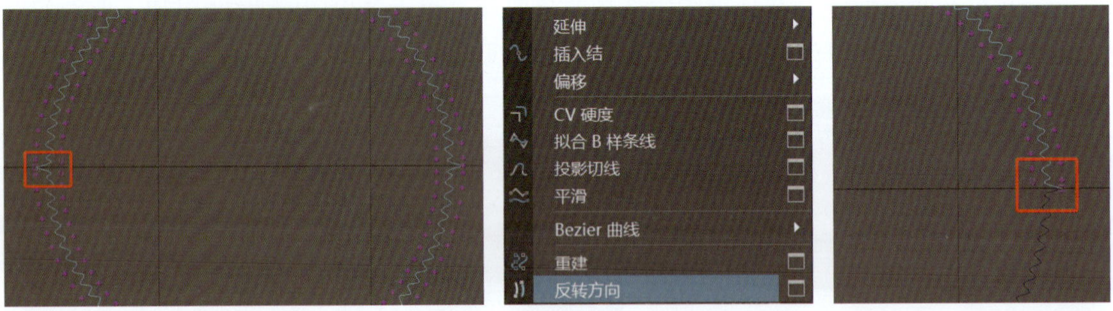

图2-54　反转曲线方向

合并上下两条曲线。在顶视图中选择两条曲线，点击菜单中的曲线>附加，打开附加曲线选项对话框，取消勾选“保持原始”，完成曲线合并。点击鼠标右键，选择“控制顶点”，调整两条线相交点的位置，调整好后点击鼠标右键，选择“对象模式”，退出点的编辑模式。如图2-55所示。

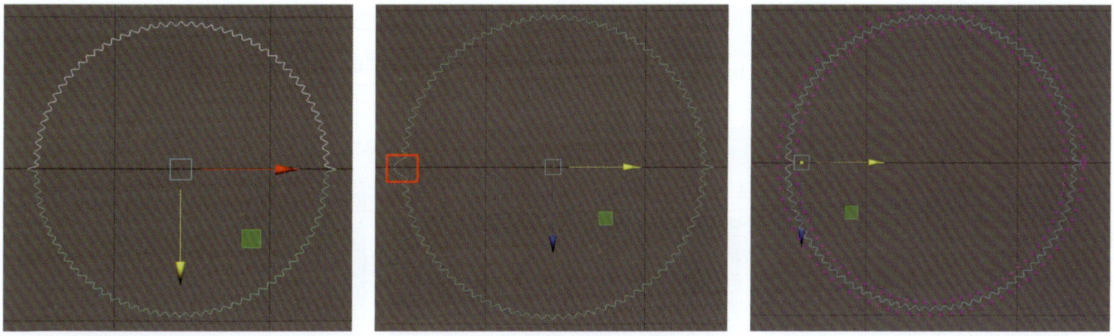

图2-55 合并上下两条曲线

在视图中选择曲线，执行菜单中的曲线>打开/关闭命令，完成曲线闭合。点击鼠标右键，选择“控制顶点”，调整闭合曲线点，如图2-56所示。调整好后点击鼠标右键，选择“对象模式”，退出点的编辑模式。

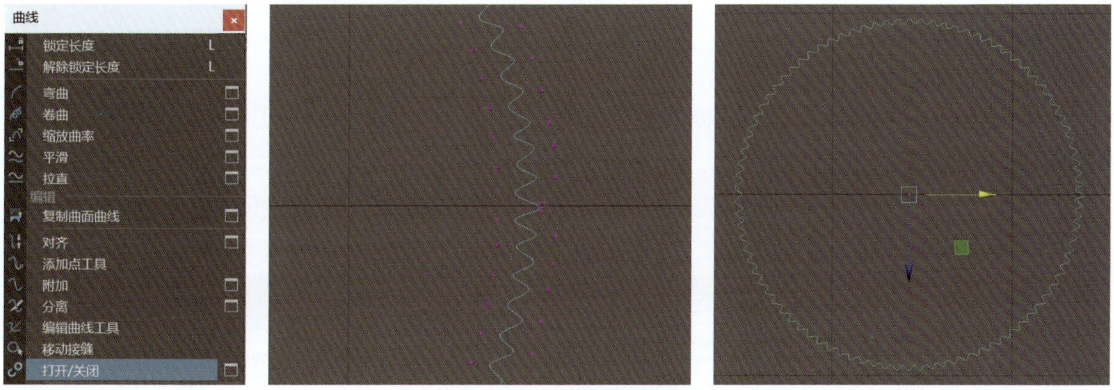

图2-56 闭合曲线并调整

将编辑好的曲线移动到瓶盖中心，移动时会发现曲线有一部分不能移动，此时需删除历史记录。按“Z”键，回退到没有移动的状态，选择曲线，点击菜单中的编辑>按类型删除>历史，删除曲线历史记录，然后便可以正常移动曲线了。按“X”键，将曲线吸附移动到瓶盖中心，如图2-57所示。

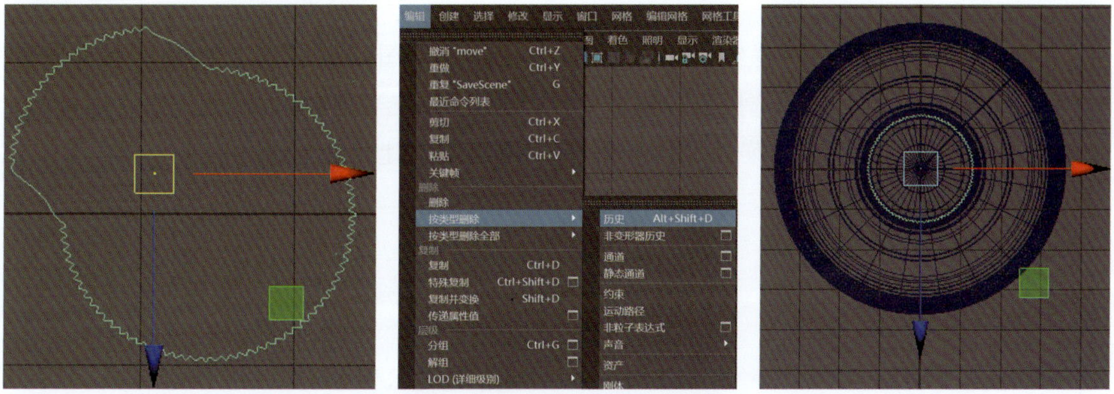

图2-57 删除历史记录并移动曲线

复制曲线并放样瓶盖细节曲面。选中瓶盖曲线，在前视图中按住“Shift”键将曲线沿“Y”轴移动，复制一条瓶盖曲线。选择两条曲线，执行菜单中的曲面>放样命令，如图2-58所示。

图2-58　放样瓶盖细节曲面

编辑瓶盖细节曲面。点击鼠标右键，选择“壳线”，选择瓶盖曲面最上方的横向“壳线”，使用缩放工具沿中心缩小。再调整其他三个横向壳线，可按“↓”键选择下面一圈壳线，结合移动、缩放工具进行调整，完成可乐瓶盖的制作，如图2-59所示。

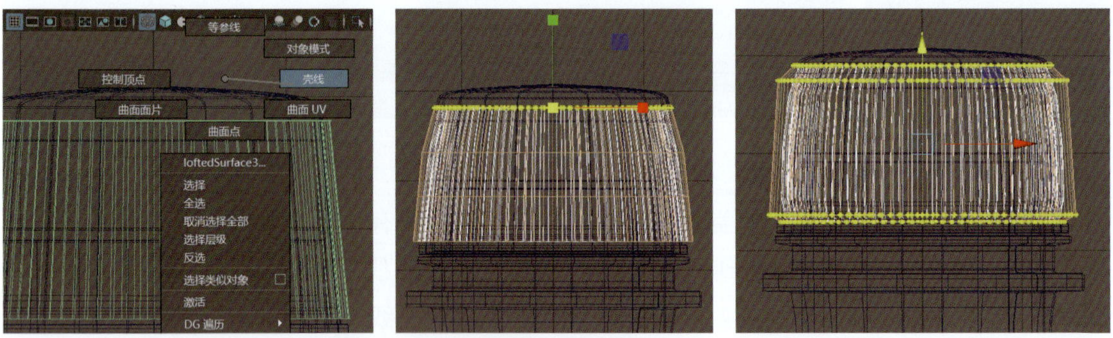

图2-59　调整壳线

为瓶盖两个曲面创建群组，修改群组轴心。在视图中选择两个曲面，按快捷键“Ctrl+G”创建群组。然后选择组，选择菜单中的编辑>按类型删除>历史，删除曲面历史记录。修改群组轴心，点击菜单中的修改>使枢轴居中，让瓶盖群组曲面轴心居中，完成制作，如图2-60所示。

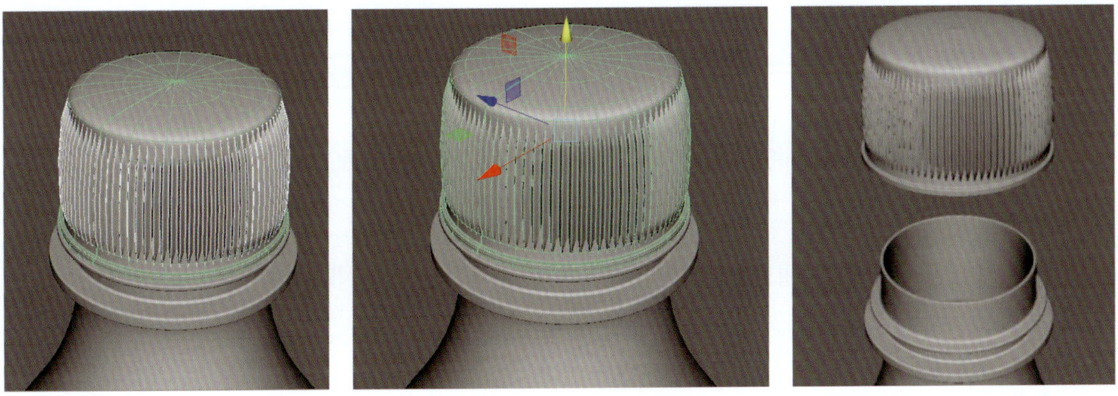

图2-60　群组瓶盖曲面

第四节　编辑曲面

曲面菜单包含所有用于编辑曲面的命令。Maya中许多曲面编辑命令的操作步骤与曲线编辑命令相似。

一、曲面编辑元素

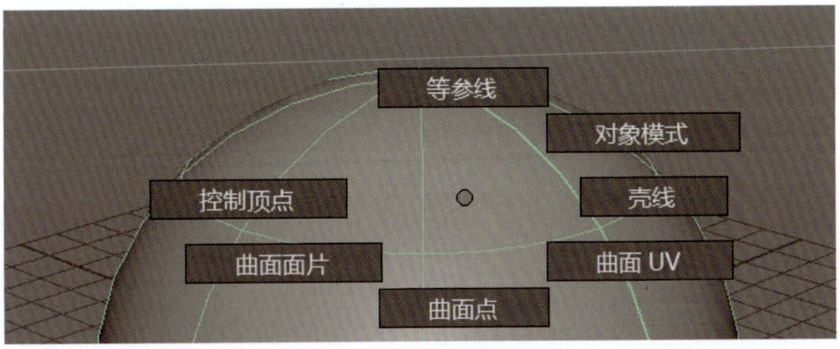

图2-61　曲面编辑元素

通常，可以在视图中选择物体，单击鼠标右键并选择曲面编辑元素进行编辑，如图2-61所示。“控制顶点”元素：通过曲面上的控制顶点对曲面进行变换操作。“等参线”元素：可以选择曲面上的线，也可以在曲面上任意生成一个不存在的曲线，进行辅助线添加或者用等参线分离曲面。该选项不能直接进行变换操作，要结合其他曲面编辑命令完成操作。“曲面面片”元素：该选项只能进行曲面的选择，不能进行其他变换操作，用于结合其他曲面编辑命令完成一些操作。“壳线”元素：可以选择U向和V向的一列控制点并对物体进行变换和编辑。“曲面点”元素：在曲面上可以自由选择点，该选项不能进行变换操作，要结合其他曲面编辑命令才完成。

二、曲面编辑命令

1. 复制NURBS面片

复制NURBS面片用于将曲面局部区域单独复制为独立曲面。

2. 对齐

对齐可以将两个独立曲面按照指定的等参线进行对齐，并保持两个面的连续性，使之无缝结合。

3. 附加

附加可将两个独立的NURBS曲面合并为一个独立的曲面。

4. 附加而不移动

附加而不移动可使附加的曲面保持不变，通过重新定形端点而非移动对象来附加选定的曲线或曲面。

5. 分离

分离可将一个完整的曲面分离成若干个部分。

6. 移动接缝

移动接缝可将曲面表面接缝移动到指定的位置。

7. 打开/关闭

打开/关闭可以将在某个方向打开的曲面进行闭合，如果是封闭的曲面，将会在起点处打断并打开。

8. 相交

相交可以求出两个曲面相交的曲线，相交的曲线会依附在曲面上。

9. 在曲面上投影曲线

这条投射在曲面上的曲线可以用于制作剪切、对接曲面、路径动画等效果。

10. 修剪工具

修剪工具可以隐藏曲面上的封闭区域。操作方法：选择曲面，选择修剪工具，这时曲面会变成白色网格形态；使用鼠标左键点击需要保留的面，点击后会出现标记点，需要几个面就选择几个面，选择完曲面后按回车键即可完成曲面剪切。

11. 取消修剪

取消修剪可以将修剪后的曲面恢复到修剪前的状态。

12. 延伸

延伸可在原有曲面的基础上延伸出新的曲面，并保持与原曲面的连续性。

13. 插入等参线

插入等参线是指在不改变曲面形状基础上，对曲面增加曲线。通过添加的等参线曲线，能够更方便地对曲面精细部分进行细化与修改。

14. 偏移

偏移可以在原有曲面上平行复制出新的曲面，复制出的曲面与原有的曲面具有一定的距离，可以在偏移曲面参数对话框中设置偏移距离。

15. 圆化工具

圆化工具用于在两个曲面共享边界处创建一个圆角，从而形成光滑的曲面。

16. 缝合

缝合可将两个曲面缝合在一起，它们相互之间会有影响。缝合不会创建出新的曲面，只是将曲面缝合在一起。缝合曲面包括缝合曲面点、缝合边工具和全局缝合三种。

17. 曲面圆角

曲面圆角用于在两个曲面之间创建光滑的过渡曲面。它包含三个工具：圆形填角、自由形式圆角和圆角融合工具。

18. 雕刻几何体工具

雕刻几何体工具可以通过雕刻笔在NURBS曲面上绘制凸起或者凹陷的效果。注：雕刻的曲面上要有段数，如果没有段数就做不出雕刻效果。

19. 曲面编辑

曲面编辑包括曲面编辑工具、断开切线、平滑切线三个命令。曲面编辑可以在曲面上任何一点进行位置、切线方向和切线放缩的调节。

20. 布尔

布尔运算包含并集、差集、交集三种运算方法。它可以计算出两个相交的曲面之间的并集、差集或者交集的运算效果。

21. 重建

重建可以在原有的等参线数目基础上重新设置曲线参数。在原始曲面形状不变的基础上，对曲面局部进行曲线增加或者精简。

22. 反转方向

反转方向用于改变曲面U、V方向或反转曲面的法线方向。

第五节 曲面建模实例

一、制作煤油灯模型

利用所学的编辑曲面相关理论知识制作煤油灯模型，如图2-62所示。

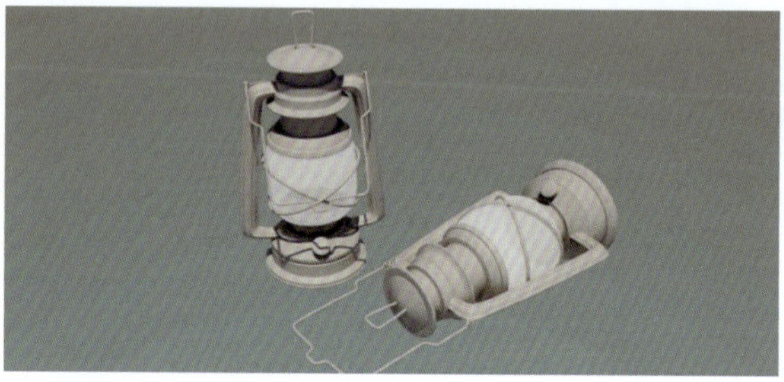

图2-62 煤油灯模型

煤油灯模型制作讲解视频

在前视图中绘制煤油灯底座曲线。选择工具架中的EP曲线工具，激活前视图，绘制煤油灯底座侧面一半曲线，绘制好后按回车键结束曲线绘制命令。选择曲线并点击鼠标右键，选择“控制顶点”，调整煤油灯底座控制点。注意曲线的第一个点和最后一个点要吸附在中间栅格线上，可点击状态栏中的栅格吸附工具或长按快捷键“X”，将这两个点吸附在栅格线上。如图2-63所示。

调整煤油灯底座细节。如果控制顶点不够，可在曲线上点击鼠标右键，选择“曲线点”，配合“Shift”键添加多个点，点击菜单中的曲线>插入结，完成控制点的添加。点击鼠标右键，选择“对象模式”，退出控制顶点编辑模式。如图2-64所示。

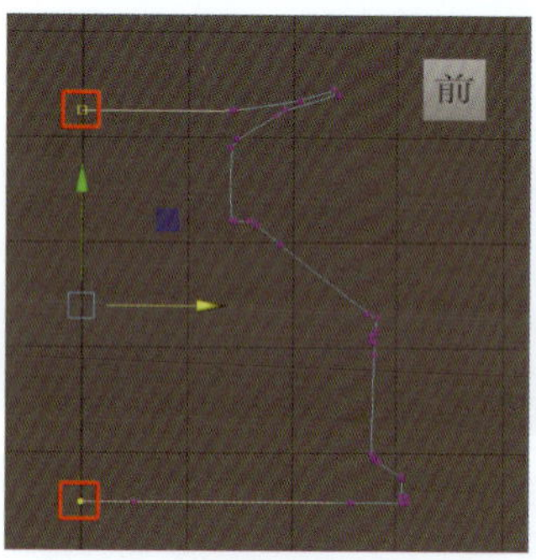

图2-63 绘制底座侧面曲线

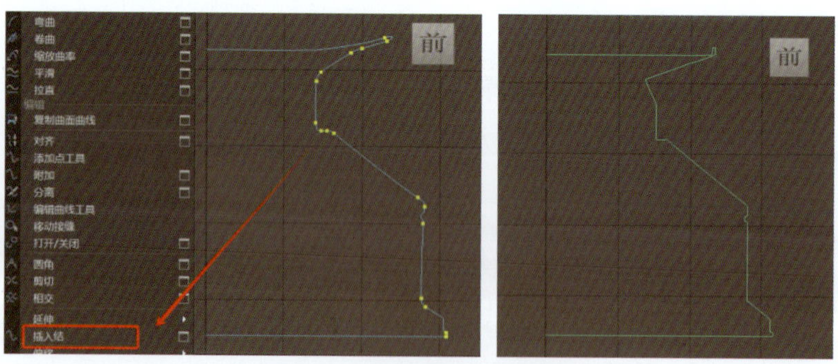

图2-64 调整煤油灯底座细节

旋转曲面并修改分段数。选择曲线，执行菜单中的曲面>旋转命令，制作出煤油灯底座曲面。选择曲面，点击通道盒中的“revolve”展开曲面旋转参数，将分段数改为18，此时曲面更加光滑，如图2-65所示。

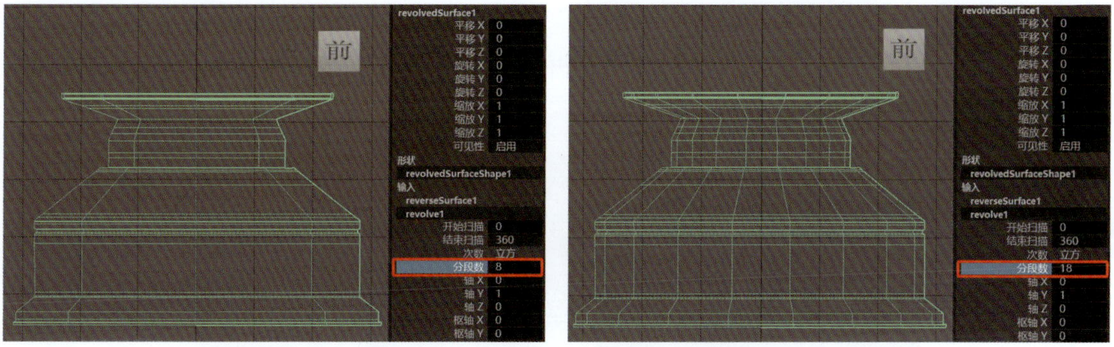

图2-65　修改煤油灯底座曲面分段数

绘制煤油灯玻璃曲线。在前视图中绘制一条煤油灯玻璃部分的曲线，绘制好后配合“Shift”键移动并复制该曲线。选择两条曲线，执行菜单中的曲线>附加命令，完成曲线合并。此时曲线另一端还需闭合。选择曲线，执行菜单中的曲线>打开/关闭命令，完成曲线闭合。在视图中点击鼠标右键，选择“控制顶点”，调整曲线点，调整好后点击鼠标右键，选择“对象模式”，退出编辑模式，如图2-66所示。

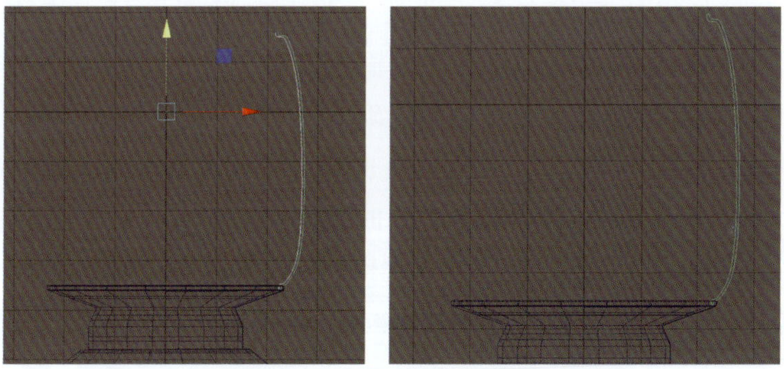

图2-66　绘制煤油灯玻璃曲线

旋转曲面并修改分段数。选择闭合好的曲线，执行菜单中的曲面>旋转命令，旋转出煤油灯玻璃曲面。选择曲面，点击视图右边的通道盒，选择输入下方的“revolve”（旋转），展开旋转参数，将分段数修改为18，完成玻璃曲面制作，如图2-67所示。

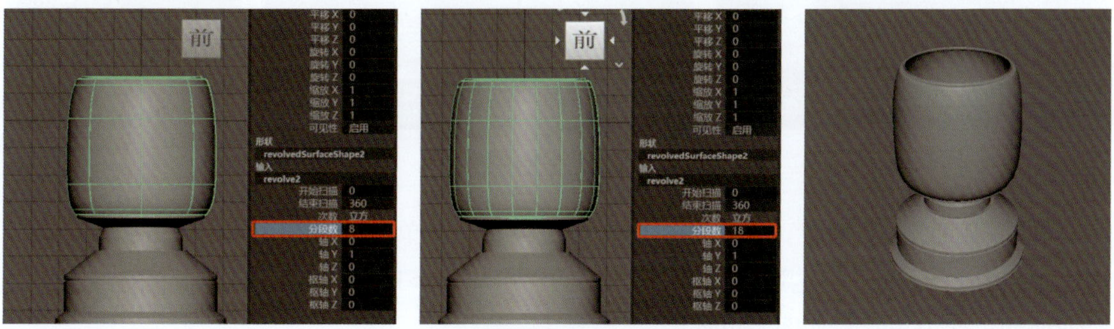

图2-67　旋转曲面并修改分段数

创建煤油灯盖曲线。在前视图中绘制出煤油灯盖曲线，如果控制点不够，可以使用编辑点“添加结”命令进行添加。绘制好后，再复制一条曲线，制作出煤油灯盖厚度，如图2-68所示。

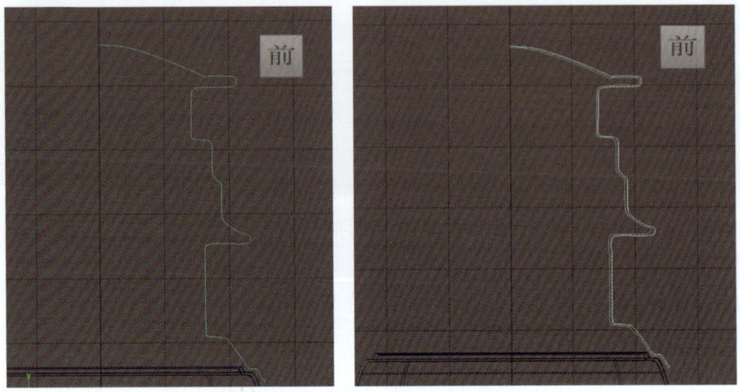

图2-68　创建煤油灯盖曲线

合并两条曲线。选择两条曲线，执行菜单中的曲线>附加命令，完成曲线合并，调整附加后的曲线点。如果执行该命令后曲线合并方向反了，可点击视图通道盒中的“attachCurve”，将反转1修改为“禁用”（输入参数“0”），将反转2修改为“启用”（输入参数“1”），此时曲线合并方向就正确了。如果执行附加命令后曲线合并方向正确，则不需要进行此步骤。合并后，调整合并曲线交界处的点。点击鼠标右键，选择“曲线点”，执行菜单中的曲线>插入结命令，为曲线添加控制点。调整好曲线点后，点击鼠标右键，选择“对象模式”，退出控制顶点编辑模式。如图2-69所示。

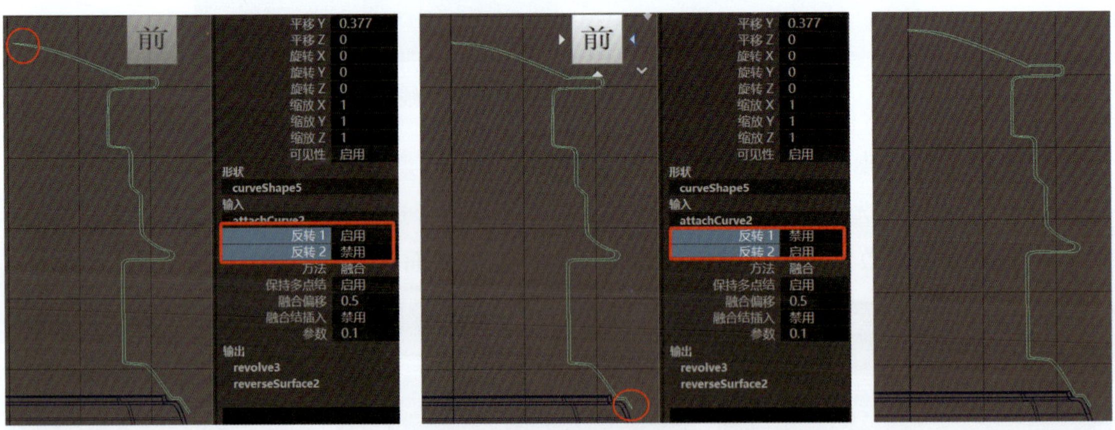

图2-69　合并并调整曲线

旋转煤油灯盖基本型。选择煤油灯盖曲线，执行菜单中的曲面>旋转命令，旋转出曲面。如果旋转出来的面是黑色的，则点击菜单中的曲面>反转方向，反转曲面的方向，此时曲面颜色变为正常，如图2-70所示。

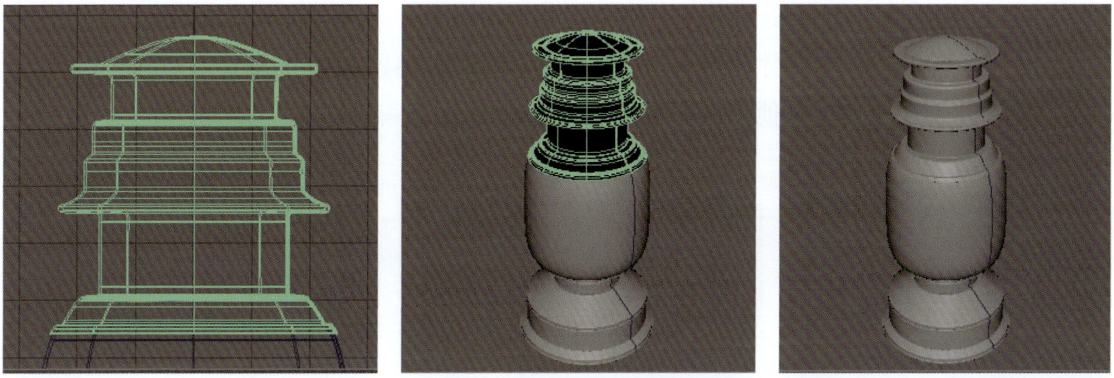

图2-70　旋转煤油灯盖曲面

创建煤油灯把手圆形曲线，并修改圆形曲线上面的点数。选择工具架中的圆形曲线，在顶视图中创建圆形曲线。点击圆形通道盒中的属性参数，将分段数更改为32，更改后点击鼠标右键，选择“控制顶点”，观察到圆形曲线点数变多，如图2-71所示。

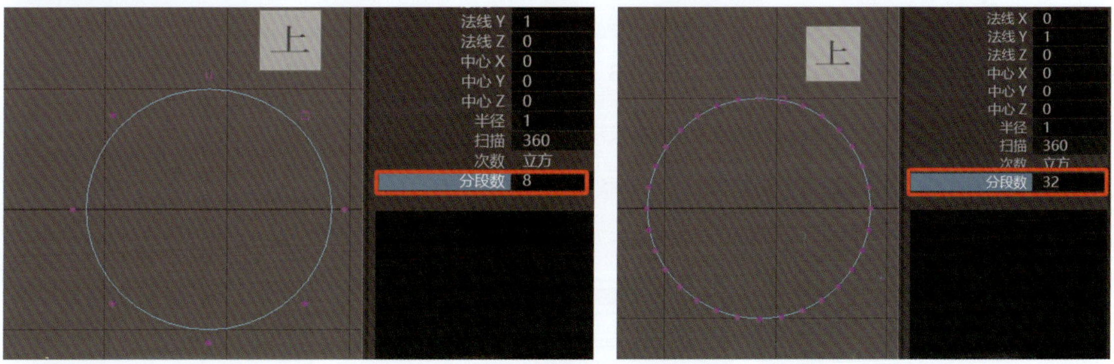

图2-71　设置圆形曲线分段数

修改圆形曲线形状。选取圆形曲线的“控制顶点”，通过顶点编辑图形。操作时要注意上下左右顶点对称选择，结合移动和缩放工具进行调整，如图2-72所示。

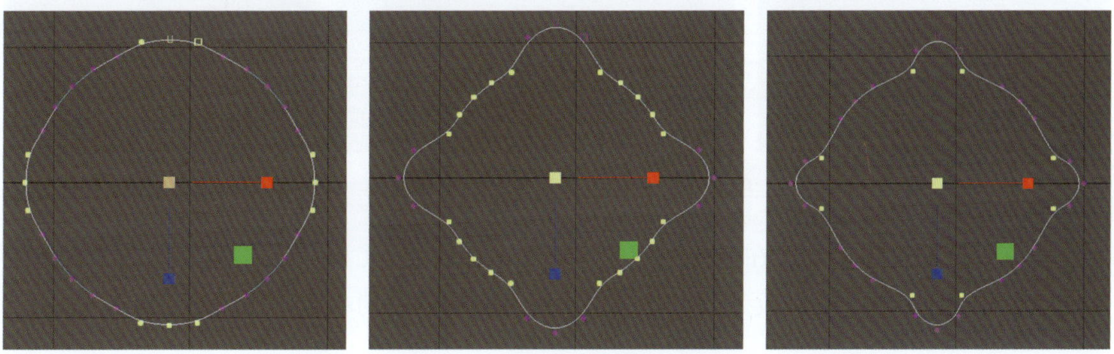

图2-72　修改圆形曲线形状

在前视图中创建两条参考曲线，用于复制圆形曲线。选择调整好的圆形曲线，按住“Shift”键结合鼠标移动并复制多个圆形。边复制边旋转曲线，操作时在前视图沿着“Z”轴方向旋转（注：其他轴向不要旋转），边复制边调整好圆形曲线的位置，复制后的效果如图2-73所示。

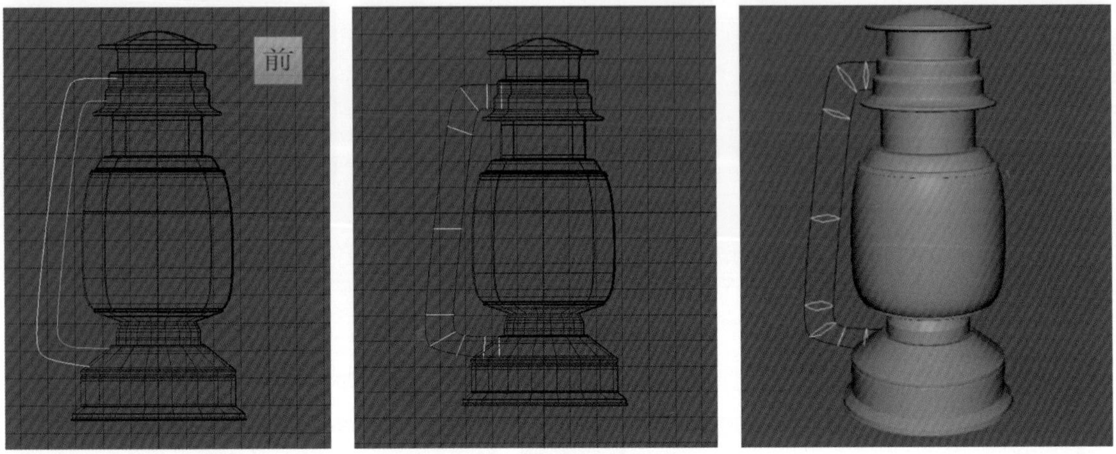

图2-73　复制圆形曲线

放样曲面。配合“Shift”键从上到下或者从下到上依次加选圆形曲线（注：此处要按顺序选择，因为放样曲面命令是根据选择顺序放样出面的）。执行菜单中的曲面>放样命令，放样出煤油灯左边把手曲面，如图2-74所示。

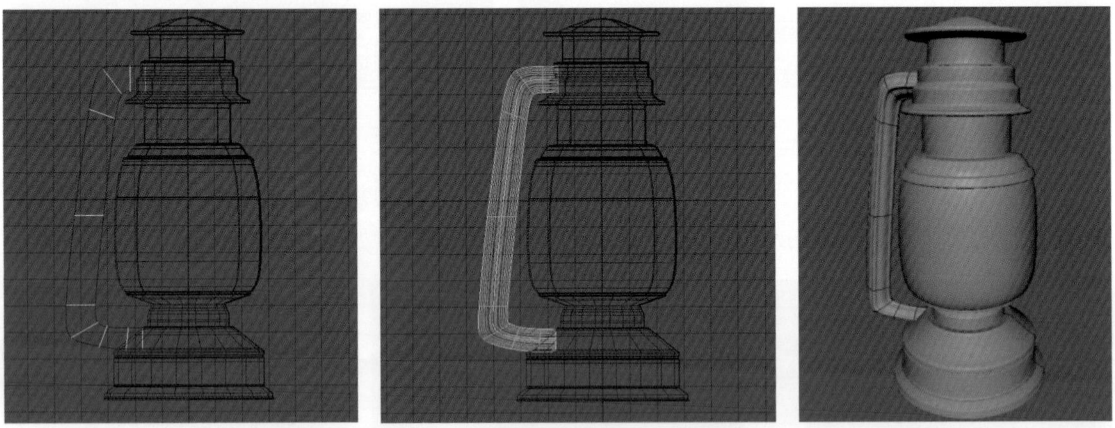

图2-74　放样出煤油灯左边把手曲面

复制并镜像把手曲面。在前视图中选择把手曲面，按“Ctrl+D”键复制该曲面。将曲线通道盒中的缩放X参数修改为–1，此时把手镜像到煤油灯的右边，如图2-75所示。

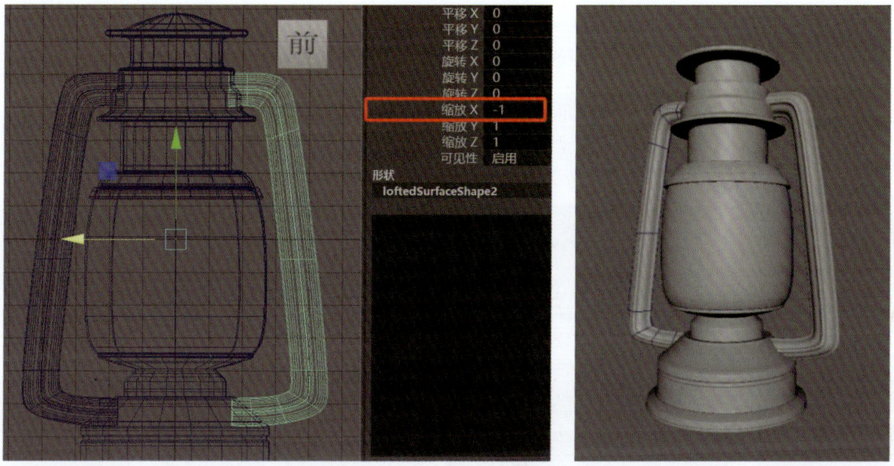

图2-75　镜像煤油灯右边把手

在顶视图中创建一个大圆形曲线作为挤出的路径，通过缩放、旋转工具调整圆形，使其包裹住煤油灯灯身部分。再在顶视图中创建一个小圆形曲线，作为挤出用的图形，如图2-76所示。

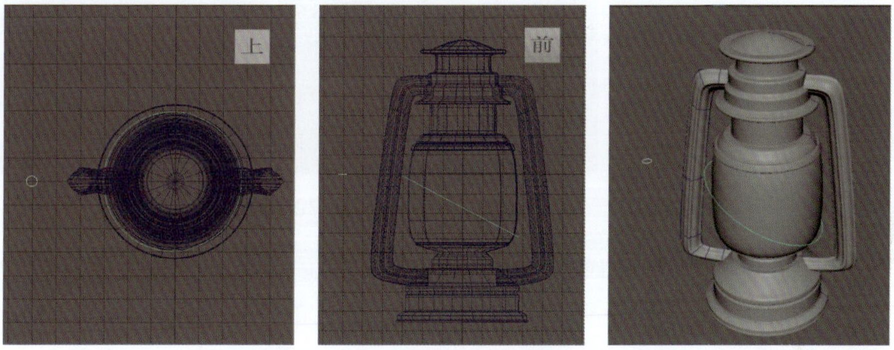

图2-76　创建图形与路径曲线

挤出圆环曲面。先选择小圆形曲线，再加选大圆形曲线，点击曲面>挤出，在弹出的对话框中将“结果位置”修改为“在路径处”，将“枢轴”改为“组件”，完成挤出效果，如图2-77所示。

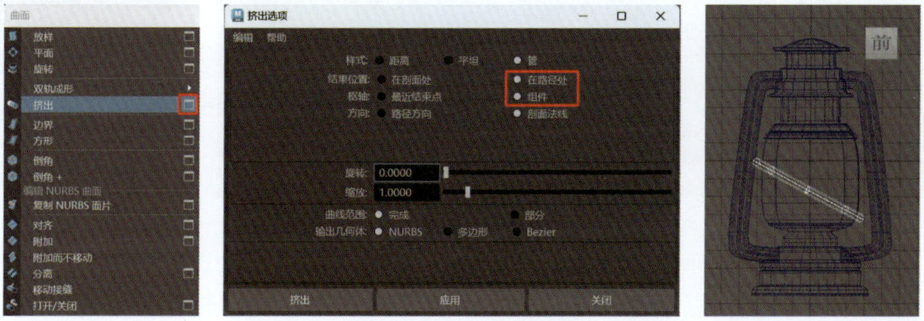

图2-77　挤出圆环曲面

用鼠标右键点击大圆形曲线，选择“控制顶点”，调整控制点。调整好后点击鼠标右键，选择“对象模式”，退出顶点编辑。按“Ctrl+D”键复制圆形曲面，将复制的圆形曲面通道盒中的缩放X修改为–1。在视图中选择复制的圆形曲面，使用缩放调整复制的圆形曲面，使其稍大一些，如图2-78所示。

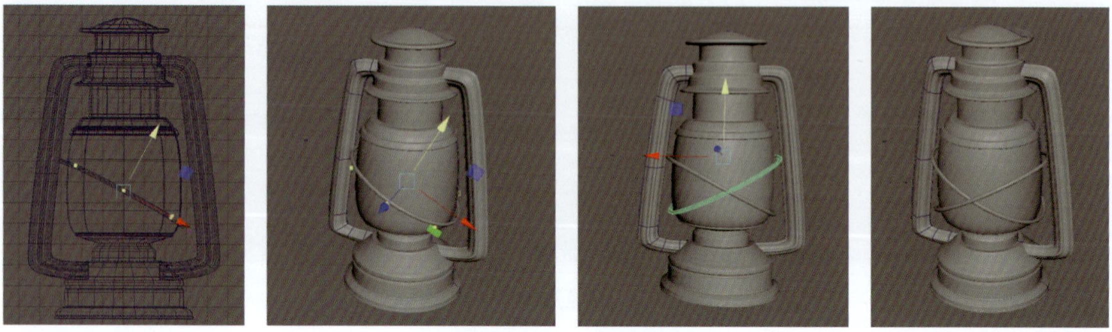

图2-78　镜像圆形曲面

在右视图中绘制螺帽曲线，注意曲线第一个点要沿着边视图较粗的横向栅格线进行绘制，可按“X”键使其吸附到该栅格线上，如图2-79所示。

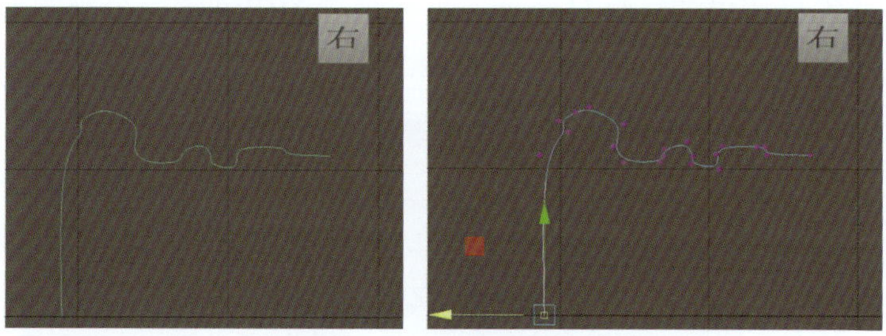

图2-79　绘制螺帽曲线

旋转螺帽曲线基本型。选择螺帽曲线，点击菜单中的曲面>旋转，在弹出的对话框将“轴预设”修改为Z，执行旋转命令。如果旋转出来的面是黑色的，则需要点击菜单中的曲面>反转方向，反转曲面法线后曲面颜色变为正常，如图2-80所示。

图2-80　旋转螺帽曲面基本型

修改螺帽曲面轴心。点击菜单中的修改>使枢轴居中，让螺帽曲面轴心居中。使用移动工具和旋转工具，将螺帽放置在煤油灯底座中间的位置，如图2-81所示。

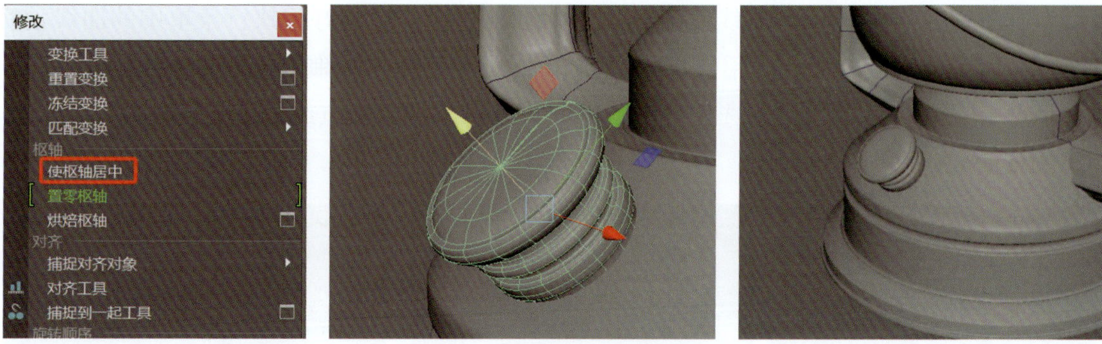

图2-81　修改螺帽曲面轴心

制作灯盖提手曲线。在前视图中创建煤油灯盖提手一半曲线，按“Ctrl+D”键复制该曲线。复制后，将复制的曲线通道盒中的参数缩放X修改为–1，将复制曲线镜像到右边。选择两条曲线，执行菜单中的曲线>附加命令，完成曲线合并，如图2-82所示。

图2-82　制作灯盖提手曲线

挤出灯盖提手曲面。在顶视图中创建一个较小的圆形曲线，作为灯盖提手的挤出图形部分。先选择小的圆形曲线再加选灯盖提手曲线；点击菜单中的曲面>挤出，在弹出的对话框中将“结果位置”修改为“在路径处”，将“枢轴选择”改为“组件”；点击“挤出”按钮，完成曲面挤出。如果挤出来的面是黑色的，则需要点击菜单中的曲面>反转方向。灯盖提手制作完成，如图2-83所示。

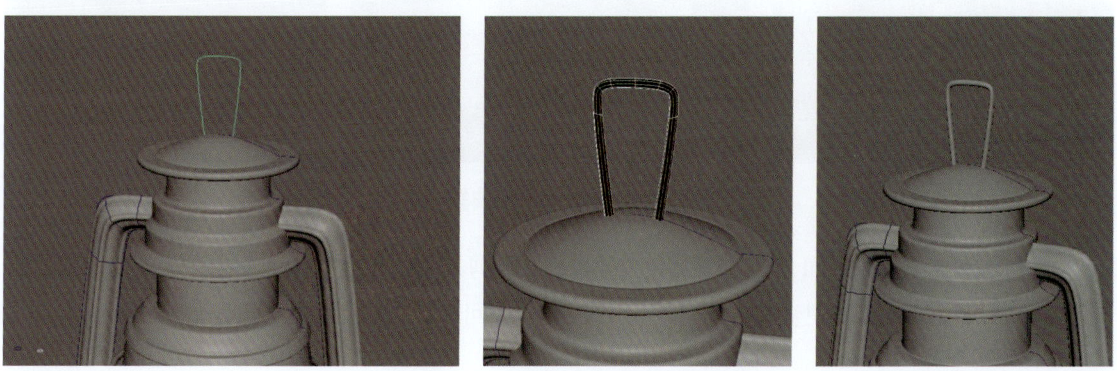

图2-83　挤出灯盖提手曲面

制作提手挂钩处的图形曲线。在前视图中绘制曲线，绘制好后执行菜单中的曲线>打开/关闭命令，使曲线闭合。用鼠标右键点击曲线，选择“控制顶点”，调整闭合曲线点。调整好后点击鼠标右键，选择“对象模式”，退出控制顶点编辑模式。在前视图中创建小圆形曲线，如图2-84所示。

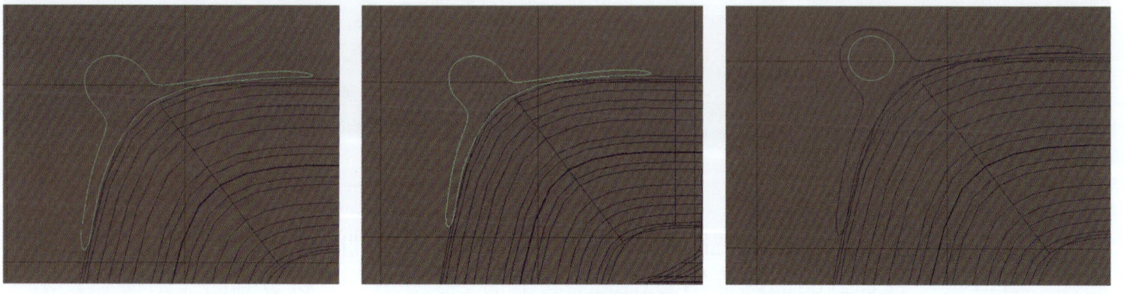

图2-84　绘制两条曲线

创建曲面。选择工具架中的NURBS曲面，在前视图中绘制曲面。打开曲面通道盒，将U向面片数修改为17，将V向面片数修改为17，此时曲面段数增加，如图2-85所示。

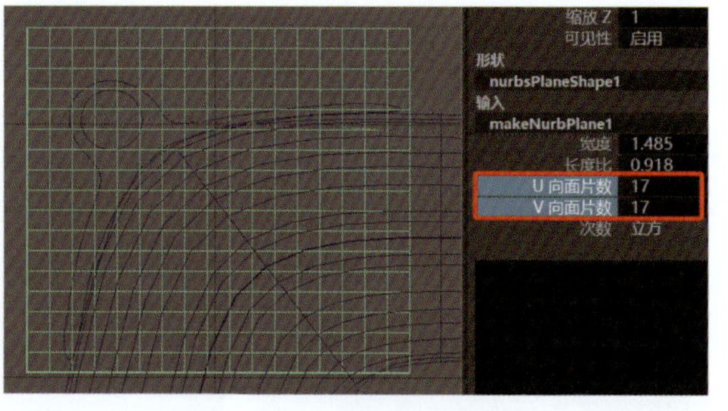

图2-85　修改曲面段数

将曲线投射到曲面上。激活前视图，按“Shift”键先选择两条曲线，再选择曲面；点击菜单中的曲面>在曲面上投影曲线，将曲线投射到曲面上，如图2-86所示。注：曲线投射参考方向基于当前所选视图的观察视角，制作前要选对视图，选择物体时，要先选择线再选择面。

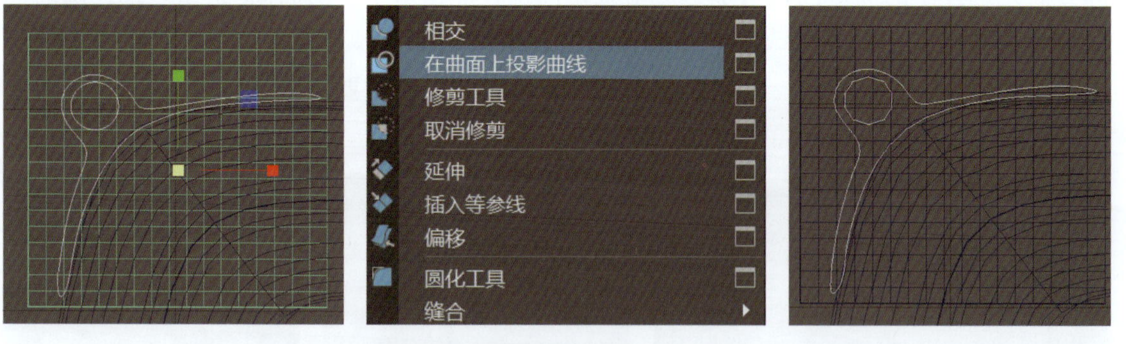

图2-86　在曲面上投影曲线（1）

修剪曲面。选择曲面，点击菜单中的曲面>修剪工具，此时曲面上出现白色虚线，点击要保留的曲面，视图中会标记出黄色小棱锥，按回车键完成曲面修剪，如图2-87所示。

图2-87　进行曲面修剪

使用“Shift”键移动并复制曲面，两个面之间要保留一些间距。选择两个曲面并点击鼠标右键，选择“修剪边”，先选择一条“修剪边”，再加选另一条“修剪边”。点击菜单中的曲面>曲面圆角>自由形式圆角，完成两个曲面之间连接面的制作。调整中间曲面的形状，点击鼠标右键，选择“壳线”，选择中间的壳线并将其放大。如图2-88所示。

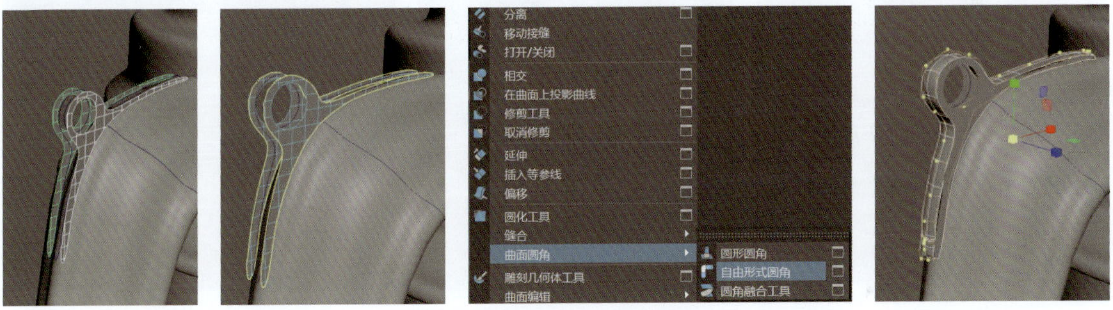

图2-88　应用自由形式圆角

放样曲面。右键选择“剪切边”，配合“Shift”键加选两条剪切边，执行菜单中的曲面>放样命令。如果放样出来的曲面是黑色的，需要点击菜单中的曲面>反转方向，反转曲面后，曲面颜色呈现为正常，如图2-89所示。

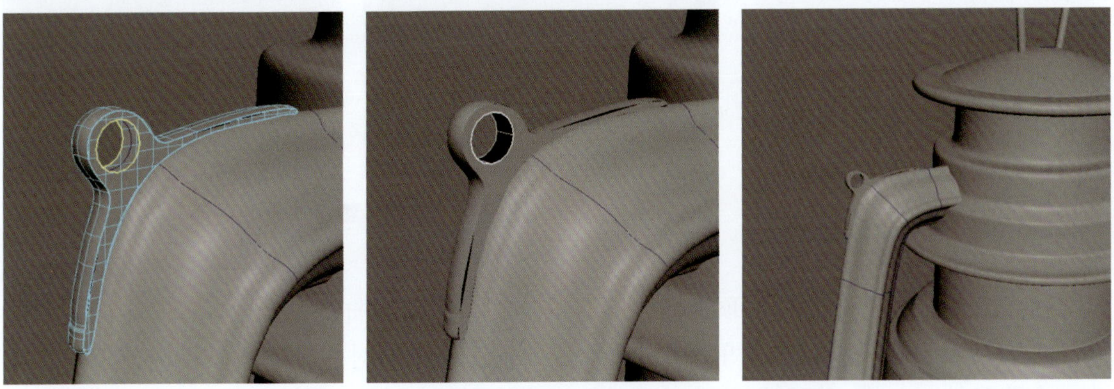

图2-89　进行曲面放样

群组曲面。选择这四个曲面，按“Ctrl+G”键群组曲面。再按“Ctrl+D”键复制该组。将复制组的曲线通道盒参数缩放X修改为–1，将群组曲面镜像到右边，如图2-90所示。

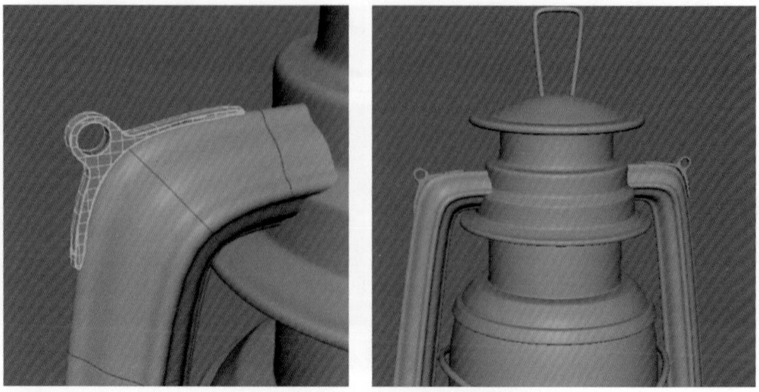

图2-90　群组并镜像曲面

创建提手曲线。激活前视图，绘制煤油灯提手曲线，注意曲线上方的第一个顶点要吸附到栅格中心线上。曲线创建好后，在边视图中选择曲线的“控制顶点”，调整出曲线挂钩细节，如图2-91所示。

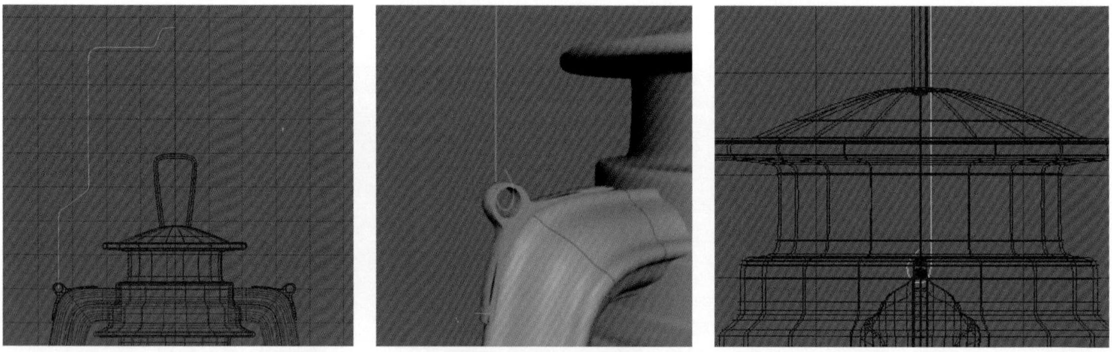

图2-91　绘制挂钩曲线

复制、镜像并合并曲线。使用“Ctrl+D”键复制曲线，将复制曲线通道盒中的参数缩放X修改为–1，将复制的提手曲线镜像到右边。点击菜单中的曲线>附加，在弹出的对话框中取消勾选“保持原始”，点击对话框中的附加按钮，完成曲线合并，如图2-92所示。

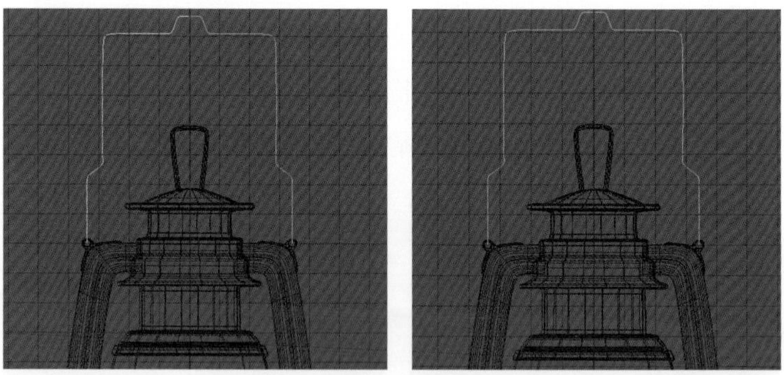

图2-92　复制、镜像并合并曲线

挤出煤油灯提手曲面。在顶视图中创建一个较小的圆形曲线，先选择这个小的圆形曲线，再加选提手曲线，点击菜单中的曲面>挤出，在弹出的对话框中将“结果位置”修改为“在路径处”，将“枢轴”改为“组件”；点击对话框中的“挤出”按钮，完成曲面挤出。如果挤出来的面是黑色的，则执行菜单中的曲面>反转方向命令。完成提手曲面，如图2-93所示。

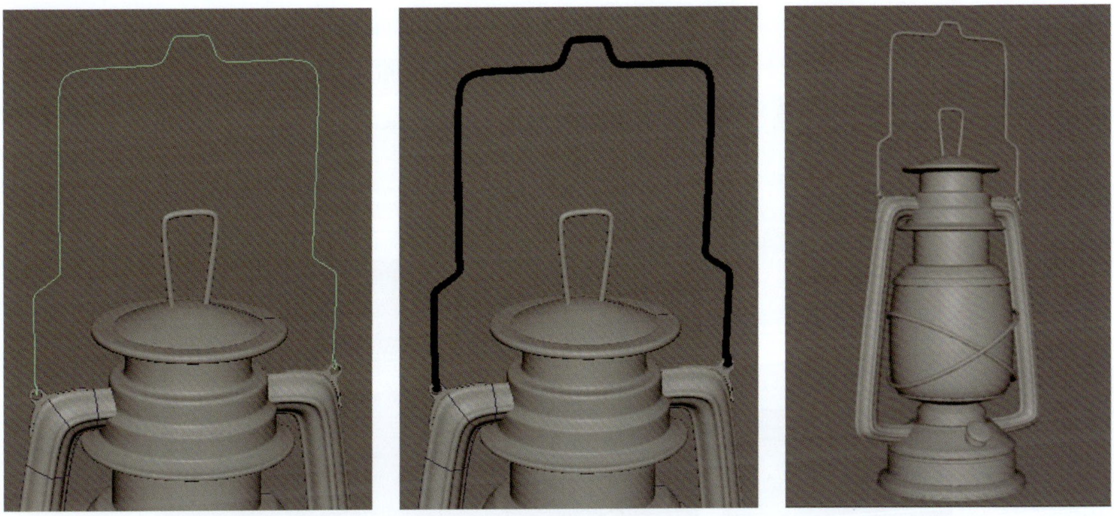

图2-93　挤出煤油灯提手曲面

二、制作汽车轮胎模型

深入学习NURBS曲面编辑的方法，制作复杂的汽车轮胎模型，如图2-94所示。

图2-94　汽车轮胎模型

汽车轮胎模型制作讲解视频

创建轮胎钢圈侧面曲线。选择工具架中的“EP曲线”，在前视图中绘制轮胎钢圈侧面一半曲线，绘制好后，按回车键结束曲线绘制。点击鼠标右键，选择“控制顶点”，点击“吸附栅格”按钮，将轮胎钢圈侧面曲线的第一个点吸附在视图中间较粗的栅格中心线上。也可长按吸附快捷键“X”键，使点吸附到栅格中心线上。调整曲线控制点，调整好后点击鼠标右键，选择“对象模式”，退出顶点编辑模式。如图2-95所示。

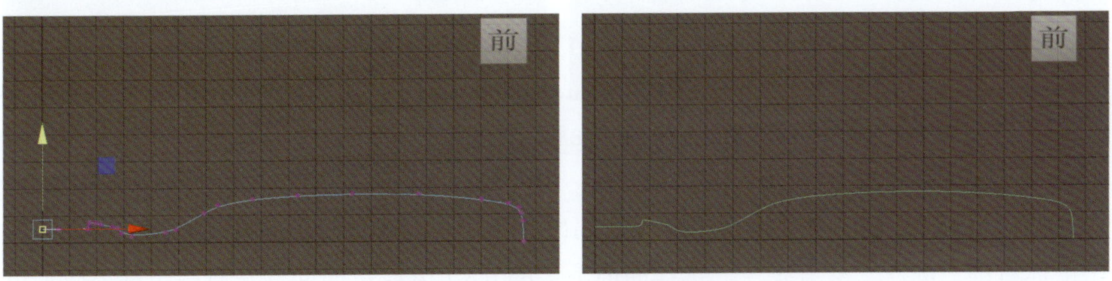

图2-95　创建轮胎钢圈侧面曲线

旋转轮胎钢圈。选择绘制好的曲线，点击菜单中的曲面>旋转，在弹出的对话框中将“轴预设”修改为Y。设置好后点击“应用”，旋转出轮胎钢圈曲面，如图2-96所示。如果旋转出来的面是黑色，点击菜单中的曲面>反转方向，反转曲面后，曲面呈现颜色变为正常。

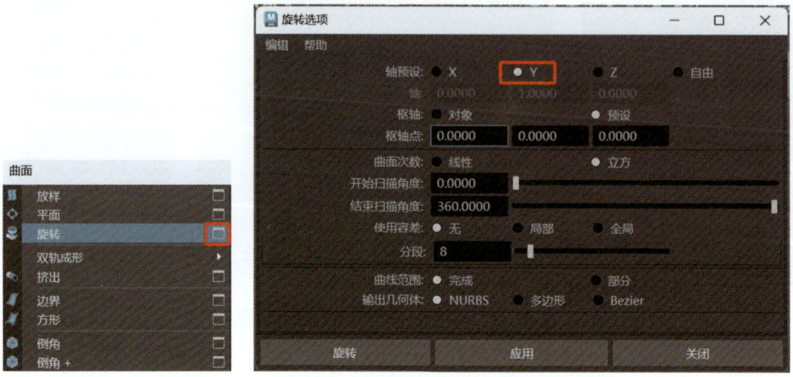

图2-96　旋转曲面并设置轴预设

根据轮胎细节的需要，后期制作时需取出轮胎钢圈曲面的五分之一进行曲面编辑，要提前计算并设置好旋转曲面段数。在视图中选择轮胎钢圈曲面，点击通道盒中输入下方的“revolve”（旋转），展开旋转参数，将分段数修改为40，如图2-97所示。

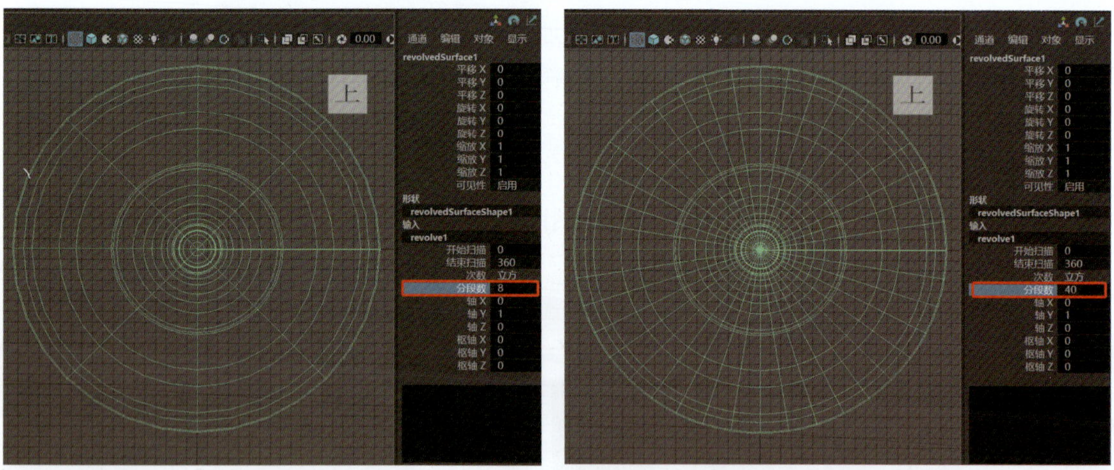

图2-97　修改轮胎钢圈曲面分段数

根据轮胎的形状，将旋转好的曲面分离出五分之一。在视图中选择轮胎钢圈曲面，点击鼠标右键，选择“参考线”，选择曲面下半部分8个分段数曲面的左右两边等参线，可配合“Shift”键进行加选，选择后两条线呈现为黄色，如图2-98所示。

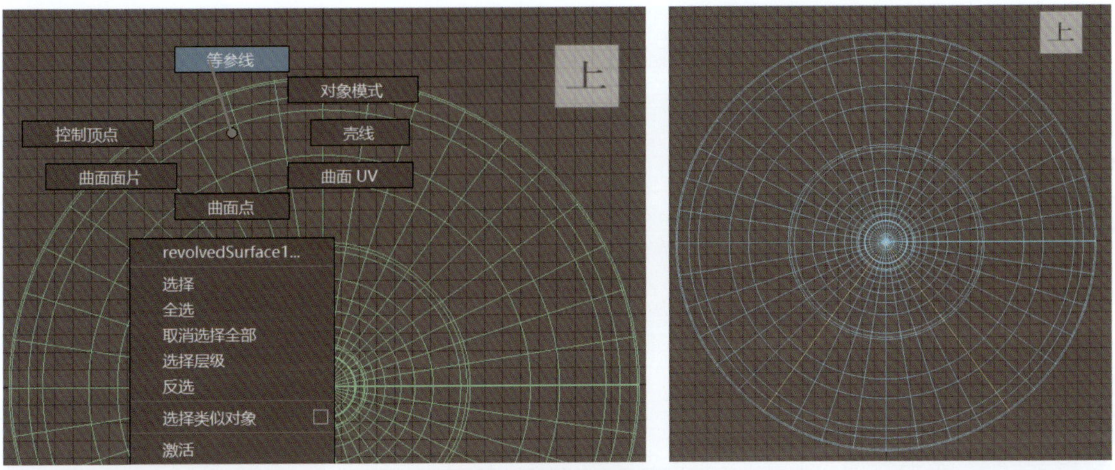

图2-98　选择两条参考线

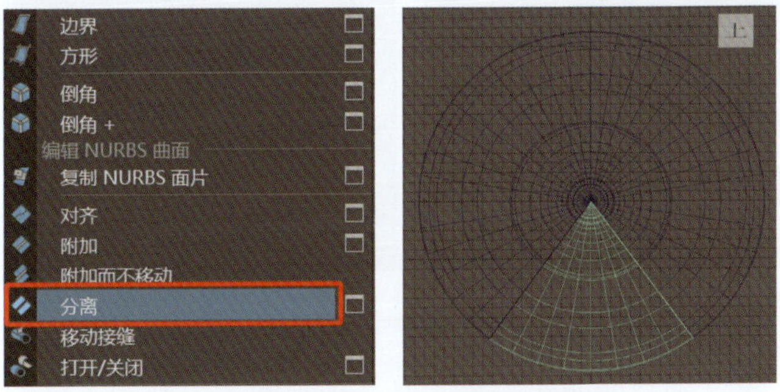

图2-99　分离曲面并删除大曲面

分离曲面。执行菜单中的曲面>分离命令，即可将一个曲面分成两个独立曲面。选择大的曲面，按“Delete”键删除，如图2-99所示。

绘制轮胎钢圈镂空曲线图形。选择工具架中的◯圆形曲线，在前视图中创建圆形曲线，创建好后长按“X”栅格吸附键，使圆形曲线吸附到网格上与轮胎曲面中心对齐。将圆形曲线通道盒中的分段数设为24。在视图中用鼠标右键点击圆形曲线，选择“控制顶点”，使用缩放和移动工具将其调整成左右对称的三角形曲线，如图2-100所示。

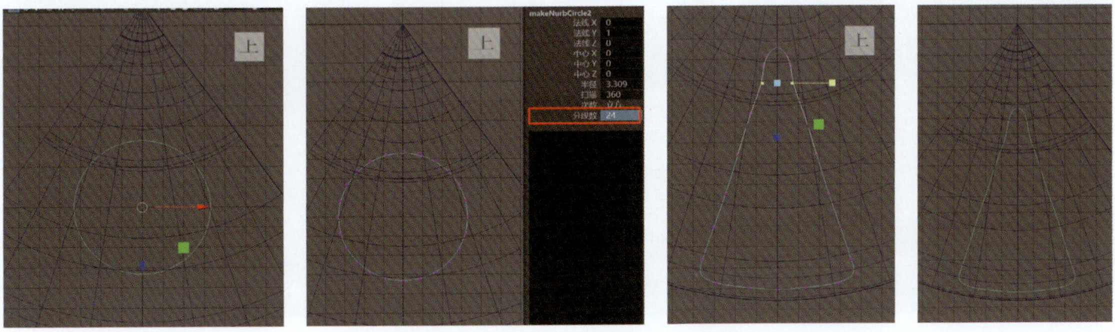

图2-100　绘制并调整圆形曲线

修改圆形曲线轴心。选择圆形曲线，按“Insert”（插入）键，进入圆形曲线轴心修改模式。长按“X”键，将圆形曲线轴心移动并吸附到视图栅格中心，再次按“Insert”键，退出轴心修改模式。如图2-101所示。

旋转阵列复制圆形曲线。在视图中选择圆形曲线，选择菜单中的编辑>特殊复制，在弹出的对话框中将旋转的Y轴参数设为36；将副本数设为9，点击应用按钮，完成曲线旋转阵列复制，如图2-102所示。

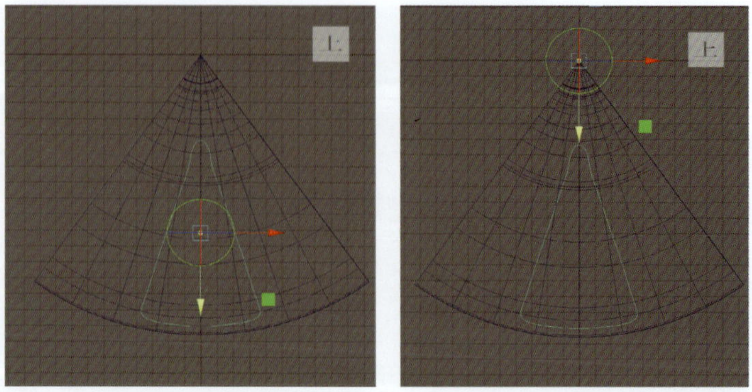

图2-101　修改圆形曲线轴心

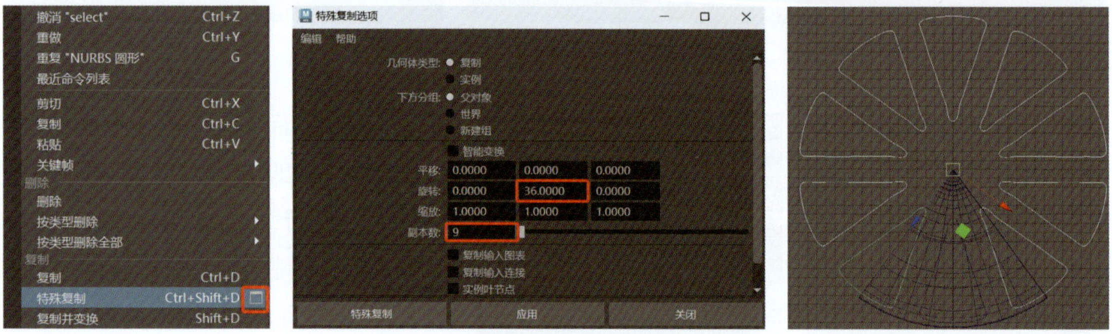

图2-102　旋转阵列复制圆形曲线

将曲线投射到曲面上。保留三条曲线，将其他曲线删除。激活顶视图（上视图），按“Shift”键加选三条曲线，再加选曲面；点击菜单中的曲面>在曲面上投影曲线，将曲线投射到曲面上，如图2-103所示。注：曲线投射参考方向基于当前所选的视图观察视角，制作前要选对视图；选择物体时，要注意先选择曲线再选曲面。

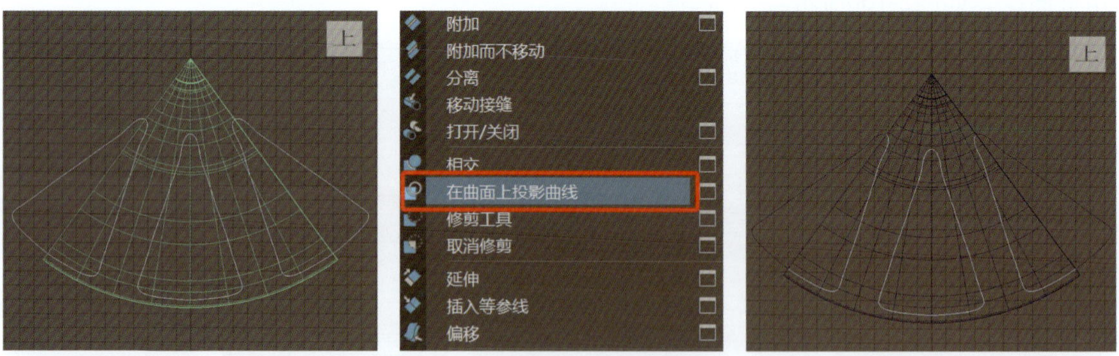

图2-103　曲面上投影曲线

修剪曲面。在视图中选择曲面，点击菜单中的曲面>修剪工具，此时曲面在视图中显示为白色虚线，点击要保留的曲面，虚线上出现黄色小棱锥标记，按回车键完成曲面修剪，如图2-104所示。

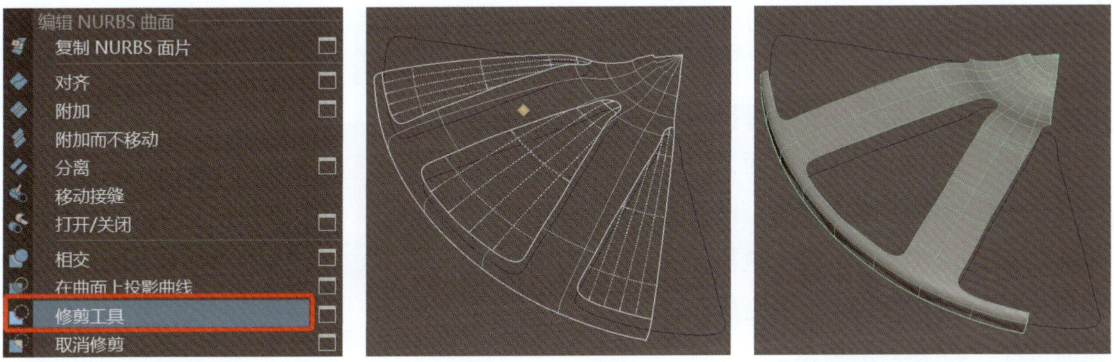

图2-104　**修剪曲面（1）**

复制曲面上的曲线。在视图中选择曲面并点击鼠标右键，选择“修剪边”，选择曲面中间的修剪边，执行菜单中的曲线>复制曲面曲线命令，将曲线从曲面上复制并提取出来，如图2-105所示。

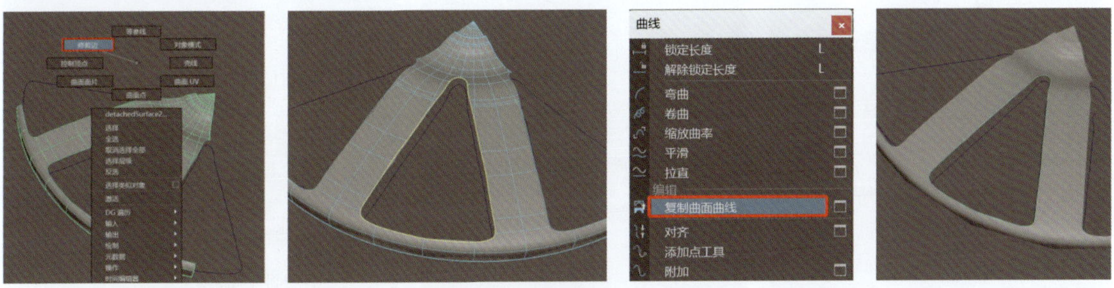

图2-105　**复制曲面上的曲线**

点击菜单中的修改>使枢轴居中，修改曲线的轴心。使用缩放工具缩小复制好的曲线，调整曲线位置，如图2-106所示。

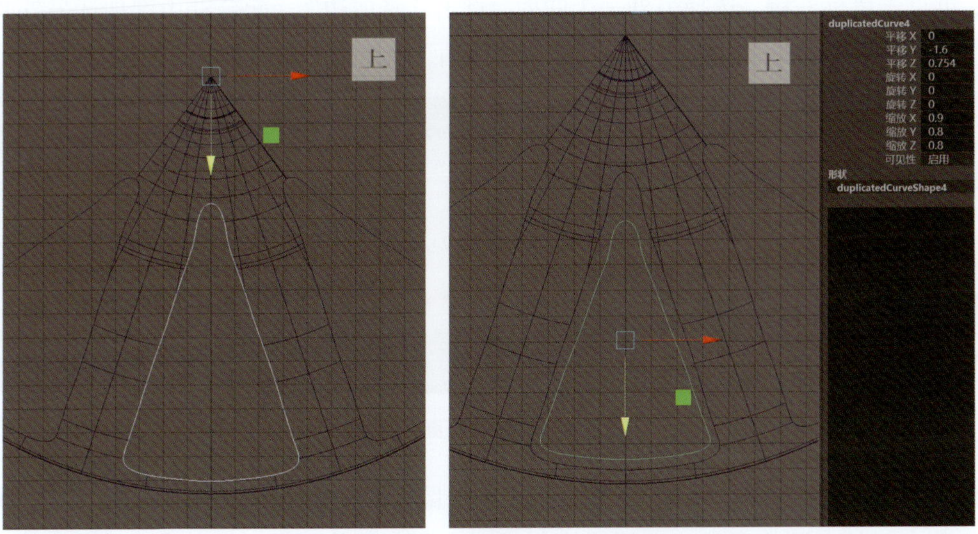

图2-106　**修改曲线的轴心并缩小曲线**

放样曲面。选择复制的曲线，使用移动工具沿“Y”轴向下移动，调整好曲线位置并保持曲线选择状态，右键点击曲面，选择“剪切边”，按“Shift”键加选对应曲面上的剪切边，执行菜单中的曲面>放样命令，完成曲面放样，如图2-107所示。

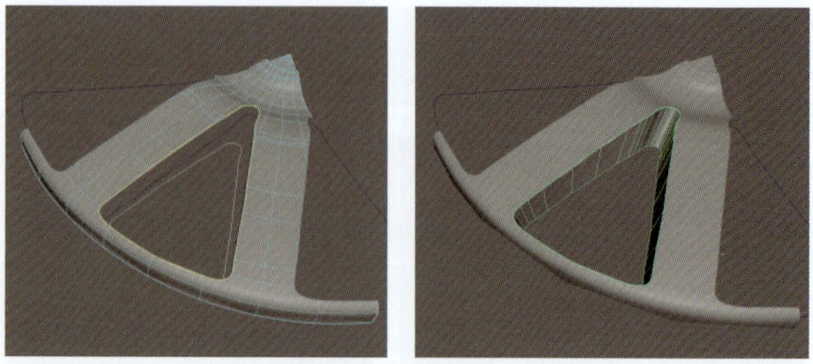

图2-107　放样曲面（1）

复位曲面中心。选择放样曲面，点击菜单中的修改>使枢轴居中，复位曲面中心。使用缩放工具适当缩小曲面，让两个曲面之间产生一定的距离，为制作自由圆角曲面留下空间。如图2-108所示。

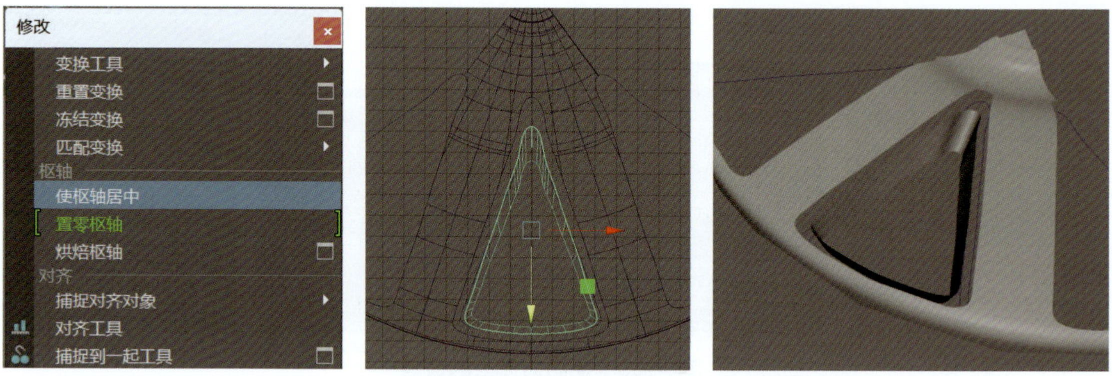

图2-108　复位曲面中心

圆角曲面。在视图中点击鼠标右键，选择放样曲面，点击“等参线”，选择的线呈现为黄色；再点击鼠标右键，选择另外一个曲面，点击“修剪边”，配合Shift键加选另外曲面一条边。点击菜单中的曲面>曲面圆角>自由形式圆角，制作出圆角效果，如图2-109所示。

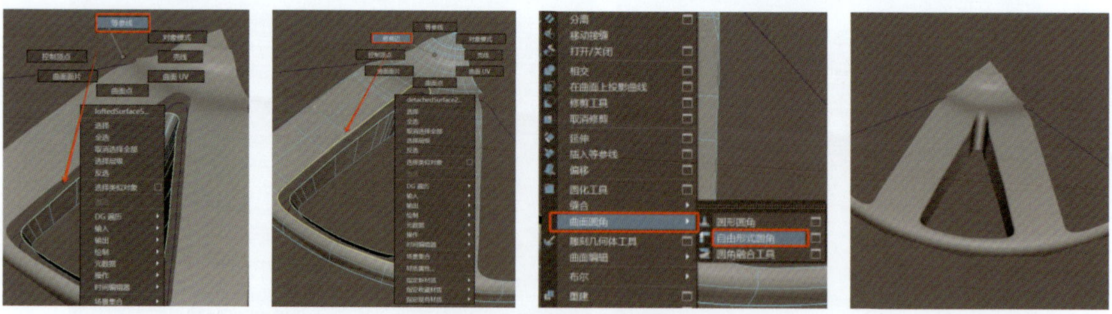

图2-109　制作出圆角效果

分离曲面。复制视图中的三角形曲面，点击鼠标右键，选择复制曲面的“等参线”，选择曲面中间的上下等参线，选择后线条呈现为黄色，执行菜单中的曲面>分离命令，将曲面分离成两个面。选择左边面，按“Insert”（插入）键，进入曲面轴心修改模式，移动并按“X”键，将曲面轴心吸附到视图栅格中心，移动好后按“Insert”键退出轴心修改模式。如图2-110所示。

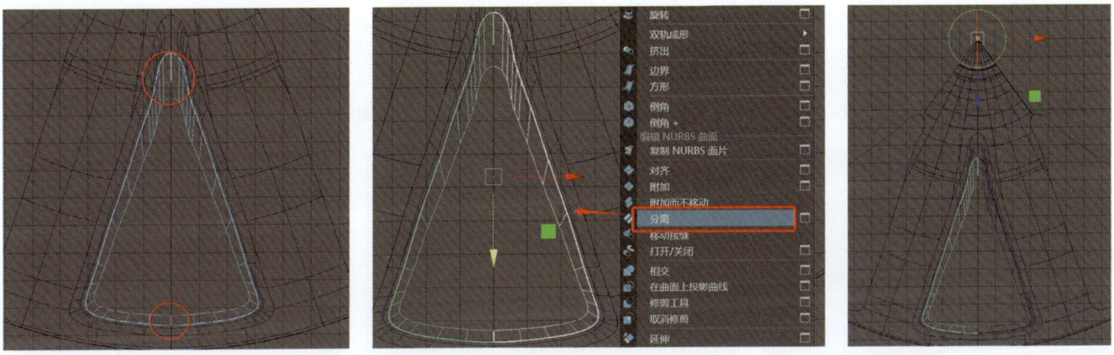

图2-110　分离三角形曲面

选择左边分离的曲面，将曲面通道盒中的旋转Y修改为36，将曲面旋转到右边。点击鼠标右键，选择该曲面的“等参线”，选择曲面的边界等参线，再点击鼠标右键，选择另外一个曲面的“修剪边”，配合“Shift”键加选另一条修剪边。点击菜单中的曲面>曲面圆角>自由形式圆角，制作圆角效果，如图2-111所示。

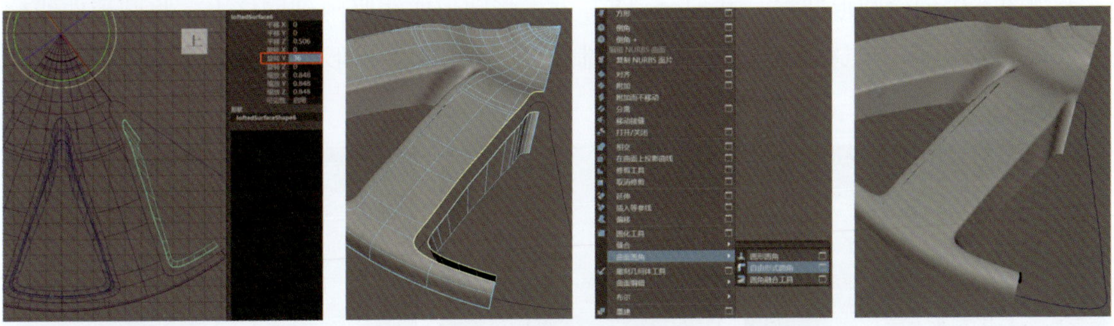

图2-111　圆角右边曲面

使用同样的方法制作另外一半曲面。注意，另一个面的旋转Y参数为–36。另外一半的曲面圆角效果如图2-112所示。

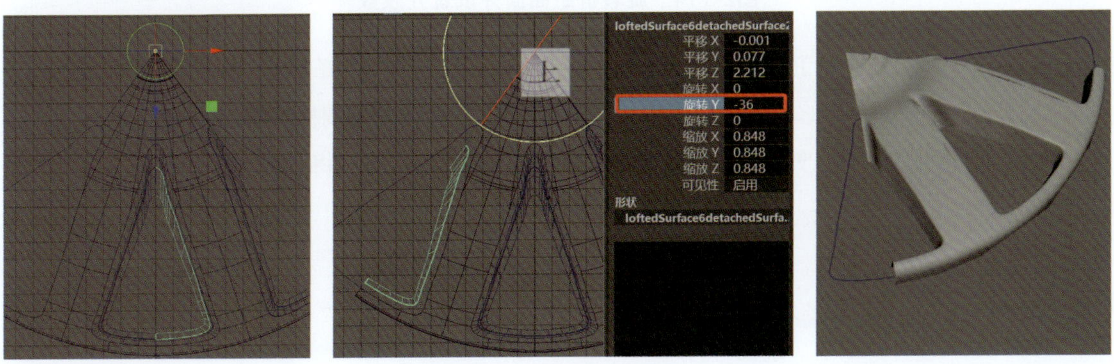

图2-112　圆角左边曲面

群组曲面。为了方便选择当前视图中的所有曲面，可以先将一个视图的曲线显示关闭，操作方法是点击顶视图菜单中的显示>视口>NURBS曲线，取消勾选“NURBS曲线”，此时该视图不显示曲线。选择所有曲面，按快捷键“Ctrl+G”（群组命令），群组曲面呈现为绿色线框，视图左上方会显示“项目分组成功”，完成群组。选择群组曲面，点击编辑>按类型删除>历史，删除当前所有曲面的历史记录，如图2-113所示。完成后再点击视图菜单中的显示>视口>NURBS曲线，勾选“NURBS曲线”。

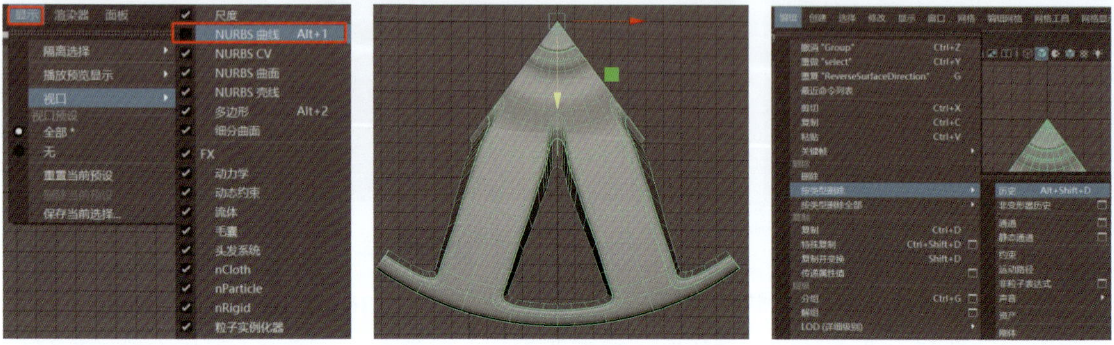

图2-113　删除群组曲面历史记录

旋转群组曲面，将群组曲面通道盒中的参数旋转Y设为18。创建圆形曲线，在顶视图（上视图）中创建圆形曲线，并配合“X”键，将圆形曲线吸附到网格上。将圆形曲线分段数设为16。点击鼠标右键，选择“控制顶点”，观察圆形曲线分段数，如图2-114所示。

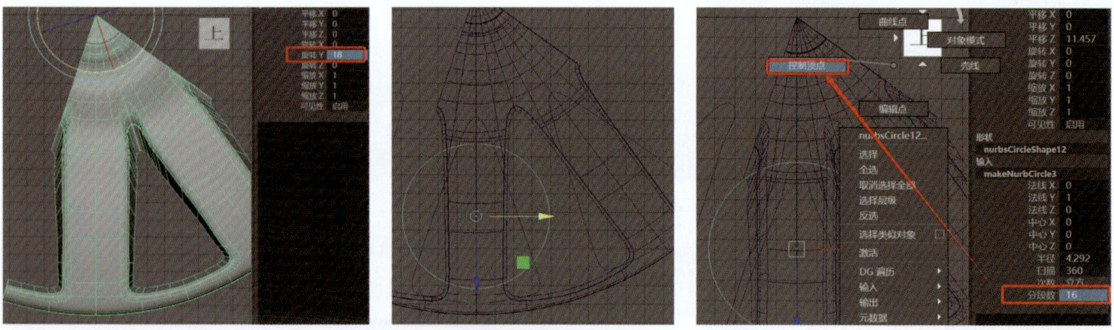

图2-114　旋转群组曲面并设置分段数

调整圆形曲线控制顶点，注意两边要对称修改。调整好后，修改曲线轴心，按“Insert”键进入轴心修改模式，按“X”键使轴心移动吸附到视图栅格中心，再按“Insert”键退出轴心修改模式。按“Ctrl+D”键复制该曲线，将曲线通道盒中的旋转Y修改为36，如图2-115所示。

将两条曲线投射到曲面上。激活顶视图，按“Shift”键选择两条曲线，再加选曲面，点击菜单中的曲面>在曲面上投影曲线，将曲线投射到曲面上，如图2-116所示。

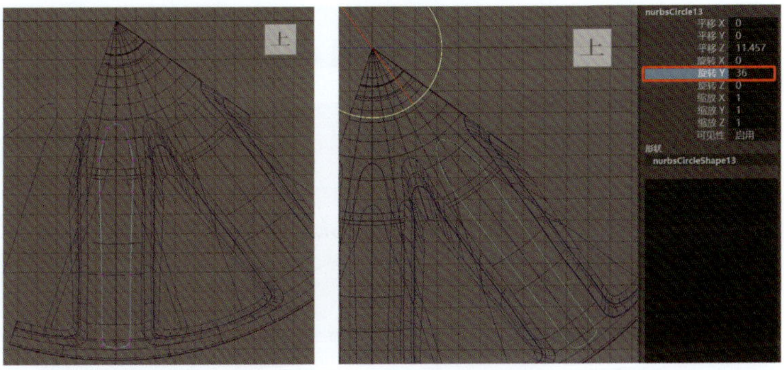

图2-115　编辑并复制曲线

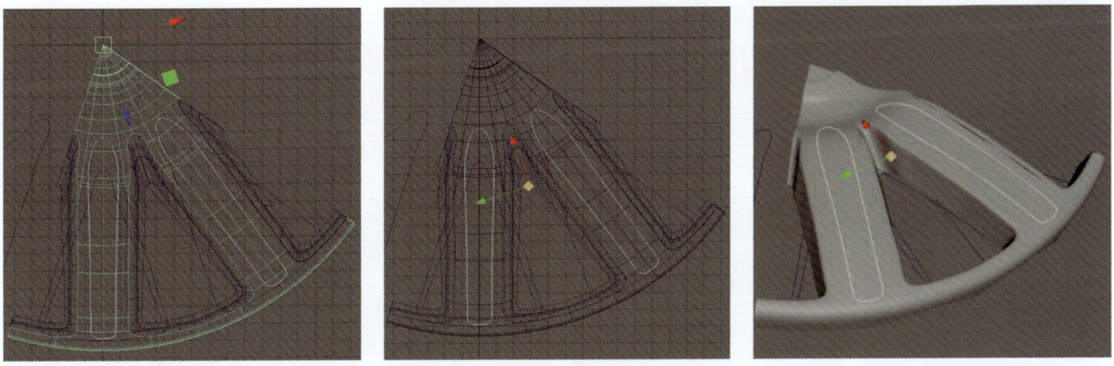

图2-116　将两条曲线投射到曲面上

修剪曲面。在视图中先选择曲面，再点击菜单中的曲面>修剪工具，在出现白色虚线的曲面上点击要保留的曲面，出现黄色小棱锥标记后，按回车键完成修剪，如图2-117所示。

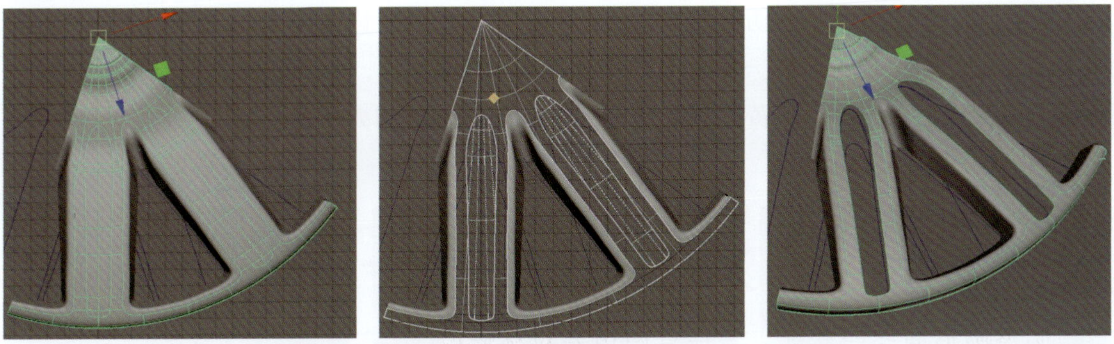

图2-117　修剪曲面（2）

复制曲面上的线。在视图中点击鼠标右键，选择曲面的“修剪边”，选择两条修剪边，执行菜单中的曲线>复制曲面曲线命令，将修剪边曲线从曲面上复制出来，如图2-118所示。

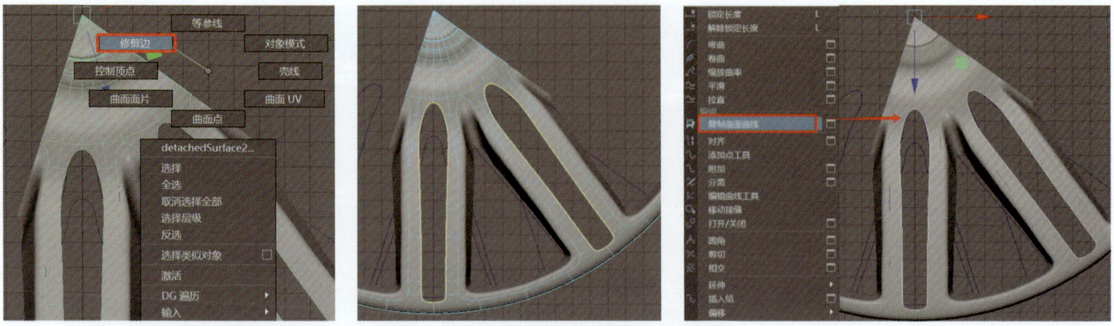

图2-118　复制曲面上的线

放样曲面。使用移动工具，沿“Y”轴向下移动复制两条曲线。选择其中一条复制的曲线，点击鼠标右键，选择对应曲面上的“修剪边”，然后按“Shift”键加选这条修剪边，点击菜单中的曲面>放样，完成曲面放样。用同样的方法放样制作另一个曲面，如图2-119所示。

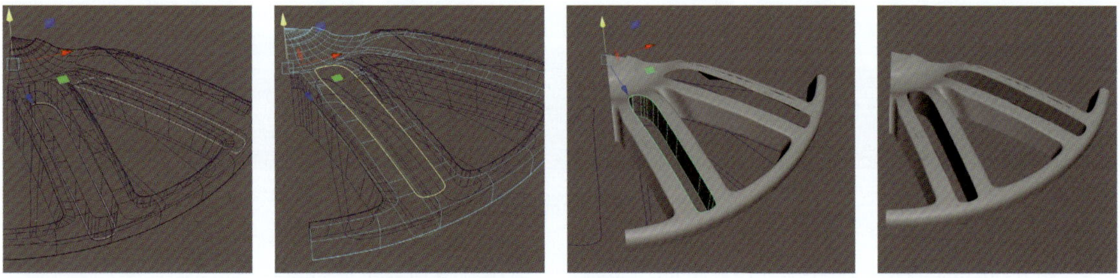

图2-119　放样曲面（2）

圆化曲面。应用圆化工具可在两个曲面的共享边界处计算出一个圆角，形成光滑的曲面。先选择一个曲面的“剪切边”，再按“Shift”键加选放样曲面上的“等参线”，此时两条曲面上的线呈现为黄色，点击菜单中的曲面>圆化工具，两个曲面之间会出现黄色圆角线，用鼠标在视图中点击黄色点控制范围，确定好圆角的大小范围后，按回车键完成圆化效果，如图2-120所示。

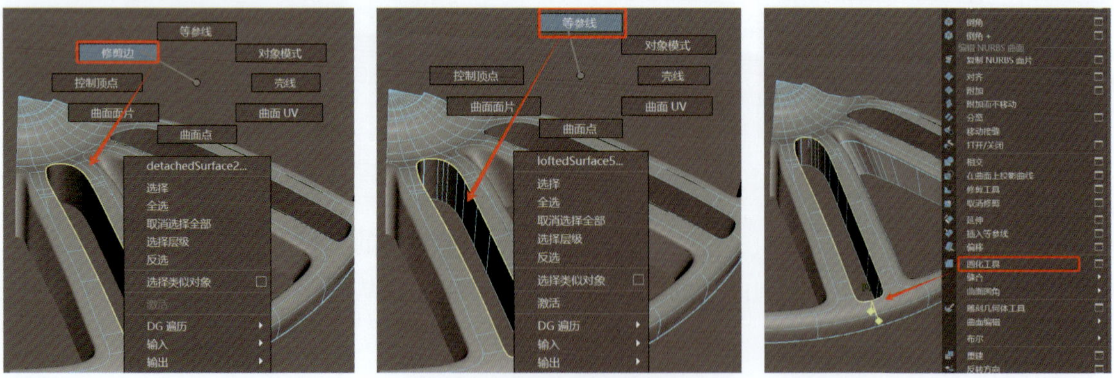

图2-120　制作圆化效果

修改圆化参数。圆化曲面制作好后，可通过修改通道盒中的参数调整圆化效果。将半径改为18。如果圆化后的曲面是黑色的，可点击菜单中的曲面>反转方向，反转曲面。用同样的方法为另外一个面制作圆化效果，使两个面半径参数一致。如图2-121所示。

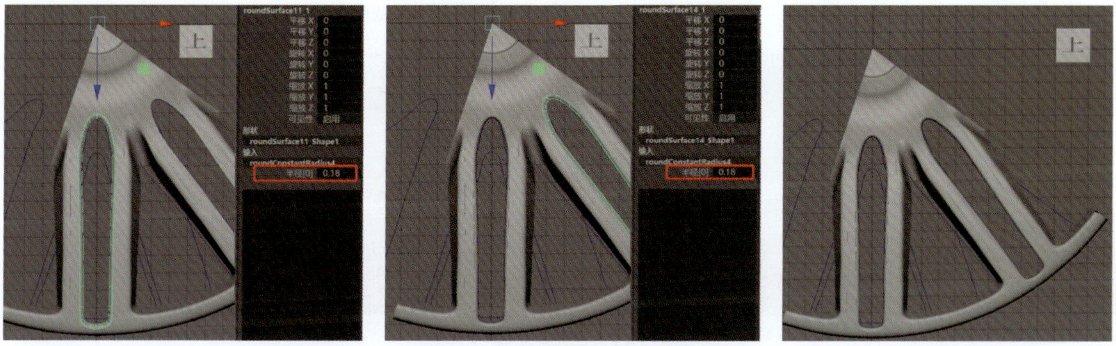

图2-121　修改圆化参数

创建圆形曲线，制作螺丝帽孔。在顶视图中创建圆形曲线，配合“X”键将圆形曲线移动到网格上，按“Shift”键加选曲面，点击菜单中的曲面>在曲面上投影曲线，将曲线投射到曲面上，如图2-122所示。

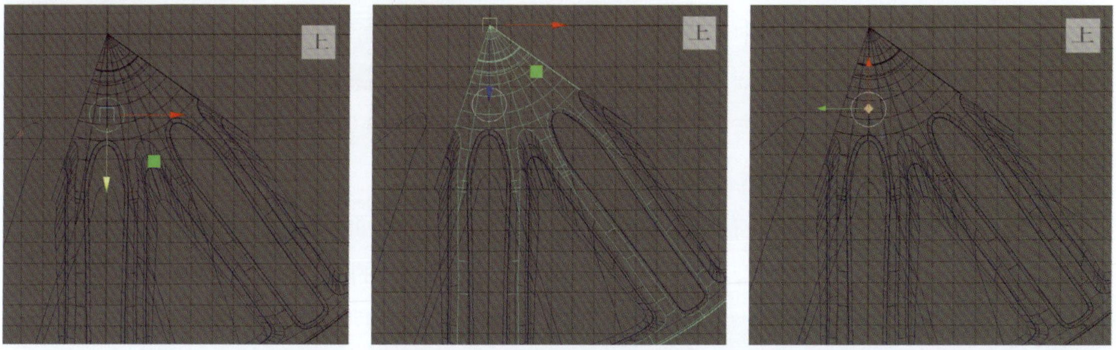

图2-122　在曲面上投影曲线（2）

修剪曲面。在视图中选择曲面，点击菜单中的曲面>修剪工具，此时曲面上出现白色虚线，点击要保留的曲面，出现黄色小棱锥标记后，按回车键完成曲面修剪，如图2-123所示。

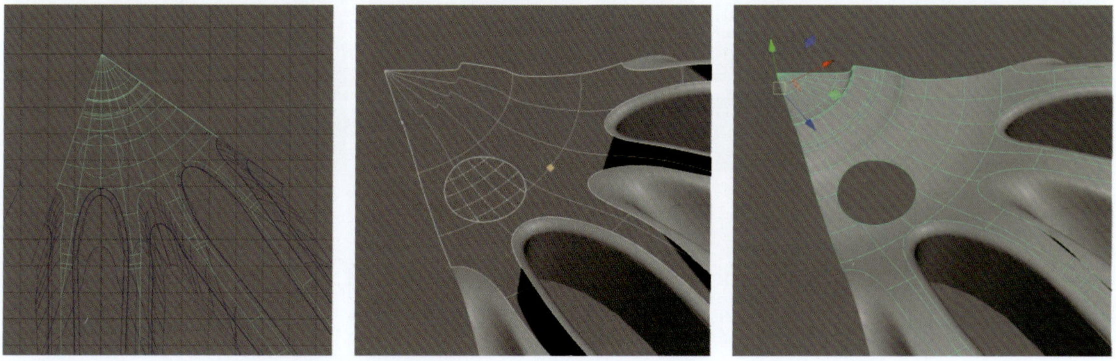

图2-123　修剪曲面（3）

复制曲面上的曲线，放样曲面。在视图中用鼠标右键点击曲面，选择“修剪边”，执行菜单中的曲线>复制曲面曲线命令，将曲线从曲面上复制出来，并沿“Y”轴向下移动曲线。保持曲线为选择状态，再用鼠标右键点击曲面，选择“修剪边”，按“Shift”键加选修剪边。执行曲面>放样命令，放样出曲面，如图2-124所示。

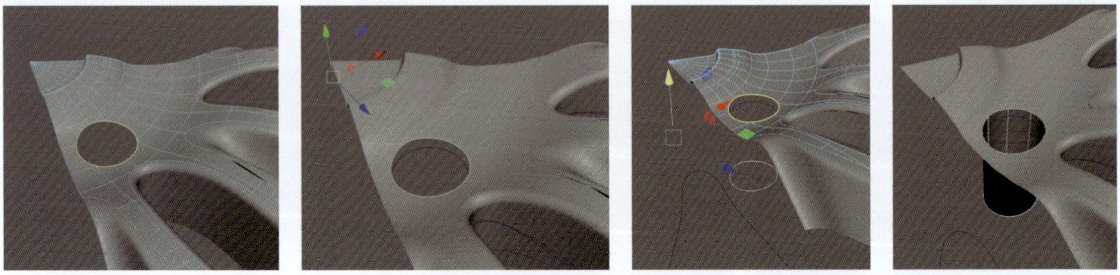

图2-124　放样曲面（3）

圆化曲面。先选择一个曲面的“剪切边”，再按“Shift”键加选对应曲面上的“等参线”，被选择的曲面上的线呈现为黄色，点击菜单中的曲面>圆化工具，在视图中调节黄色圆角的大小，调整好后按回车键确认，如图2-125所示。

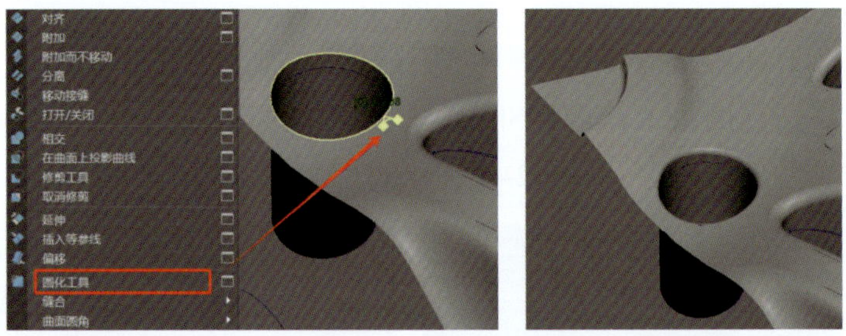

图2-125　圆化曲面

调整曲面壳线。点击鼠标右键，选择“壳线”，选择曲面下面的一条壳线，使用缩放工具缩小最下面壳线的控制点，使用移动工具向上移动缩放的壳线，如图2-126所示。

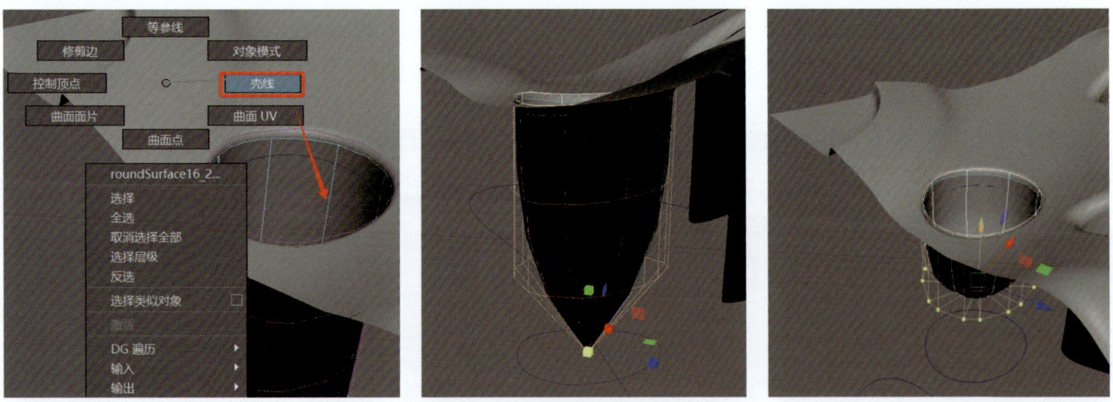

图2-126　调整曲面壳线

制作螺丝帽六边形曲线。在顶视图中创建圆形曲线，配合“X”键将圆形曲线吸附到网格上。将圆形曲线通道盒中的分段数设为30。点击鼠标右键，选择圆形曲线的“控制顶点”，使用缩放工具沿着“Y”轴挤压上面五个点，挤压成一条线，再使用缩放工具调整下面的五个点。如图2-127所示。

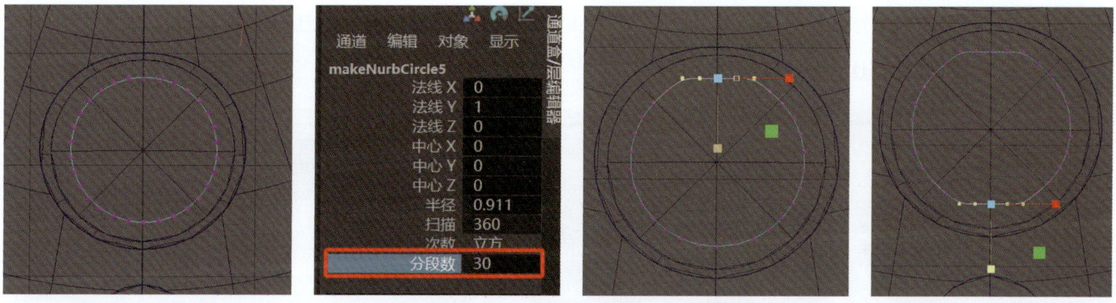

图2-127　制作螺丝帽六边形曲线

旋转圆形曲线。点击鼠标右键，选择曲线的“对象模式”，退出“控制顶点”编辑模式。将圆形曲线通道盒中的参数旋转Y改为60，视图中曲线的坐标随之旋转，此时的轴向不适合调整顶点、缩放、挤压。选择菜单中的修改>冻结变换，更改轴向，再点击鼠标右键，选择“控制顶点”，使用缩放工具，将圆形曲线上下各5个点挤压成一条线。制作完成后再重复此操作，即旋转圆形曲线、冻结变换、缩放控制顶点，最后将圆形曲线调整成六边形曲线，如图2-128所示。

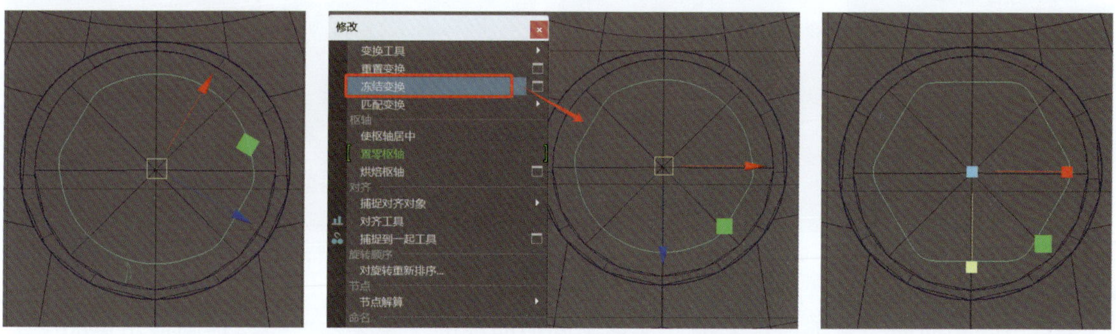

图2-128　冻结变换调整六边形曲线

放样六边形。按“Shift”键，沿“Y”轴向下移动并复制一条六边形曲线。加选两条六边形曲线，点击菜单中的曲面>放样，完成曲面放样。再复制一条六边形曲线，使用缩放工具向中心缩放，如图2-129所示。

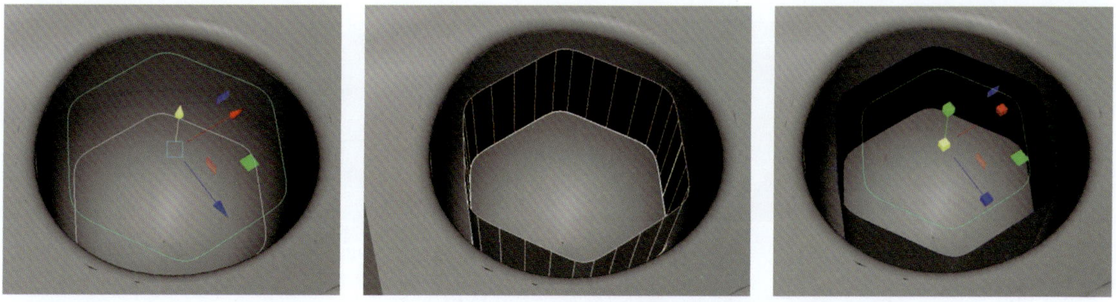

图2-129　放样六边形

选择复制的六边形曲线，配合“Shift”键加选六边形曲面“等参线”，点击菜单中的曲面>放样，完成曲面放样。点击鼠标右键，选择曲面的“等参线”，加选两条相邻曲面边上的等参线，点击菜单中的曲面>圆化工具，调节视图中的黄色圆角线，按回车键确认圆角效果，如图2-130所示。

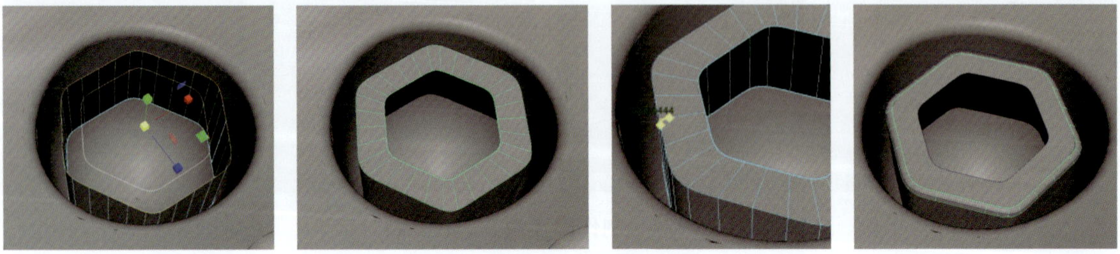

图2-130　放样圆化曲面

创建半球体曲面。在工具架中选择曲面标签下的NURBS球体，在顶视图中创建曲面球体。点击鼠标右键，选择曲面的“等参线”，选择球体中间的等参线，视图中呈现为黄色。点击曲面>分离，将球体分离成两个独立的曲面，删除上半部分的曲面。此时下半部分曲面为黑色，点击菜单中的曲面>反转方向，反转曲面方向，如图2-131所示。

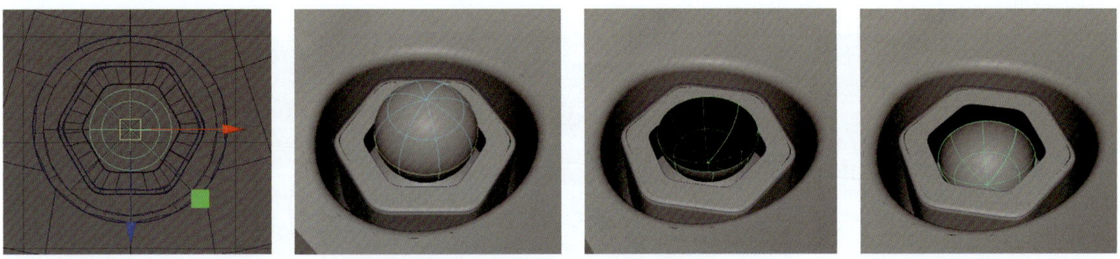

图2-131　创建半球体并反转曲面

自由圆角曲面。点击鼠标右键，选择半圆形曲面的“等参线”，选择圆形边界的“等参线”，再按“Shift”键加选对应曲面上的“剪切边”，被选择的两条曲面上的线呈现为黄色。点击菜单中的曲面>曲面圆角>自由形式圆角，制作出圆角效果。如果圆角曲面是黑色的，需执行菜单中的曲面>反转方向命令，反转曲面。选择圆角曲面，使用旋转工具沿“Y”轴旋转，将圆角曲面旋转到正常布线状态，完成螺帽的制作。如图2-132所示。

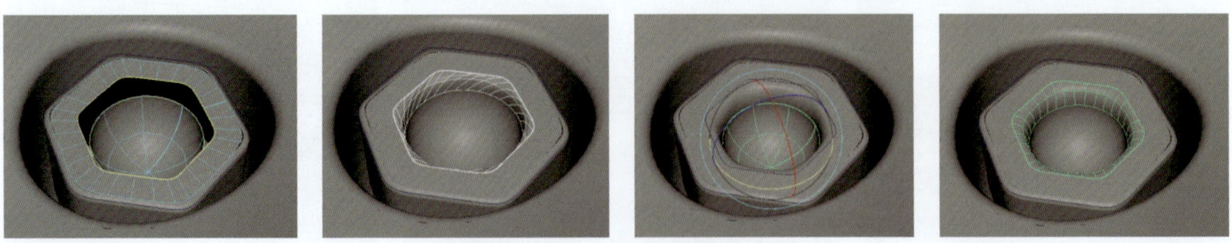

图2-132　自由圆角曲面

群组曲面。先隐藏当前视图中的所有曲线。点击视图菜单中的显示>视口>NURBS曲线，取消勾选“NURBS曲线”。选择所有曲面，按快捷键“Ctrl+G”群组曲面，视图左上方会显示“项目分组成功”，完成群组。选择群组，点击编辑>按类型删除>历史，删除当前所有曲面的历史记录。如图2-133所示。

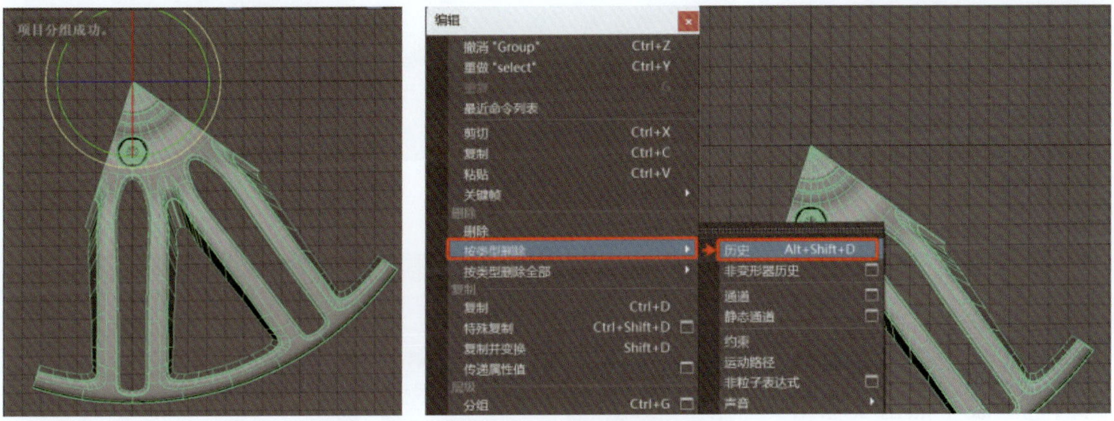

图2-133 群组曲面

旋转群组曲面。将群组曲面通道盒中的参数旋转Y改为–36，如图2-134所示。点击视图菜单中的显示>视口>NURBS曲线，勾选“NURBS曲线”。

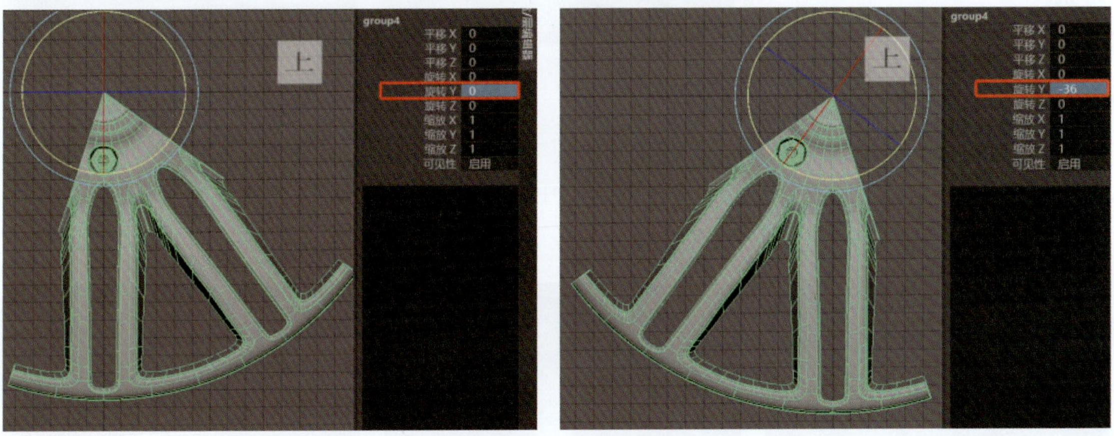

图2-134 旋转群组曲面

创建圆形曲线，配合“X”键将圆形曲线吸附到栅格上。激活顶视图，先选择圆形曲线，然后再按“Shift”键加选曲面，点击菜单中的曲面>在曲面上投影曲线，将曲线投射到曲面上，如图2-135所示。

图2-135　投影圆形曲线

修剪曲面。在视图中选择曲面，点击菜单中的曲面>修剪工具，在曲面的白色虚线上点击要保留的曲面，其上会出现黄色小棱锥标记，按回车键完成修剪命令，如图2-136所示。

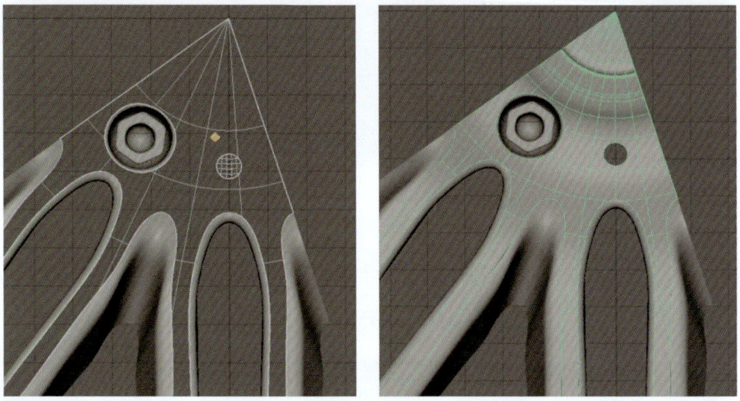

图2-136　修剪曲面（4）

复制曲面上的圆形曲线。在视图中选择曲面并点击鼠标右键，选择“修剪边”，选择圆形修剪边，执行菜单中的曲线>复制曲面曲线命令，将曲线从曲面上复制出来。点击菜单中的修改>使枢轴居中，复位曲线轴心，如图2-137所示。

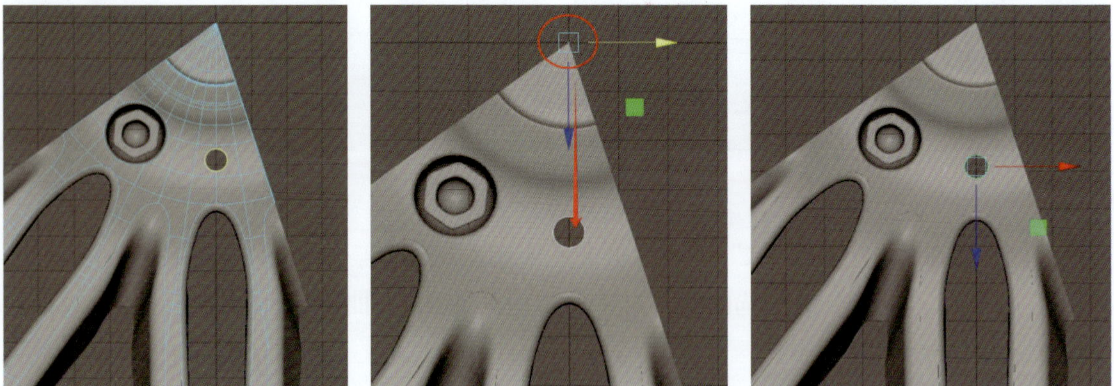

图2-137　复制曲面上的圆形曲线

选择复制的曲线，使用移动工具沿着“Y”轴向下移动。保持圆形曲线被选择的状态，点击鼠标右键，选择曲面的“修剪边”，按“Shift”键加选曲面圆形修剪边，点击菜单中的曲面>放样，放样出曲面，如图2-138所示。

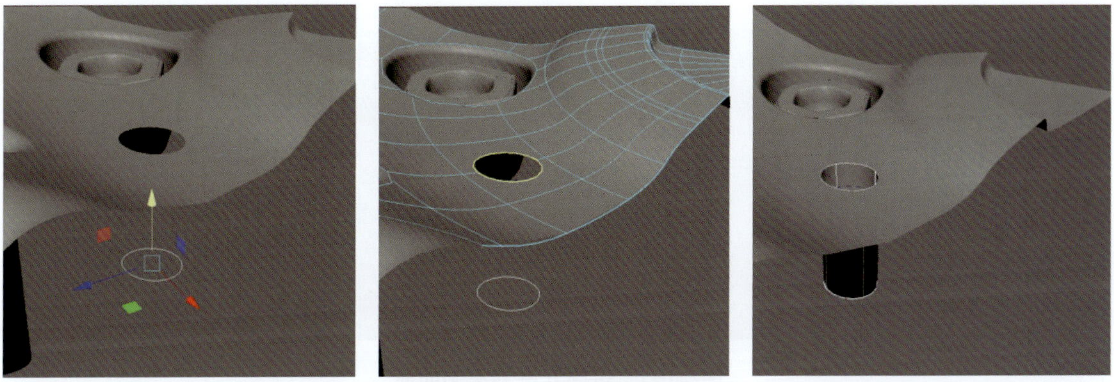

图2-138 放样曲面（3）

圆化曲面。选择曲面“剪切边”，再按“Shift”键加选对应曲面上的“等参线”，点击菜单中的曲面>圆化工具，调节视图中的黄色圆角线，调整好后按回车键，确认圆化效果，如图2-139所示。

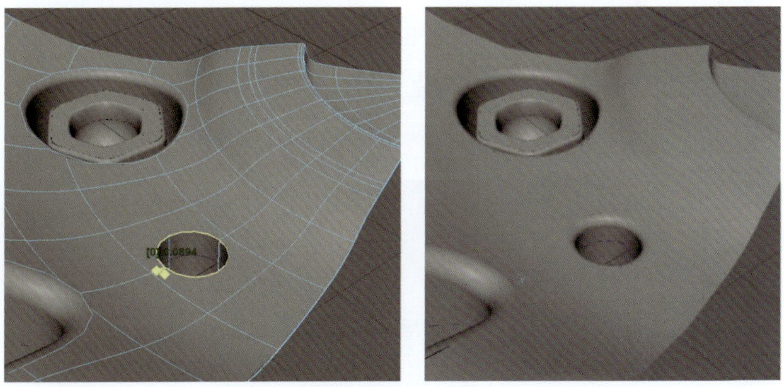

图2-139 圆化曲面

调整曲面壳线。右键选择“壳线”，选择曲面下面横向的一条壳线，使用缩放工具缩小该壳线控制点，再使用移动工具向上移动该壳线，调整效果如图2-140所示。

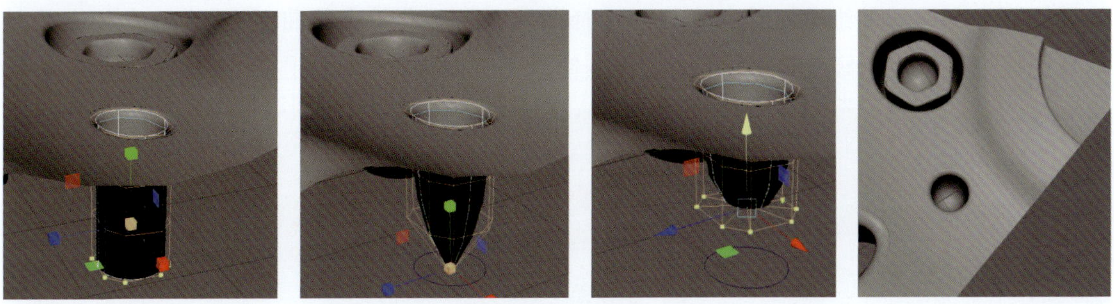

图2-140 调整壳线

群组并阵列复制曲面。点击视图菜单中的显示>视口>NURBS曲线，取消勾选“NURBS曲线”。在视图中框选所有曲面，按“Ctrl+G”键，群组曲面。选择群组曲面，点击编辑>按类型删除>历史，删除当前所有曲面的历史记录。选择群组曲面，点击菜单中的编辑>特殊复制，在弹出的对话框中将旋转Y轴的参数设为72，将副本数设为4，点击应用按钮，完成轮胎内钢圈曲面阵列复制效果。如图2-141所示。

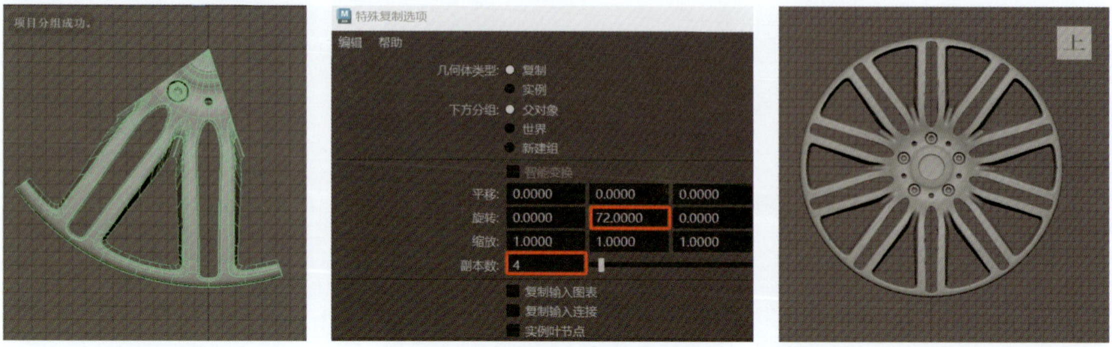

图2-141 群组并阵列复制曲面

创建球体曲面。在顶视图中创建一个球体曲面，点击鼠标右键，选择“等参线”，选择球体中间的等参线，执行曲面>分离命令，将球体分成两个独立的曲面，删除下半部分的曲面。选择球体曲面，沿“Y”轴挤压缩放，缩放后使用移动工具将其吸附到钢圈中间，如图2-142所示。

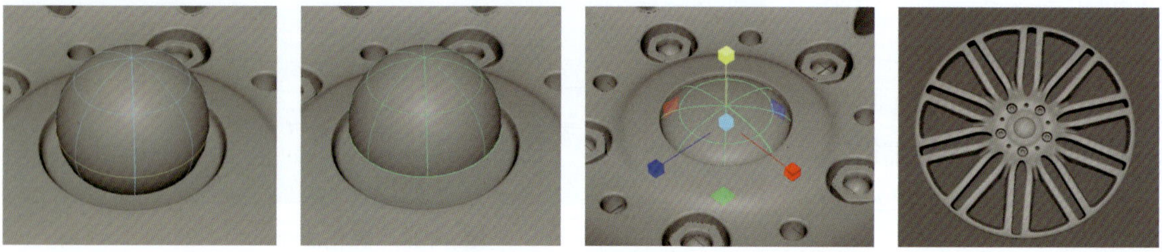

图2-142 修改球体曲面

创建轮胎内部钢圈曲线。在前视图中绘制轮胎内部钢圈侧面曲线，绘制时要注意调整轮胎钢圈内部曲线的细节。绘制完成后选择曲线，打开菜单中的曲面>旋转，在弹出的对话框中将“轴预设”修改为Y，点击应用按钮，完成曲面旋转。如图2-143所示。

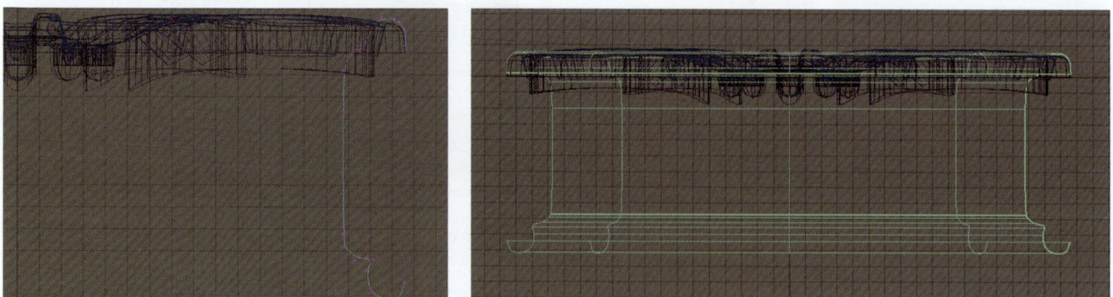

图2-143 创建轮胎内部钢圈曲面

修改轮胎内部钢圈曲面分段数。在视图中选择轮胎内部钢圈曲面，点击通道盒输入下方的“revolve”（旋转）参数，将曲面分段数修改为20，如图2-144所示。

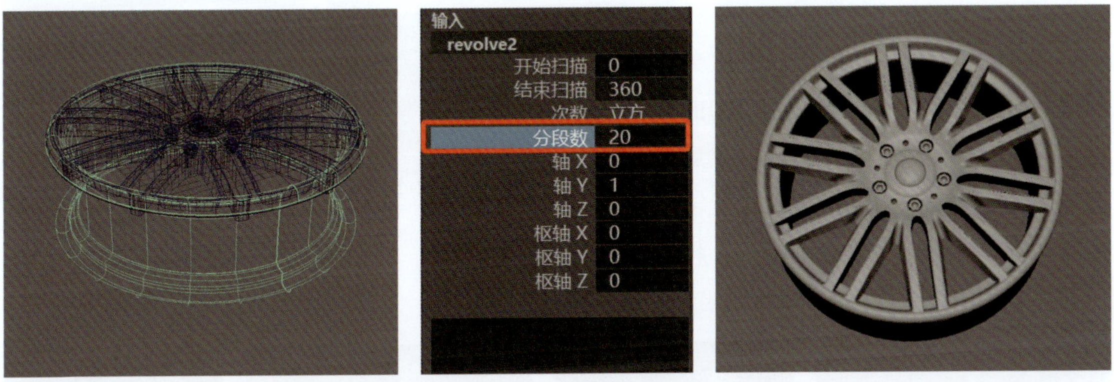

图2-144　修改钢圈曲面分段数

在前视图中绘制轮胎外轮廓侧面曲线，点击鼠标右键，选择曲线的“控制顶点”，调整轮胎外轮廓曲线的细节。调整好后点击鼠标右键，选择“对象模式”，退出控制顶点编辑模式。如图2-145所示。

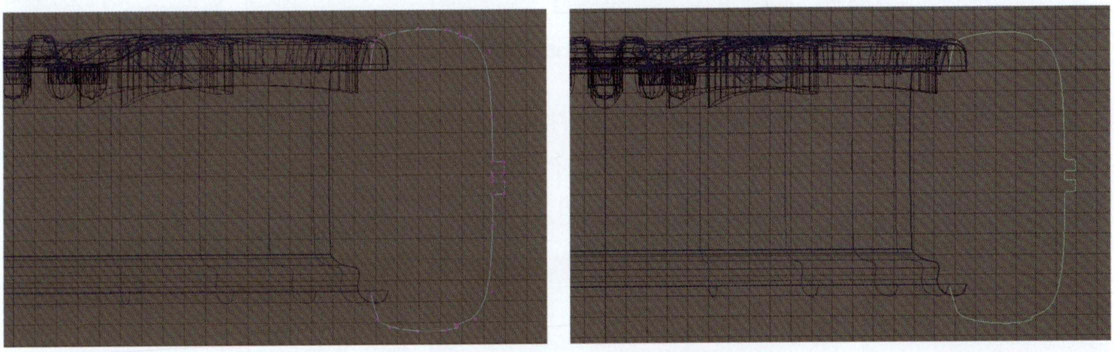

图2-145　绘制轮胎外轮廓曲线

选择绘制好的曲线，执行菜单中的曲面>旋转命令，旋转曲面。将曲面通道盒中的分段数改为20，让轮胎曲面更加光滑，如图2-146所示。

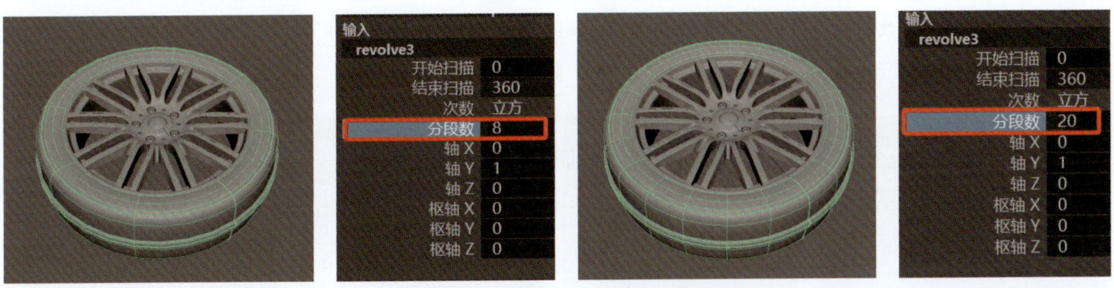

图2-146　修改轮胎曲面分段数

围绕轮胎外轮廓曲面绘制曲线，绘制好后调整曲线“控制顶点”细节，如图2-147所示。

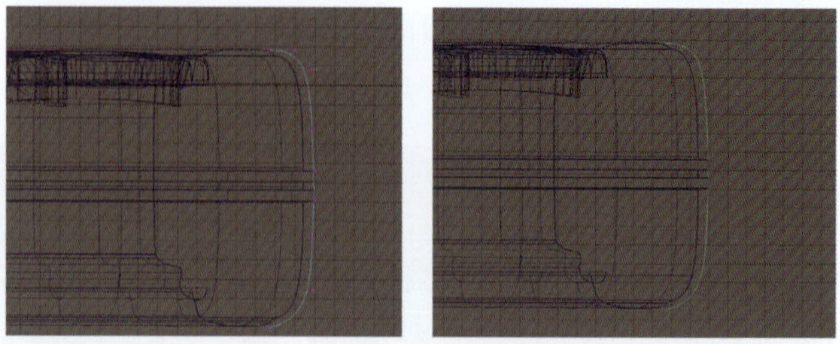

图2-147　绘制并调整曲线

将曲线旋转为曲面，并修改分段数。选择曲线，点击菜单中的曲面>旋转，沿着Y轴完成旋转。然后修改曲面通道盒中的参数，选择输入下方的“revolve”（旋转），将分段数改为160，如图2-148所示。

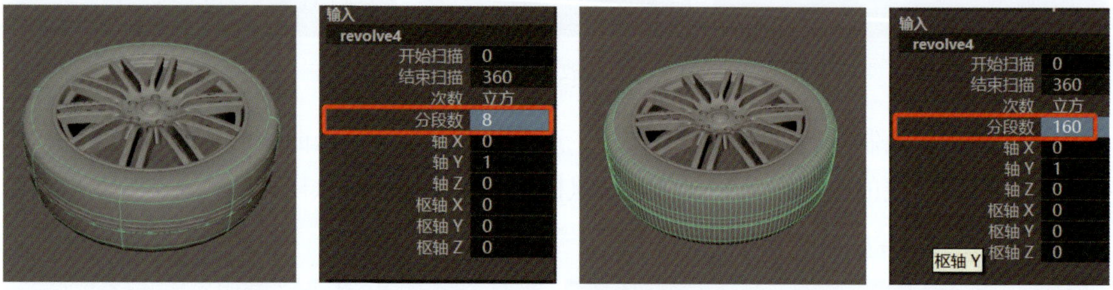

图2-148　修改曲面分段数

分离曲面。在视图中点击鼠标右键，选择轮胎钢圈曲面的“参考线”，以视图栅格为中心，配合Shift键加选下面两条参考线，执行菜单中的曲面>分离命令，将曲面分成两个独立曲面，按“Delete”键删除大的面，如图2-149所示。

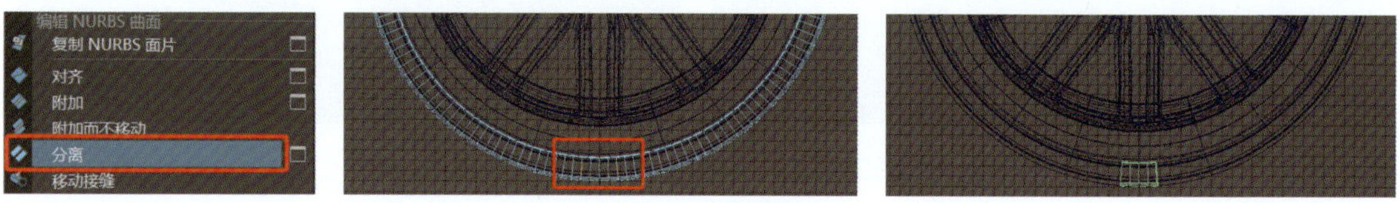

图2-149　分离曲面

制作轮胎图案曲线。在前视图中创建两条圆形曲线。将两条圆形曲线通道盒中的分段数改为22，点击鼠标右键，选择圆形曲线的“控制顶点”，分别调整两条圆形曲线的形状，如图2-150所示。

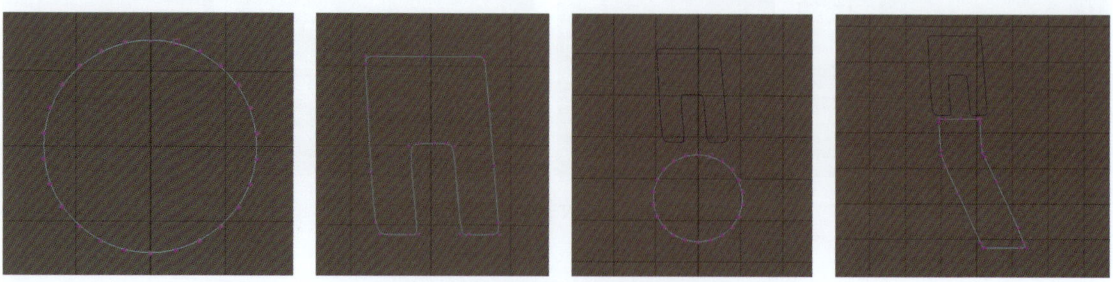

图2-150　制作轮胎图案曲线

选择两条图形曲线，按“Ctrl+G”键群组曲线。使用“Ctrl+D”快捷键再复制一组曲线，将复制曲线组通道盒中的参数缩放Y修改为–1，向下镜像曲线组，如图2-151所示。

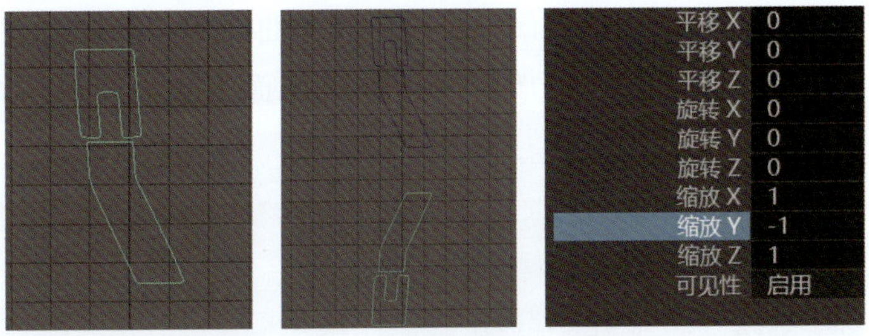

图2-151　群组并镜像复制曲线组

将曲线投射到曲面上。激活顶视图，选择群组曲线，然后再按“Shift”键加选曲面，点击菜单中的曲面>在曲面上投影曲线，将曲线投射到曲面上，如图2-152所示。

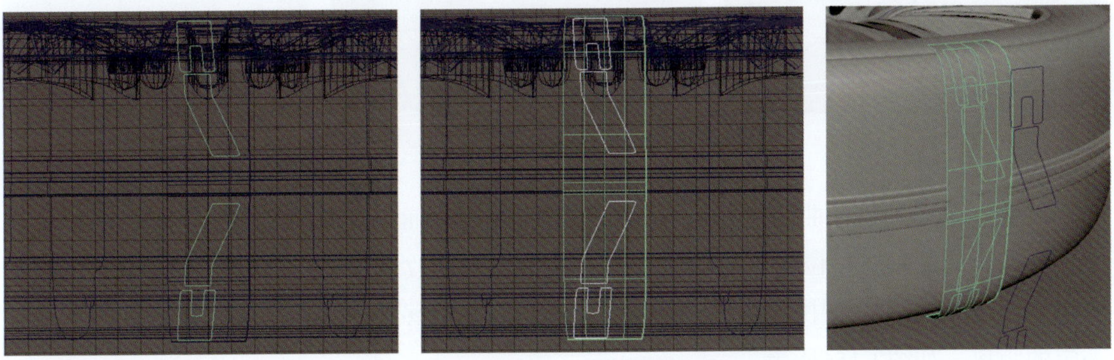

图2-152　在曲面上投影曲线（3）

修剪曲面。在视图中选择曲面，执行菜单中的曲面>修剪工具命令，此时曲面上出现白色虚线，依次点击四个要保留的曲面，视图中出现四个黄色小棱锥标记，按回车键完成曲面修剪，如图2-153所示。

复制曲面上的四条曲线。点击鼠标右键，选择曲面的“修剪边”，配合“Shift”键加选四条修剪边，选择好的四条边呈现为黄色；执行菜单中的曲线>复制曲面曲线命令，将曲线从曲面上复制出来。将复制的曲线移动到轮胎外轮廓线下方。如图2-154所示。

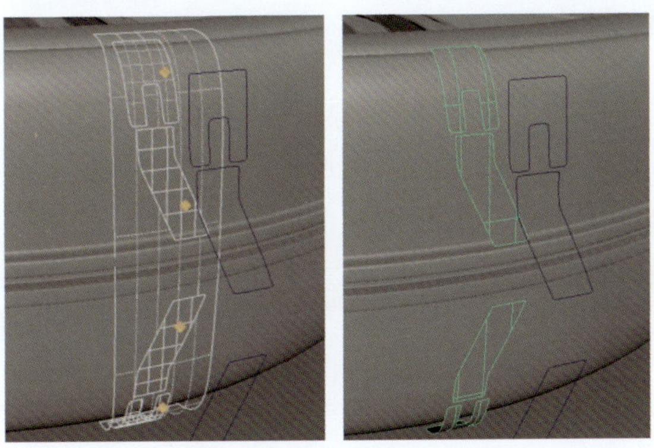

图2-153　修剪曲面（6）

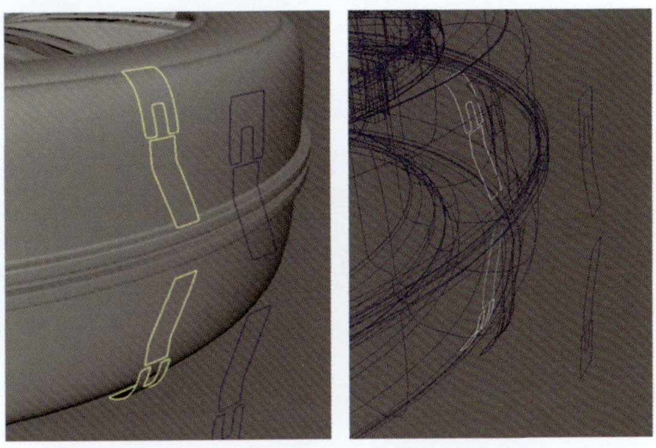

图2-154　复制曲面上的四条曲线

放样曲面。点击鼠标右键，选择曲面的“修剪边”，按“Shift”键加选复制的曲线，点击菜单中的曲面>放样，放样出曲面。重复操作，放样出剩下的三个面，如图2-155所示。

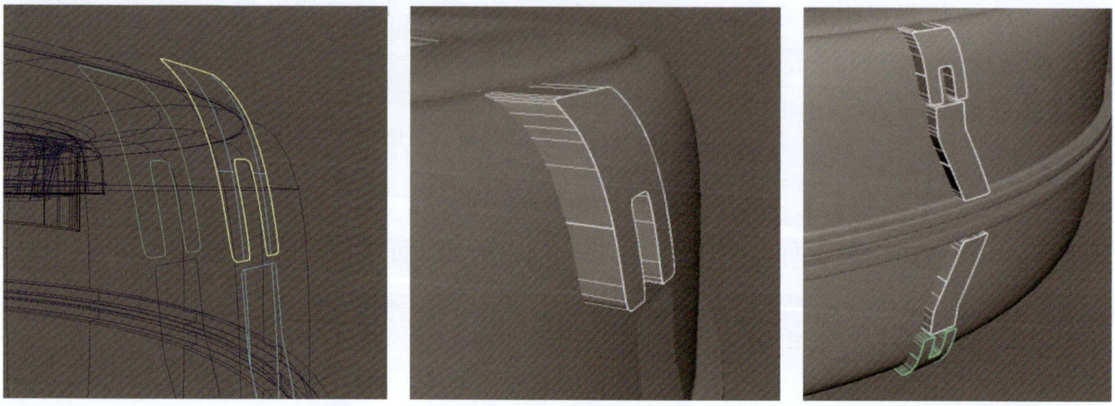

图2-155　放样曲面（4）

将轴心复位到各个曲面的中心。选择放样的四个曲面，点击菜单中的修改>使枢轴居中，将四个面的轴心复位到各自的中心。在通道盒中修改缩放X、Y、Z三个参数，让四个放样曲面统一围绕自身中心放大。放大好后将它们向后移动，为自由圆角曲面的制作留下一定的距离。如图2-156所示。

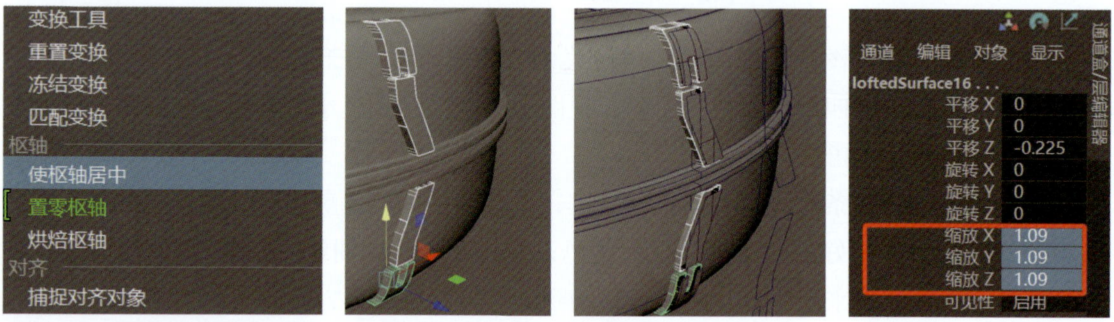

图2-156　复位轴心并缩放曲面

自由圆角曲面。点击鼠标右键，选择放样曲面的“等参线”，选择边缘的等参线，再按“Shift”键加选图案曲面上的“剪切边”，这两条曲面上的线被选择后呈现为黄色。点击菜单中的曲面>曲面圆角>自由形式圆角，制作出圆角。如果圆角曲面是黑色的，则执行菜单中的曲面>反转方向命令，反转曲面。用同样的方法制作另外三个曲面的自由圆角效果，如图2-157所示。

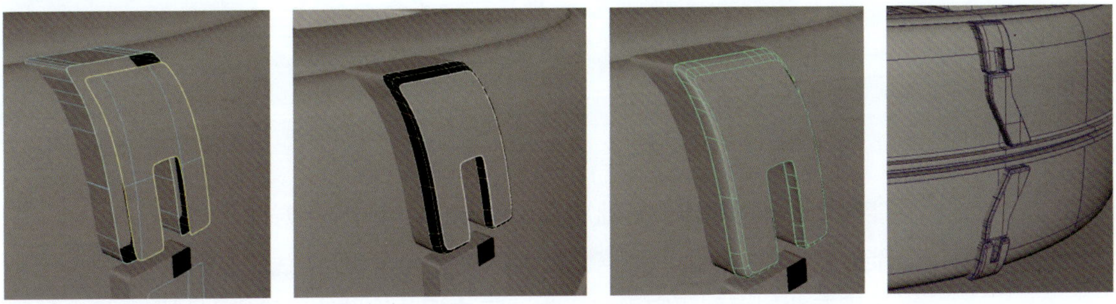

图2-157　自由圆角效果

群组轮胎图案曲面。选择曲面，按“Ctrl+G”快捷键，完成群组。点击编辑>按类型删除>历史，删除曲面历史记录。阵列复制群组曲面。点击菜单中的编辑>特殊复制，在弹出的对话框中将旋转的Y轴参数设为4.5，将副本数设为79，点击应用按钮，完成轮胎外轮廓图案的阵列复制。轮胎制作完成，如图2-158所示。

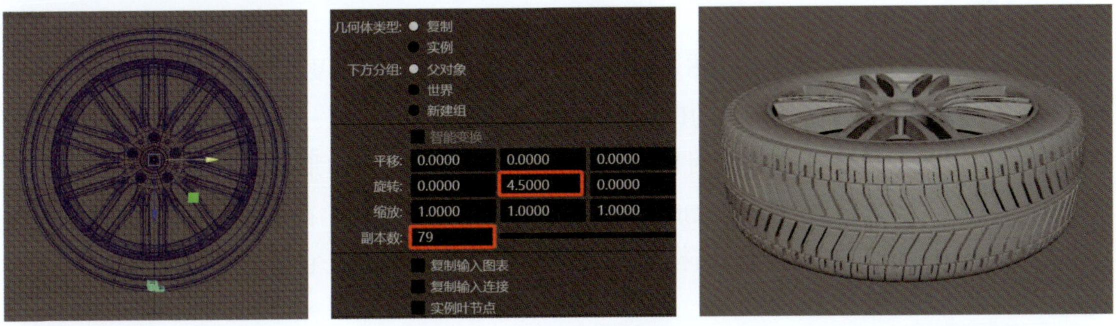

图2-158　阵列复制轮胎图案

课后实践

1. 曲线建模练习

制作一组旋转对称模型，包括酒瓶、高脚杯、水杯、水果、果盘等。使用曲线编辑方法进行创建，编辑时要注重细节的刻画，通过实践熟练掌握旋转、挤出等曲线编辑命令。要求模型造型严谨、比例正确。

2. 曲面练习

制作轮胎模型。在网络上下载轮胎图片，或在生活中拍摄轮胎照片。根据图片制作一组轮胎模型，通过实践应用NURBS曲面建模的方法和技巧。要求轮胎模型造型严谨、比例正确，注重模型细节制作。

第3章 Polygon多边形建模

学习目标 ① 能够掌握多边形建模基础知识、多边形编辑与应用方法。

② 能够熟练掌握多边形网格编辑命令并将其运用到实践操作中。

③ 运用专业的模型研究思路、方法完成相关领域的三维模型制作，具有较强的工匠精神与团队合作精神。

学习重点 ① 掌握多边形三维建模的创建与编辑方法，具备制作三维场景模型的能力。

② 灵活、熟练地运用多边形建模常用命令与编辑技巧。

Maya除了拥有强大的NURBS建模工具外，还拥有另一套更为灵活的建模工具——Polygon多边形建模工具。Maya的Polygon多边形建模模块拥有一套完善的建模和贴图系统。从多边形技术角度来看，相对比较容易掌握，Polygon多边形建模的本质就是对多边形物体上的点、边、面进行空间上的调整，由此达到造型目的。在创建复杂表面时，它支持细节部分任意加线，特别是在结构穿插关系很复杂的模型上，它具有显著的优势。

第一节 Polygon多边形建模基础

一、多边形编辑元素

在进行多边形建模时，通常都是结合多边形元素的点、边、面等进行编辑调整的，可以通过工具架选择  多边形编辑元素，也可以在视图中点击鼠标右键，选择多边形编辑元素，如图3-1所示。

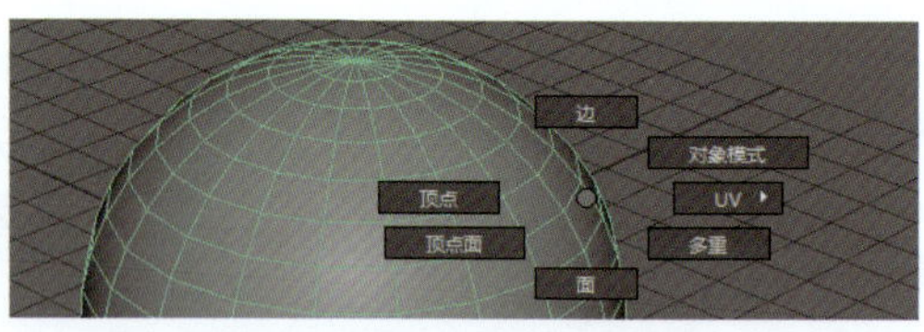

图3-1 多边形编辑元素

顶点：顶点是线段的端点，是构成多边形的最基本元素，可进行变换编辑。对多边形顶点进行操作会影响多边形的最终状态，调整顶点也是确定多边形形状的主要方法之一。

边：边是连接两个多边形顶点的线段。多边形的边是可以进行变换调整的。

面：在Polygon多边形建模中，3个以上的点和边所围成的闭合图形称之为面。

顶点面：顶点面主要用于选择多边形面元素并观察其分布情况。使用该命令可以进入多边形的顶点面元素级别。

UV：可以通过选择UV点元素，结合UV编辑器投射纹理UV点。

多重：可以进入边、面、顶点的多重调节模式。

二、多边形的创建

多边形的创建方法有很多种，具体如下。

在视图工具架中选择多边形建模标签中的工具可以创建多边形几何体，该标签提供了常用多边形基本几何体的创建工具，如图3-2所示。

图3-2　多边形建模标签

通过菜单创建多边形基本几何体。创建菜单提供了Maya所有多边形基本几何体创建工具，选择“创建”菜单下的“多边形基本体”，可创建系统自带的多边形基本体，如图3-3所示。使用菜单创建多边形基本体的优势在于，可以打开多边形基本体对应的属性对话框，编辑基本几何体的属性参数。

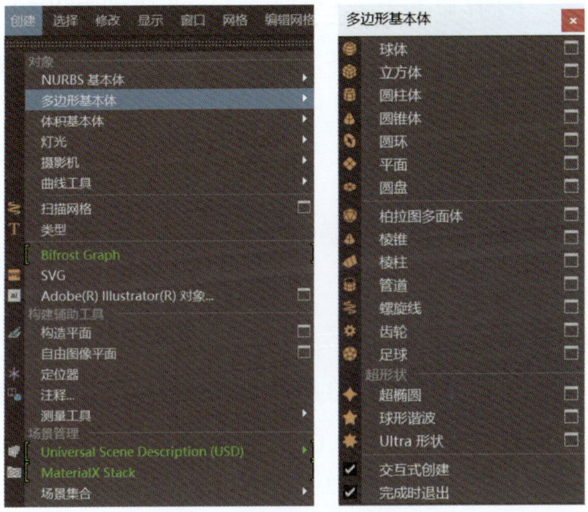

图3-3　多边形基本体菜单

多边形与NURBS曲面一样可以通过曲线进行创建。绘制曲线，创建基本形，使用曲面菜单中的命令编辑成面，在编辑命令的参数设置对话框中将“输出几何体”修改为多边形，如图3-4所示，即可将曲线转换为多边形。除此之外，也可通过转换菜单命令进行多边形转化，执行菜单中的修改>转化命令，即可将NURBS曲面或者细分面等转化为多边形，如图3-5所示。

图3-4　修改几何体输出方式

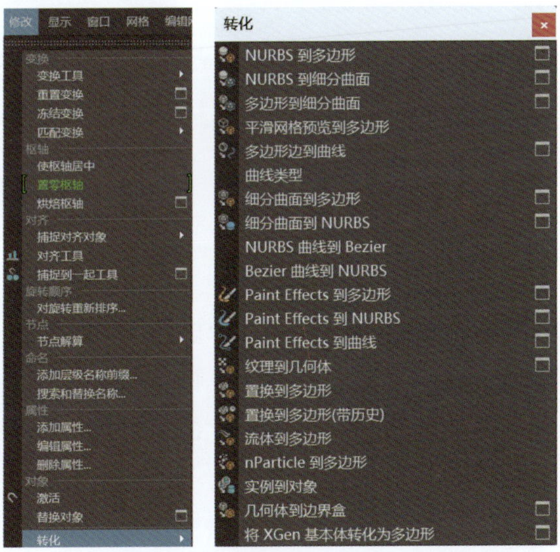

图3-5　将其他属性模型转化为多边形

第二节 网格

网格菜单主要包括结合、重新划分网格、镜像、传递、优化五个部分。

一、结合

1. 布尔运算

布尔运算是计算两个相交独立多边形的一种运算方法。多边形布尔运算包括并集、差集（A–B）、差集（B–A）、交集四种运算方法。并集是指将两个相交的多边形合并成一个整体，相交的部分将被自动清除，如图3-6所示。差集是指两个相交的多边形其中一个剪去另外一个剩下的部分，如图3-7所示。差集（A–B），是指第一个选定对象（A）中减去第二个选定对象（B）。差集（B–A），是指第二个选定对象（B）中减去第一个选定对象（A）。交集是指两个相交的多边形布尔运算后只保留相交的部分，其他部分的面将被删除，如图3-8所示。

图3-6　并集

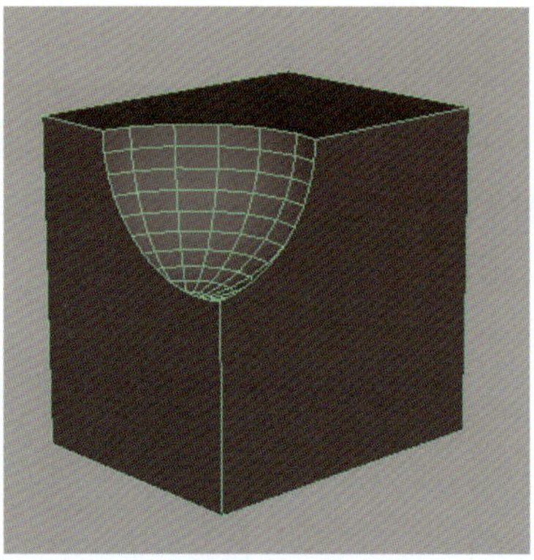
图3-7　差集

图3-8　交集

2. 结合

结合是指将独立的几个多边形物体结合成一个多边形物体。操作时先选择多个多边形，再执行此命令，如图3-9所示。

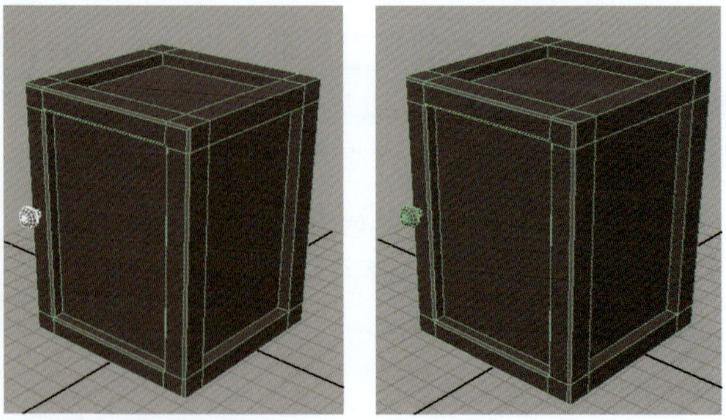
图3-9　合并

3. 分离

分离是指将整体多边形中独立的个体分离出来，生成多个物体。操作时先选择物体，再执行命令，所有非连续性的独立体都会被分离开，如图3-10所示。

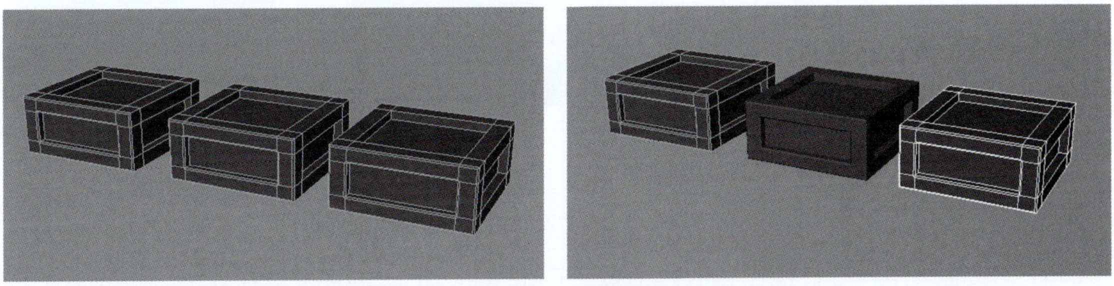

图3-10 分离

二、重新划分网格

1. 一致

将一个对象的顶点包裹到另一个目标对象的面上，让其形状与另一个目标对象一致，如图3-11所示。

2. 填充洞

填充洞命令，可以在多边形上的缺口处创建一个面进行补洞，如图3-12所示。

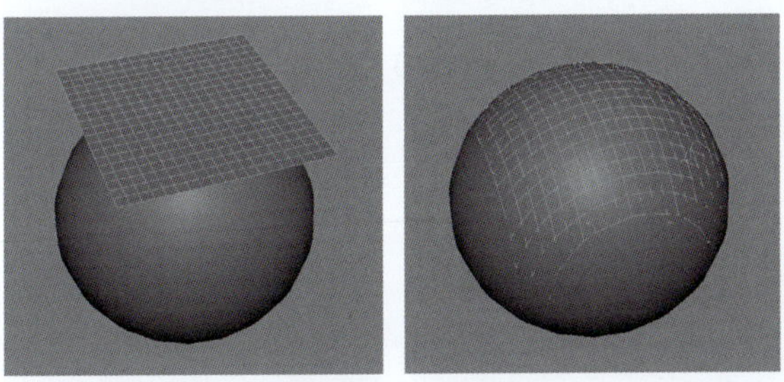

图3-11 一致

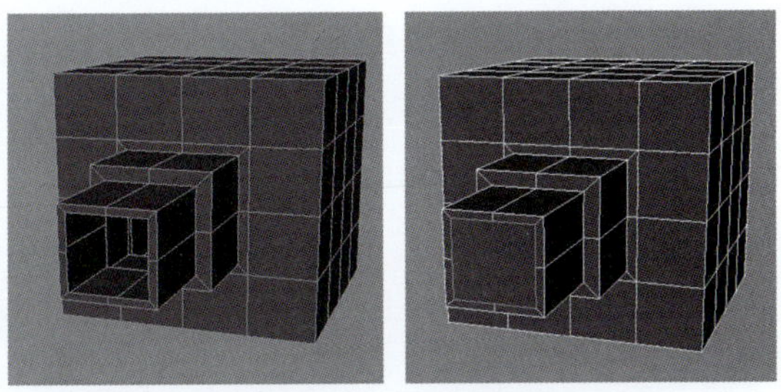

图3-12 填充洞

3. 减少

用于减少多边形上面的数量。可通过简化属性参数对话框设置简化的范围。减少是Maya自动完成的，所以在执行的过程中会破坏一些重要的结构线，不建议过多使用。可以根据需要选择面执行命令，如图3-13所示。

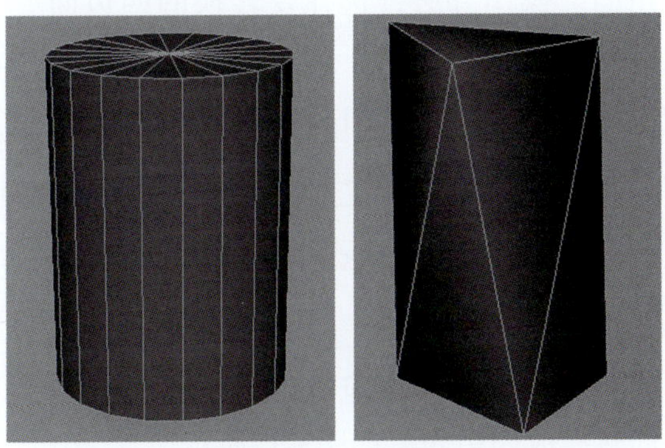

图3-13 减少面

4. 重新划分网格

通过将非三角形面分割成三角形，重新定义网格或选定组件的拓扑。使用“重新划分网格”命令创建均匀细分的三角形网格或将细节添加到曲面的特定区域，如图3-14所示。

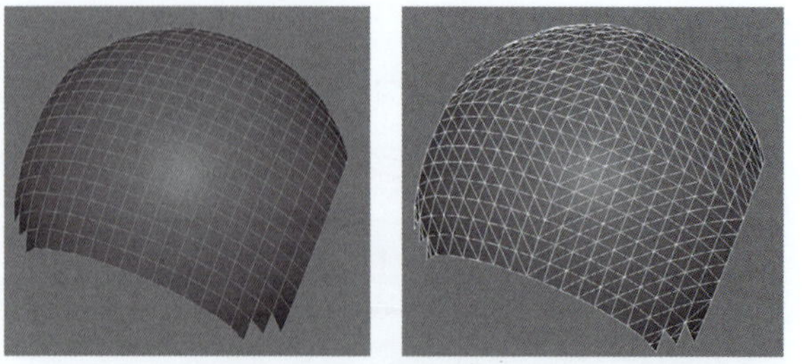

图3-14　重新划分网格

5. 重新拓扑

重新拓扑能够生成整洁的新拓扑，保留选定网格的曲面特征，确保所有面都是四边形。若要取消操作，可在操作完成之前按“Esc”键。注：为获得最佳效果，可先对多边形执行“重新划分网格”命令，然后再执行“重新拓扑”命令。此外，如果场景文件是之前的早期Maya版本，则应先删除网格的历史，然后再执行“重新拓扑”。

6. 平滑

平滑是指对选择的多边形进行细分，将其进行平滑处理。执行命令后会增加多边形的面，细分面参数可以在光滑属性对话框中设置，如图3-15所示。

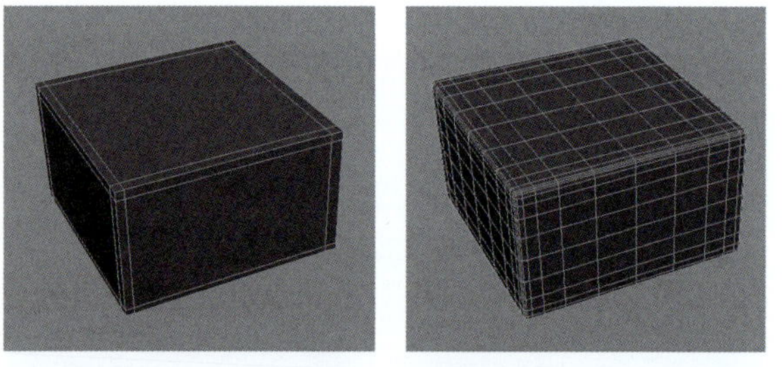

图3-15　平滑

7. 取消平滑

取消平滑可取消细分任何已平滑的高分辨率多边形网格。它可用于创建在雕刻过程中已平滑和细分网格的低分辨率版本。

8. 三角化

三角化是将多边形四边面转换成三角面。操作方法：选择要转换的四边面后执行三角化命令，就可以将四边面转换为三角面，如图3-16所示。

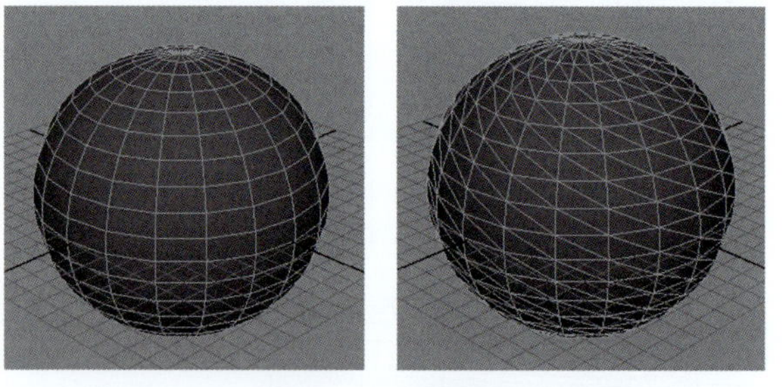

图3-16　三角化

9. 四边形化

四边形化是将多边形三角面转换成四边面。操作方法：选择要转换的三角面，执行四边形化命令，就可以将三角面转换成四边面，如图3-17所示。

图3-17　四边形化

三、镜像

镜像用于镜像复制出新的物体，可设置两个镜像物体中间的合并点，也可以不设置合并点，如图3-18所示。

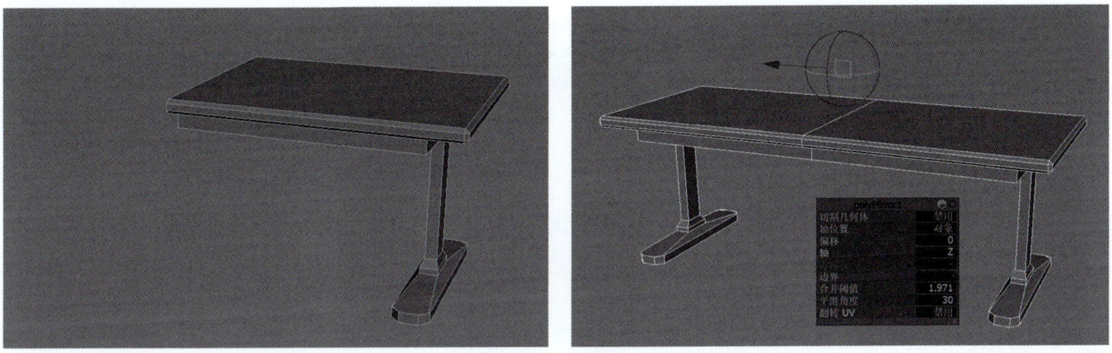

图3-18 镜像合并

四、传递

1. 剪切板操作

利用剪切板能够快速、方便地从其他对象中复制和粘贴UV、材质和颜色，甚至能在同一对象内进行面与面之间的复制粘贴。剪切板操作包括三个子命令：复制属性、粘贴属性、清空剪切板。

2. 传递属性

传递属性支持在具有不同拓扑的网格间传递UV、逐顶点颜色（CPV）、顶点颜色以及顶点位置信息，可将多边形物体属性转移到另一个结构并不相同的多边形物体上。

3. 传递着色集

在不同的两个对象之间传递着色指定数据，如将着色指定数据从立方体传递到球体。

4. 传递顶点顺序

可将顶点ID顺序从一个对象传递到另一个对象。创建多边形对象时，Maya会自动为其指定顶点ID，可以使用“对顶点重新排序”命令更改顶点顺序。

五、优化

1. 清理

清理用于在模型制作完成后清除零面积面或零长度边，通过该命令可以清除模型的废边、废线。

2. 平滑代理

平滑代理有多种模式，主要包括细分曲面代理、移除细分曲面代理镜像、折痕工具、切换代理显示、代理和细分曲面同时显示。

第三节 编辑网格

编辑网格菜单中提供了丰富的多边形编辑命令，用于在创建好的多边形形状的基础上进行编辑，添加更多细节。

一、组件

1. 添加分段

添加分段可将多边形面细分成三边或四边面。操作时选择多边形边或者面，执行该命令。

2. 倒角

倒角可对多边形边进行倒角，适用于需要圆角的边。倒角的分段和宽度可以通过倒角参数对话框进行设置。

3. 桥接

桥接可以在两条边界之间建立一个多边形过渡面。这个过渡面可以设置为线性，也可以设置为平滑。使用桥接前，要保证操作的两个多边形必须是同一个物体。如果不是同一个物体，要先对物体进行合并。

4. 圆形圆角

基于选定对象的中心制作出圆形圆角顶点、边或面，将其重新组织为完美的圆形。

5. 收拢

按组件基础使组件的边收拢，然后单独合并每个收拢边关联的顶点。收拢还适用于面，但在用于边时能够产生更理想的效果。操作方法：选择要收拢的边，执行“收拢”命令。

6. 连接

连接用于将选择的点和边进行连接，创建一条相连的边。这些组件必须是相邻的，顶点和边必须共面并且相邻，顶点将直接连接到连接边，而边将在其中点处进行连接。

7. 分离

分离用于把多边形上连接的面分离开，可以通过选择多边形的点或边进行分离操作。

8. 挤出

挤出可基于多边形某个面、边、点挤出新的面。挤出后，可以设置挤出面的分段数、平滑度、偏移值、渐变、扭曲等参数。

9. 合并

可将多边形中断开的面进行点的合并，可以将2个及以上的点合并合为一个点。要求多边形物体必须是同一种物体。合并点之间距离可通过该命令的属性对话框进行设置。

10. 合并到中心

合并到中心可以将点、边、面缝合到中心位置（以被选择的范围为中心）。不管是选择点、边还是面，最终都以合并为中心点完成制作。

11. 变换

变换可以对多边形组件的边、顶点、面和UV元素进行旋转、移动、缩放等变换。执行该命令会创建一个历史节点，根据通道对话框修改变换参数即可。操作时先选择需要变换的边，再执行此命令，就可在视图中使用操纵器对多边形元素进行变换。

12. 翻转

翻转可使选定组件的镜像面沿对称轴镜像交换选定组件的位置。操作方法：先选择一侧组件，再执行“翻转”命令，点击作为物体对称轴的一条边，则完成两边组件的翻转。

13. 对称

将面沿对称轴移动到其镜像位置。操作方法：先选择不对称的面，执行“对称”命令，点击作为物体对称轴的边，完成对称。

二、顶点

1. 平均化顶点

通过移动顶点的位置平滑多边形网格，该命令不会增加网格中的多边形数量。

2. 切角顶点

将选择的顶点进行斜切并创建出新的面。

3. 对顶点重新排序

用于对多边形对象上的顶点ID重新排序。

三、边

1. 移除边/顶点

该命令能够移除网格中任何选中的共享顶点，与选中顶点相关联的共享边也将被移除。“移除边”不会移除多边形网格上边界的边。

2. 编辑边流

选择边后，能够更改现有边的效果，以遵循曲率连续性。

3. 翻转三角形边

翻转三角形边用于寻找相反边的位置，针对于三角边操作。注：边界的边不能翻转。

4. 反向自旋边

将两个相连四边面中的公共边反向旋转。该命令不能进行边界操作，只能针对四边面中的公共边使用。

5. 正向自旋边

将两个相连四边面中的公共边正向旋转。该命令不能进行边界操作，只能针对四边面中的公共边使用。

四、面

1. 指定不可见面

将选择的面切换为不可见，也可以再次执行该命令使不可见的面变为可见。操作方法：在视图中选择指定的面，执行该命令，渲染时该面不可见，但在视图中操作时是可见的。

2. 复制

复制用于在多边形原有面的基础上复制出新的面。

3. 提取

提取用于将多边形上的某个面提取出来。选择需要提取的面并执行命令，就可以将多边形面提取出来。

4. 刺破

将所选的面使用三角面进行细分，并在面上形成一个细分中心，可以通过操纵手柄调整中心。操作时先选择要细分的多边形面片，然后执行命令。

5. 楔形

楔形可以在选择一条边和一个面的基础上，拖拽出弧形的多边形几何体。操作时先选择面，然后按“Shift”键加选临近的一条边，执行该命令就会出现一个斜面体。

五、曲线

1. 在网格上投影曲线

在网格上投影曲线可将曲线投影到多边形网格上，曲线投影的参考方向可在参数对话框中根据需要进行修改。操作时先激活投射视图，选择曲线并按“Shift”键加选要投影的多边形，执行此命令，完成制作。

2. 使用投影的曲线分割网格

根据投影到多边形上的曲线，将多边形的面分割开。操作时先选择好投影到多边形上的曲线，然后按“Shift”键加选多边形面，执行此命令。

第四节 多边形室内场景建模实例

一、制作书柜、书籍模型

制作室内场景模型，通过场景中不同模型的制作，深入理解多边形建模的特点与优势。书柜、书籍模型如图3-19所示。

书柜、书籍模型制作讲解视频

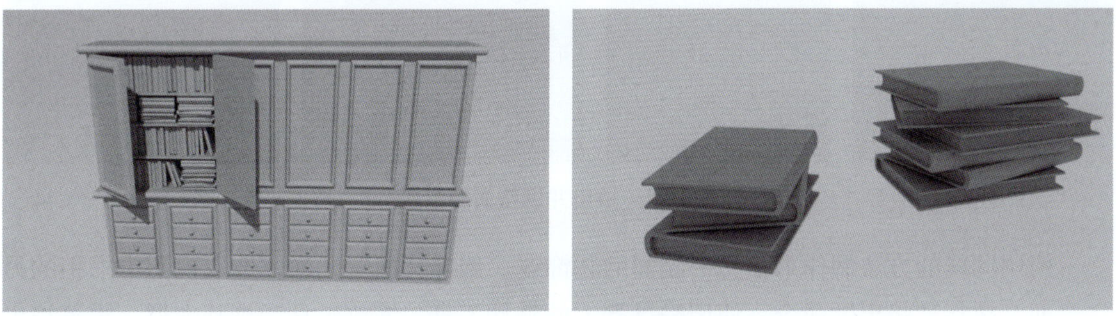

图3-19 书柜、书籍模型

1. 制作书柜

选择工具架中的多边形立方体，在视图中创建书柜下半部分的基本形。创建好基本形后，在多边形上点击鼠标右键，选择“面”元素，选择多边形立方体的侧面，如图3-20所示。

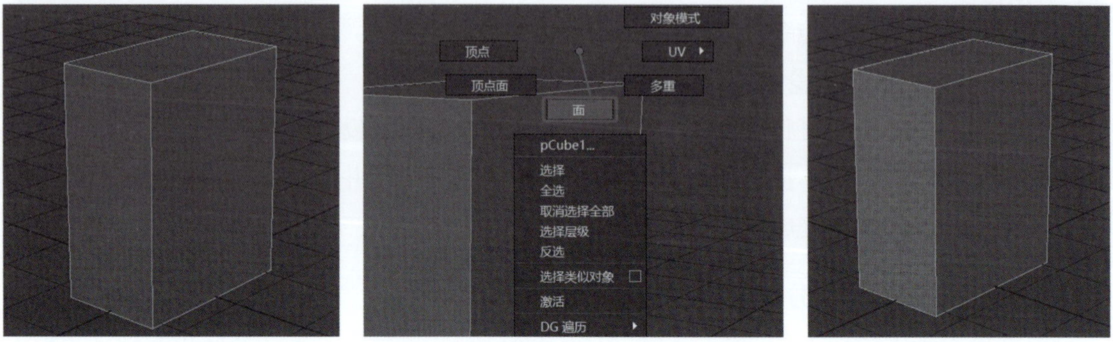

图3-20　创建书柜的下半部分面

制作柜子装饰线细节，使用挤出命令挤出新的面。选择书柜侧面的一个面，执行菜单中的编辑网格>挤出命令，也可以点击工具架中的挤出命令。视图中会出现挤出命令的操纵器，此操纵器包括移动、旋转和缩放三个工具。点击操纵器缩放小方块图标，向物体中心同比例缩小挤出的多边形面。点击挤出命令操纵器的移动小箭头，激活移动工具，沿着“Z”轴向前移动出一定的厚度。再次执行工具架中的挤出命令，点击挤出操纵器，缩小方块图标，使物体沿着中心同比例缩小。调整好后重复挤出命令，配合使用操纵器上的移动工具和缩放工具，完成书柜侧面装饰线的创建，如图3-21所示。

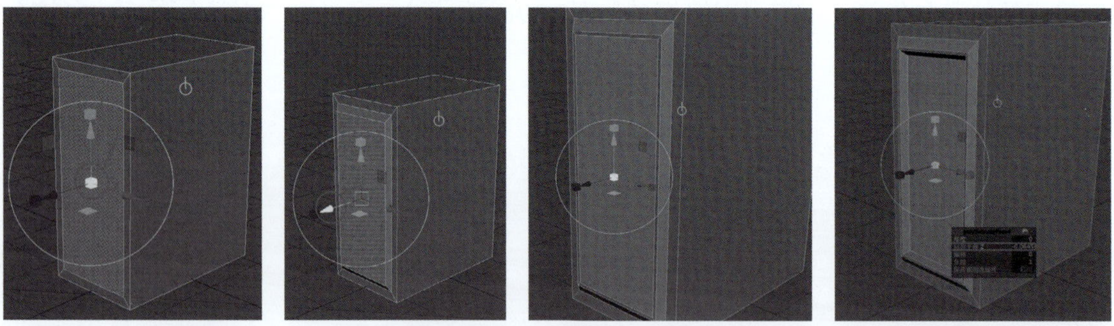

图3-21　挤出并调整面的位置

使用同样的方法制作书柜另一侧面的装饰线。选择“面”元素，选取视图中书柜的另一个面，执行“挤出”命令。使用操纵器上的移动工具、缩放工具调整基本形，重复挤出操作，完成书柜装饰线的制作，如图3-22所示。

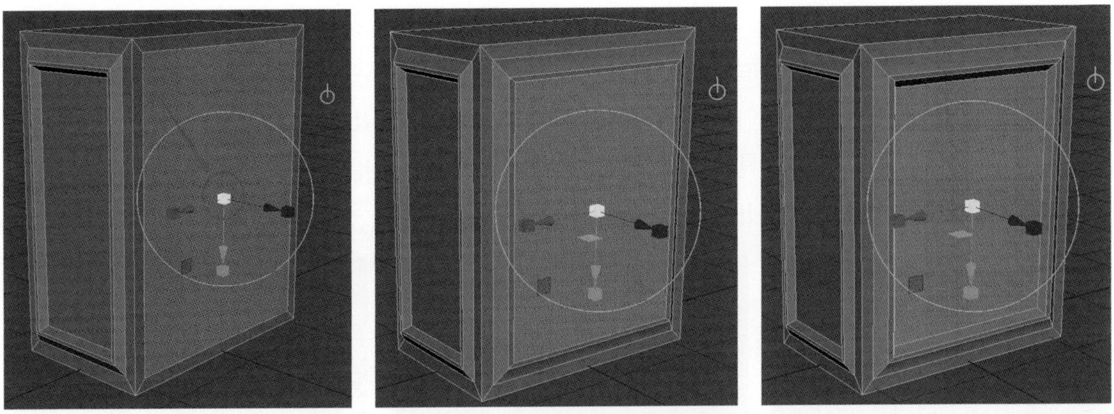

图3-22 制作柜子装饰线

绘制书柜抽屉线。在视图中点击鼠标右键，选择多边形的“边”元素，配合“Shift”键加选柜子侧面两条边，点击菜单中的网格工具>连接，如图3-23所示。

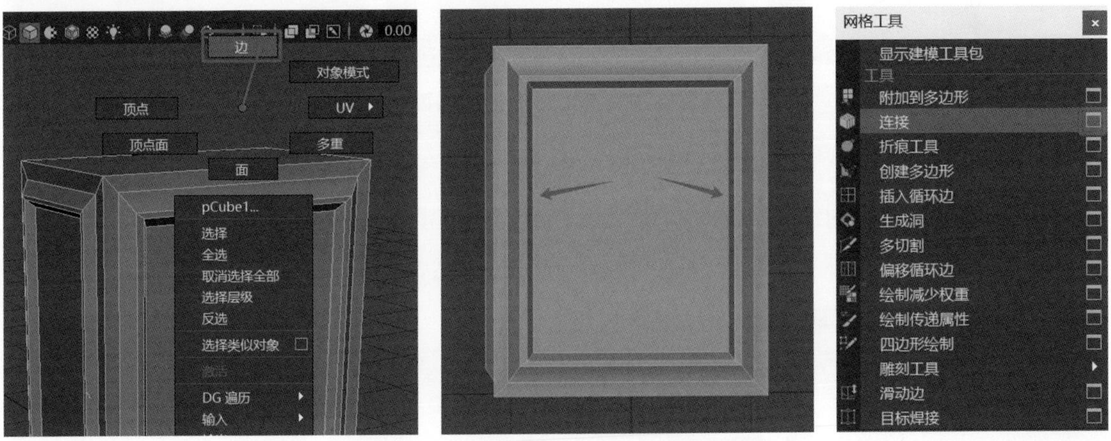

图3-23 选择两条边并执行连接命令

修改连接属性对话框中的分段数，默认的分段数为1，将其改为3，确认后点击回车键结束线的添加，此时面被平均分成四个面，如图3-24所示。

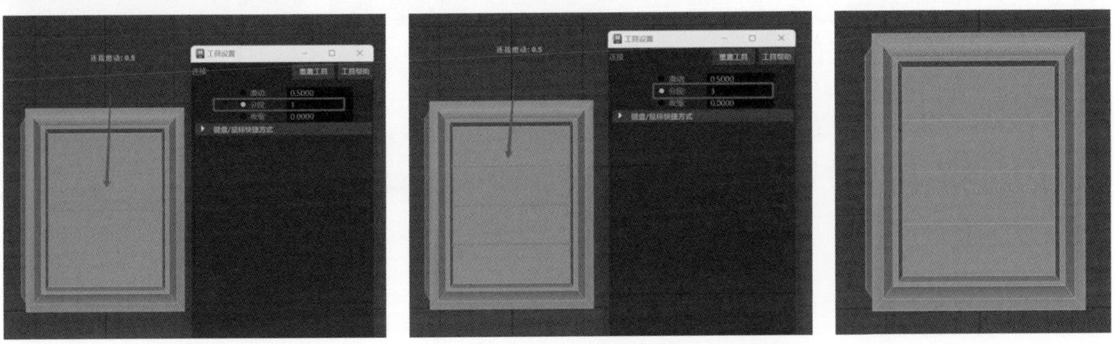

图3-24 设置连接分段数

挤出书柜抽屉的面。在视图中点击鼠标右键，选择多边形的“面”元素，配合“Shift”键加选抽屉的四个面，执行工具架中的挤出命令。在弹出的挤出命令参数对话框中，将“保持面的连接性”改为“禁用”，此时抽屉的挤出面将以各自中心为基准进行变换。使用操纵器的缩放工具同比例缩小抽屉的四个面，再点击操纵器的移动工具，沿“Z”轴移动挤出的面，调整出抽屉的厚度，如图3-25所示。

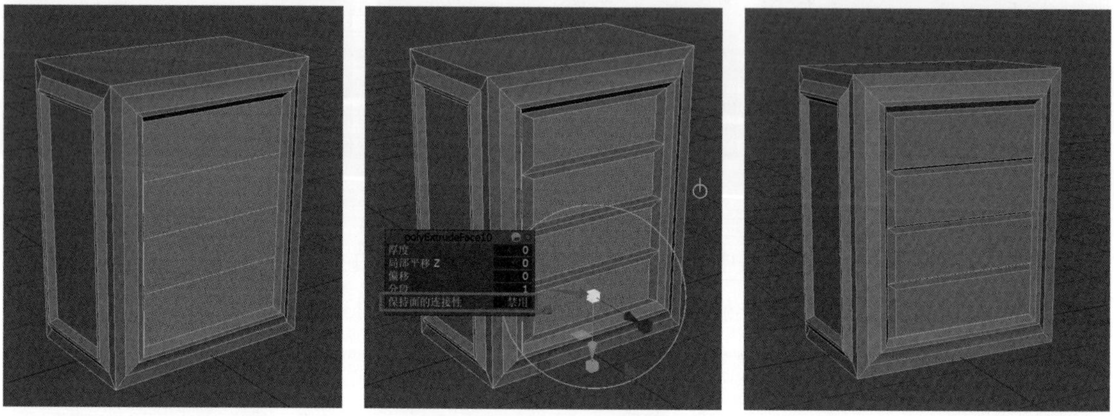

图3-25　挤出书柜抽屉的面

倒角抽屉的边界线。右键点击多边形，选择“边”元素，配合“Shift”键加选四个抽屉的边，执行菜单中的编辑网格>倒角命令，或点击工具架中的倒角命令，在弹出的倒角对话框中调节倒角的“分数”参数，让倒角更加自然，如图3-26所示。

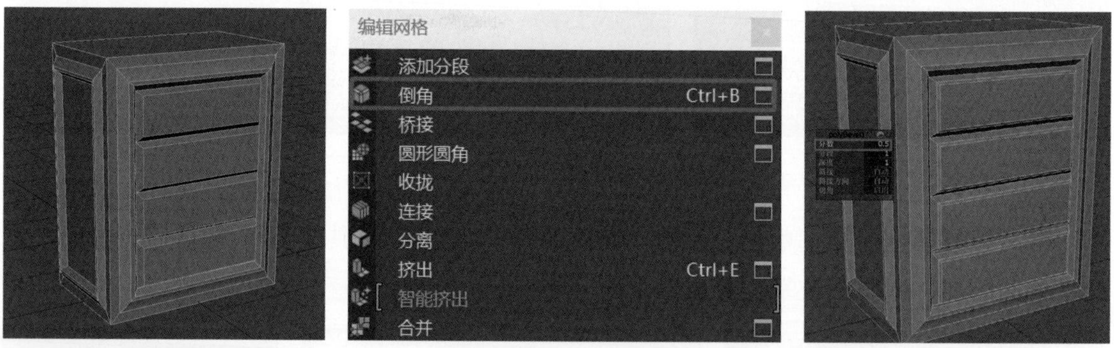

图3-26　倒角抽屉边

倒角书柜装饰线。右键点击多边形，选择“边”元素，配合“Shift”键加选边，点击工具架上的倒角命令，在弹出的倒角对话框中调节“分数”，倒角书柜装饰边，如图3-27所示。

图3-27　倒角书柜装饰线

制作抽屉把手。选择工具架中的多边形球体，在柜子前方创建球体并右键单击，选择“面”元素，删除球体后面的一部分面。再右键点击球体，选择“边”元素，选择球体后面的一圈边，执行工具架中的挤出命令，点击挤出命令操纵器上的圆形按钮，切换轴心，此时变换物体则使用多个边的公共中心。沿着“Z”轴向后移动挤出的面，再选择前半部分的圆形面，沿着“X”轴使用缩放工具挤压面，调整出把手的厚度。如图3-28所示。

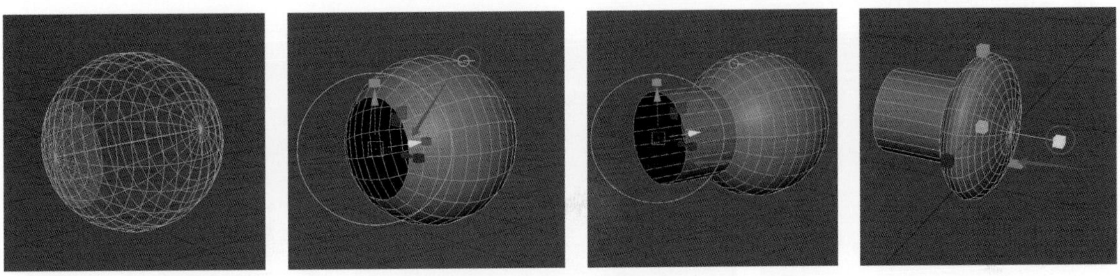

图3-28　制作抽屉把手

复制抽屉把手。将把手移动到抽屉中间，选择该把手，使用移动工具，配合“Shift”键，沿“Y”轴向下移动并复制出第二个把手。使用同样的方法复制出另外两个把手。如图3-29所示。

图3-29　复制把手

制作书柜中间部分的面。点击鼠标右键，选择柜子的“面”元素，执行挤出命令，使用挤出操纵器的缩放工具与移动工具调整挤出面，重复挤出操作，制作出书柜中间部分的面，如图3-30所示。

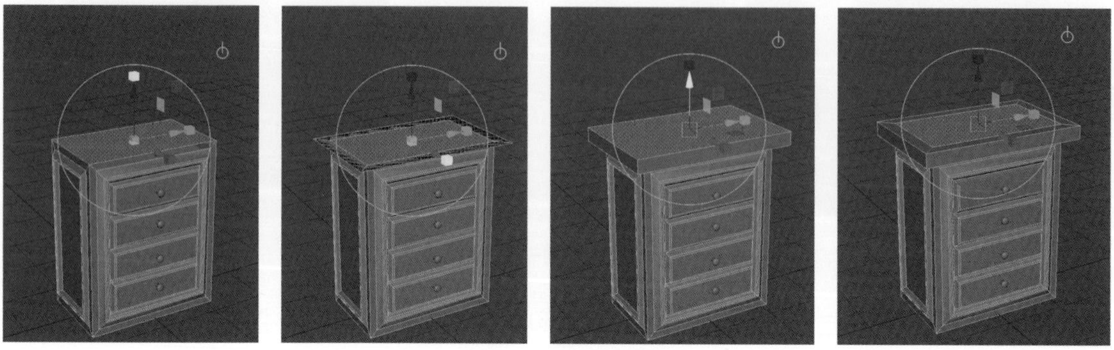

图3-30　制作书柜中间部分的面

挤出书柜上半部分的面。选择柜子并点击鼠标右键，选择“面”元素，执行挤出命令，使用挤出操纵器的缩放工具与移动工具进行调整，重复操作，挤出书柜上半部分的面，如图3-31所示。

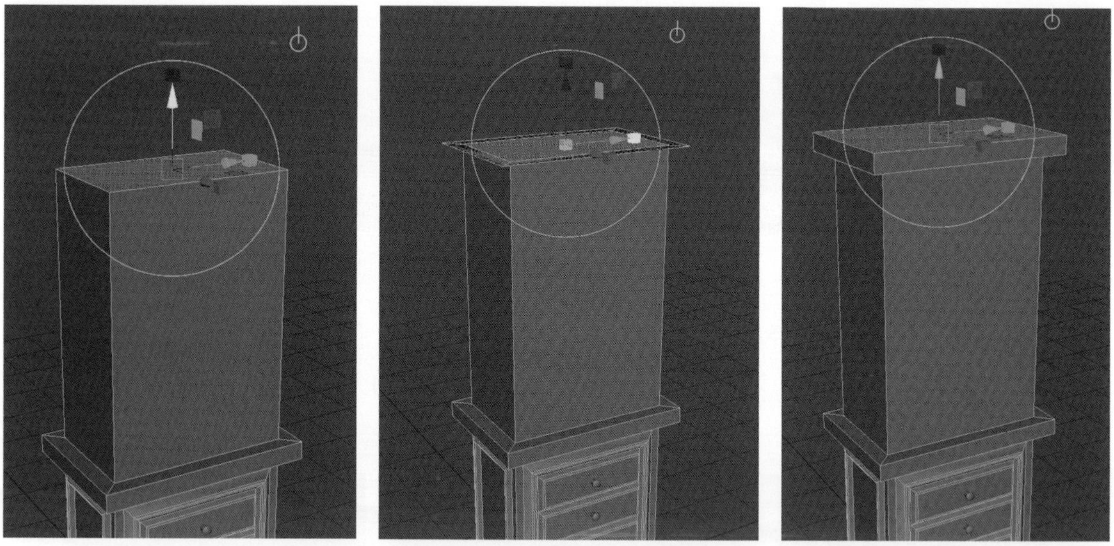

图3-31　挤出书柜上半部分的面

挤出书柜上方正面的装饰线。点击鼠标右键，选择柜子的“面”元素，选择书柜上半部分正面的面，执行挤出命令，结合挤出操纵器的缩放工具与移动工具进行调整，重复操作，制作书柜装饰线，如图3-32所示。

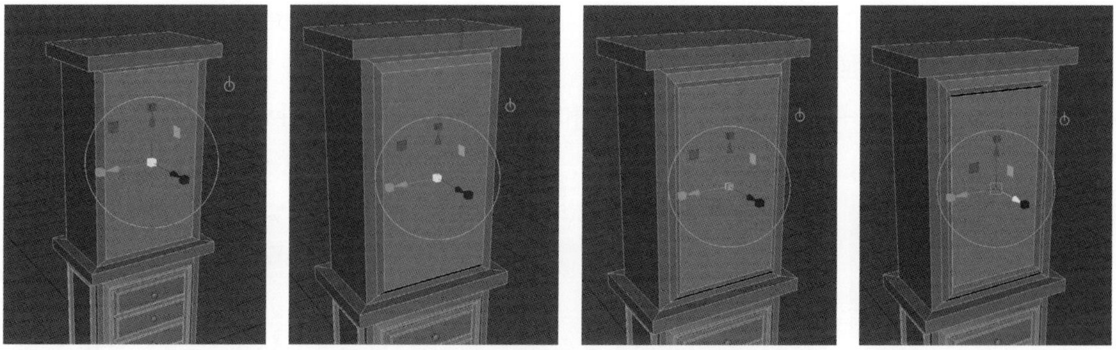

图3-32　挤出书柜上方正面的装饰线

使用同样的方法挤出书柜上方侧面的装饰线。选择“面”元素，执行“挤出”命令并配合使用操纵器上的移动工具和缩放工具，重复操作，完成另一个面的装饰线的制作，如图3-33所示。

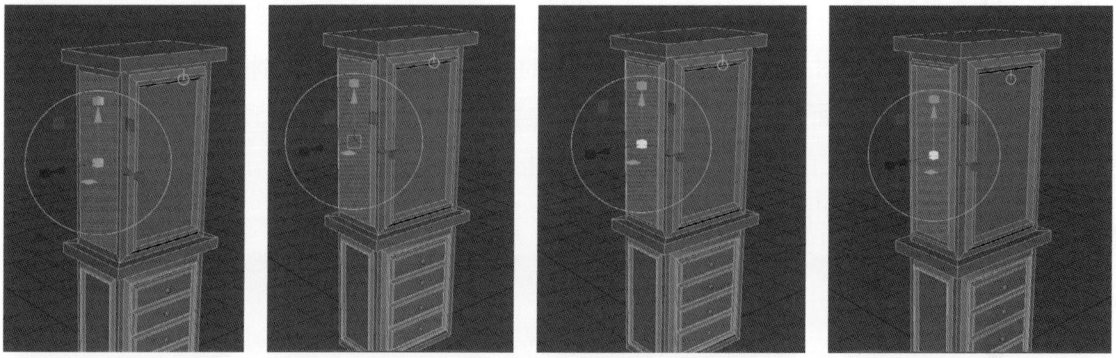

图3-33　挤出书柜上方侧面的装饰线

选择书柜两侧循环边。点击鼠标右键，选择书柜多边形的“边”元素，在视图中选择书柜两侧装饰线的两条边，点击菜单中的选择>转化当前选择>到循环边，选择书柜两侧循环边，如图3-34所示。

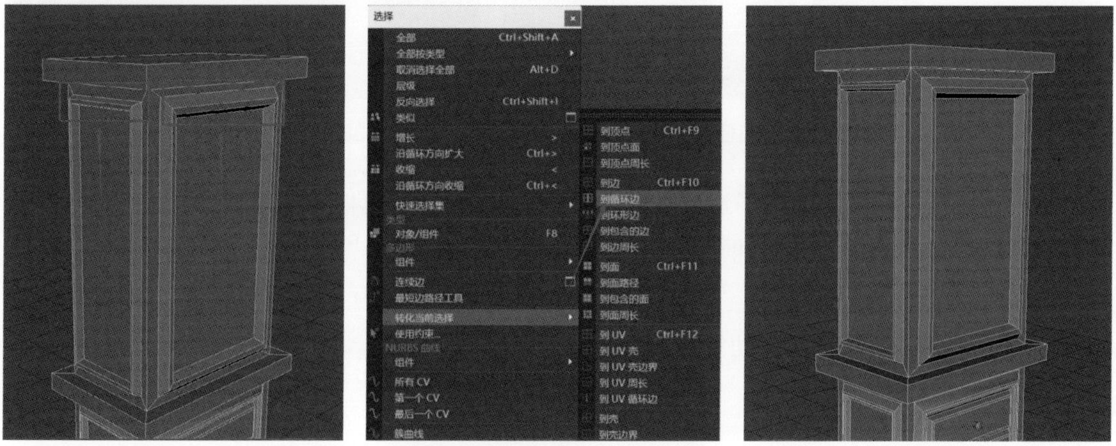

图3-34　选择书柜两侧循环边

选择好书柜两侧的循环边后，执行工具架中的倒角命令，在弹出的对话框中调节倒角的分数，让倒角更加自然，如图3-35所示。

合并多边形。在视图中选择四个把手和书柜，执行菜单中的网格>结合命令，将抽屉、把手与书柜合并，如图3-36所示。

图3-35　调节倒角装饰线

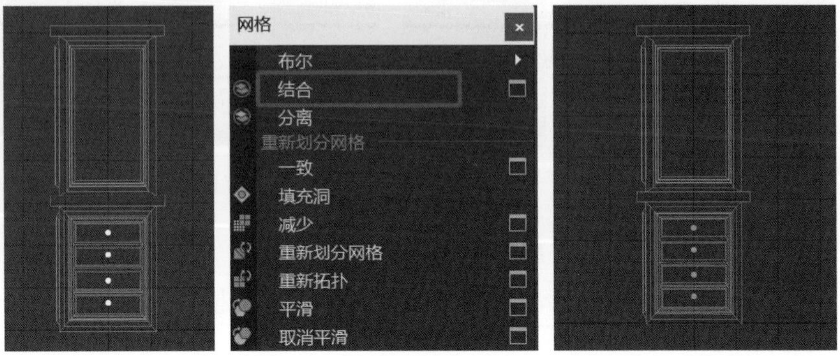

图3-36　合并抽屉、把手与书柜

调整书柜侧面。点击鼠标右键，选择书柜的“面”元素，选择书柜右边的一列面，按“Delete”键删除这些面，如图3-37所示。再点击鼠标右键，选择“顶点”元素，选择书柜右边的点，使用缩放工具沿“X”轴将点挤压成一列，如图3-38所示。点击鼠标右键，选择“对象模式”，退出顶点编辑模式。

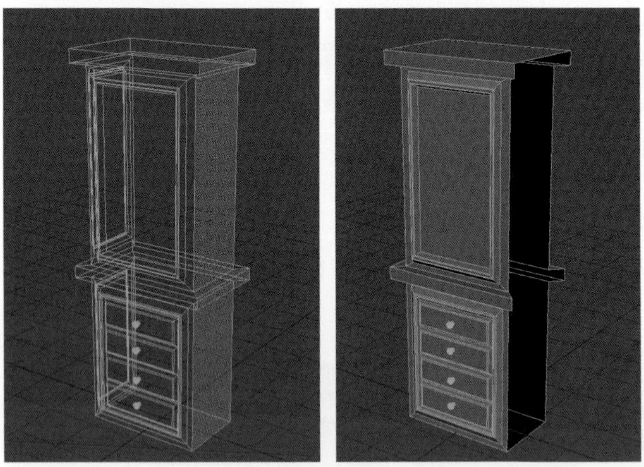

图3-37　删除书柜侧面

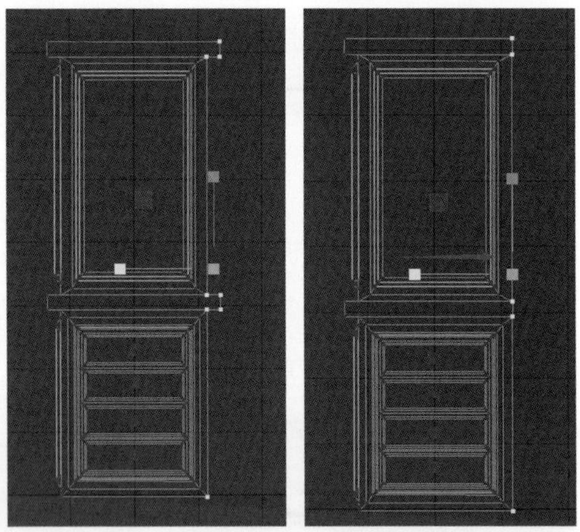

图3-38　缩放调整书柜侧面顶点

镜像复制多边形。激活多边形，执行菜单中的网络>镜像命令，或者点击工具架中的镜像命令。在弹出的对话框中将“切割几何体”修改为“禁用”，将“轴位置”修改为“对象”，将“轴”修改为“Z”，将“合并阈值”修改为“0.1”，如图3-39所示。修改好后，沿着“Z”轴向右移动复制面到，让两个面相邻。

图3-39　镜像复制书柜

编辑复制的面。点击鼠标右键，选择多边形书柜的“面”元素，选择书柜右边的面，按“Delete”键删除这些面，如图3-40所示。再点击鼠标右键，选择“顶点”元素，选择右边的点，使用缩放工具沿着“X”轴缩放，将这些点挤压成一列，如图3-41所示。

图3-40　删除面

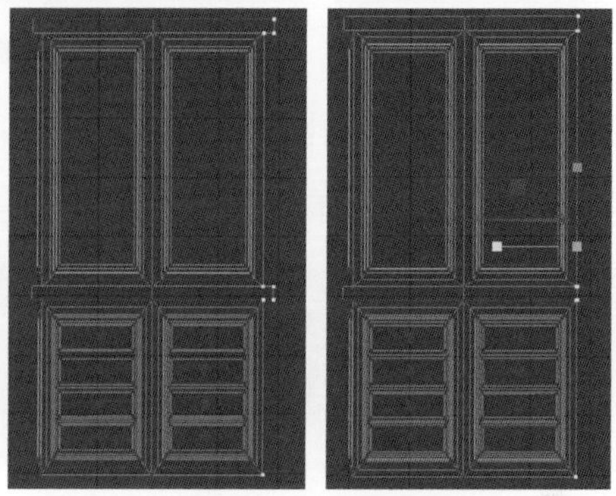

图3-41　缩放顶点

镜像复制书柜中间的面。点击鼠标右键，选择多边形的“面”元素，选择中的面，执行菜单中的网络>镜像命令，或者点击工具架中的镜像命令。在弹出的对话框中修改镜像参数，将切割几何体改为禁用，将轴位置改为对象，将轴改为Z，将合并阈值改为0.1。修改好后，沿着“Z”轴移动复制的面并使其与另一个面的边界相邻，如图3-42所示。点击鼠标右键，选择“对象模式”，退出面元素编辑模式。

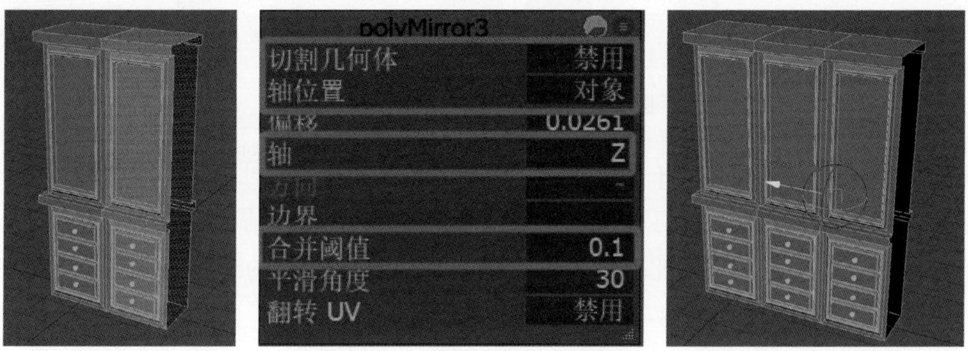

图3-42　镜像复制书柜中间的面

镜像复制书柜右边的面。选择书柜，再次执行镜像命令，在弹出的对话框中修改镜像参数，将切割几何体改为禁用，将轴位置改为对象，将轴改为Z，将合并阈值改为0.1。修改好后，沿着“Z”轴移动复制的面，使其与另一个面的边界相邻，完成书柜基本形的制作，如图3-43所示。

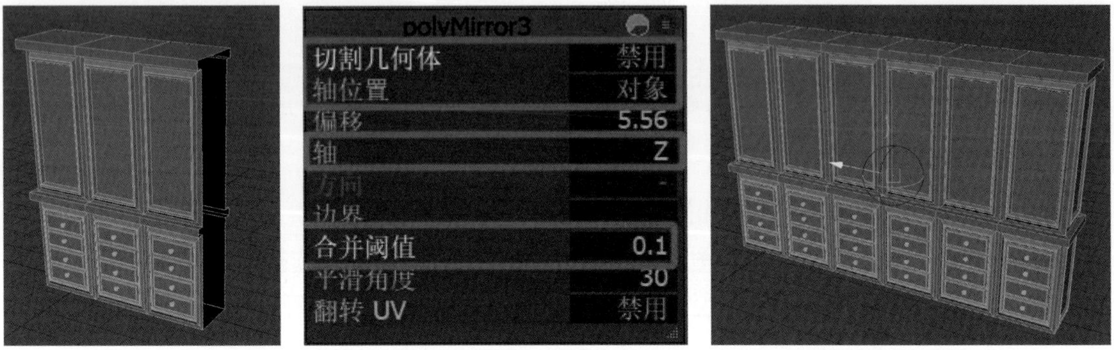

图3-43　镜像复制书柜右侧的面

删除书柜中间面的边。点击鼠标右键，选择书柜的“边”元素，选择书柜中间面的上、中、下边，如图3-44所示，选择好后，按“Delete”键删除边。

图3-44　选择书柜中间面上多余的边

点击鼠标右键，选择“顶点”元素，框选中间的点，按“Delete”键删除没有线支撑的多余点，如图3-45所示。删除后点击鼠标右键，选择“对象模式”，退出顶点元素编辑模式。

图3-45　删除书柜中间多余的点

制作书柜细节。点击鼠标右键，选择“面”元素，选取中间一周的四个面，执行“挤出”命令，点击操纵器的圆形手柄，使用四个面的公共中心，结合操纵器的缩放工具，沿“Y”轴挤压出新的面，再同比例放大四个面。通道盒中挤出的缩放参数可作为后面制作柜子上方装饰线的参考，如图3-46所示。

倒角边。先点击鼠标右键，选择“边”元素，选择书柜中间的两条边，再点击菜单中的选择>转化当前选择>到循环边，选择一周的边。选择好后倒角边，点击工具架中的■倒角命令，完成中间装饰线的制作，如图3-47所示。

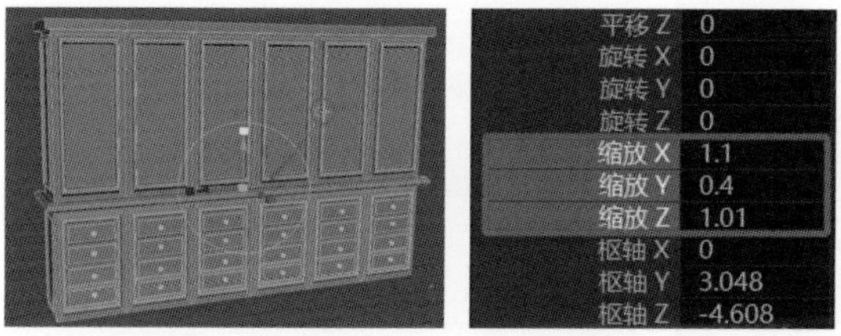

图3-46 挤出书柜中间的装饰面

图3-47 倒角书柜中间面的装饰线

重复以上操作，制作书柜上方的装饰线。先删除书柜上方面的边、点元素，再执行挤出、倒角命令，调整书柜上方的装饰线效果，如图3-48所示。

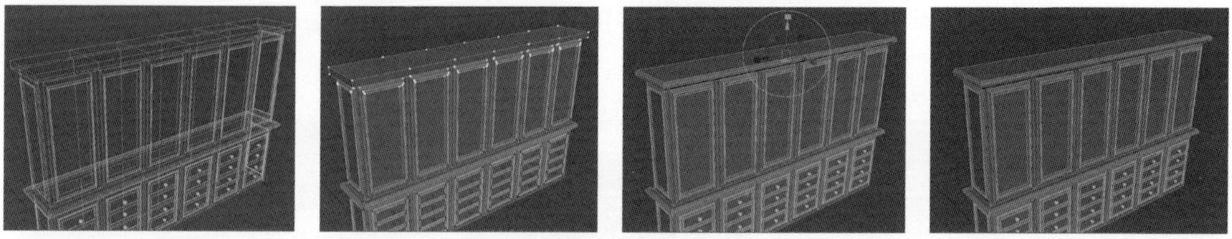

图3-48 制作书柜上方的装饰线

制作书柜门。点击鼠标右键，选择书柜的“面”元素，选择书柜门上的面，执行菜单中的编辑网格>提取命令，或点击工具架中的■提取命令，提取出选择的面。提取好后点击鼠标右键，选择“对象模式”，如图3-49所示。点击菜单中的修改>使枢轴居中，按“Insert”插入键，将门的轴心移动到右侧，再次按“Insert”键，退出轴心修改模式，如图3-50所示。

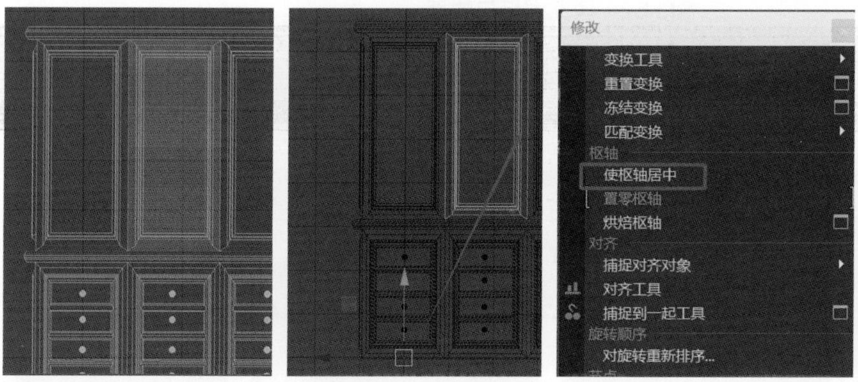

图3-49 提取书柜门

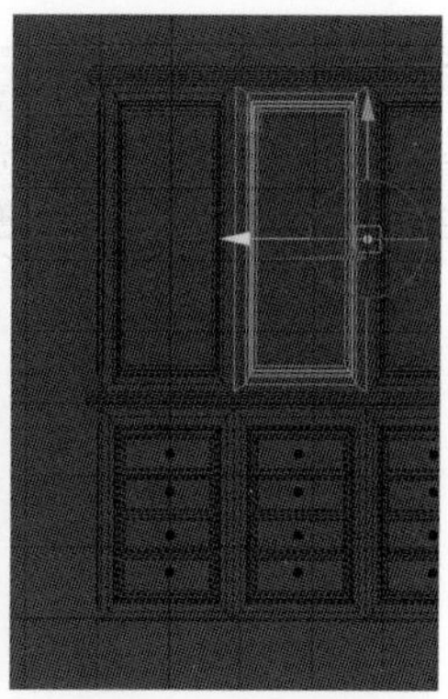

图3-50 修改轴心

挤出书柜门厚度。选择书柜门，使用旋转工具沿着“Y”轴旋转面，打开书柜门。点击鼠标右键，选择“边”元素，选择门的一周边，执行工具架中的■挤出命令，在顶视图中沿着“X”轴和“Z”轴移动，挤出面，调整出书柜厚度，如图3-51所示。调整好后，点击鼠标右键，选择书柜门的“对象模式”，退出边元素编辑模式。

图3-51　挤出柜门厚度

填充门的面。选择书柜门，执行菜单中的网格>填充洞命令，完成面的填充，如图3-52所示。

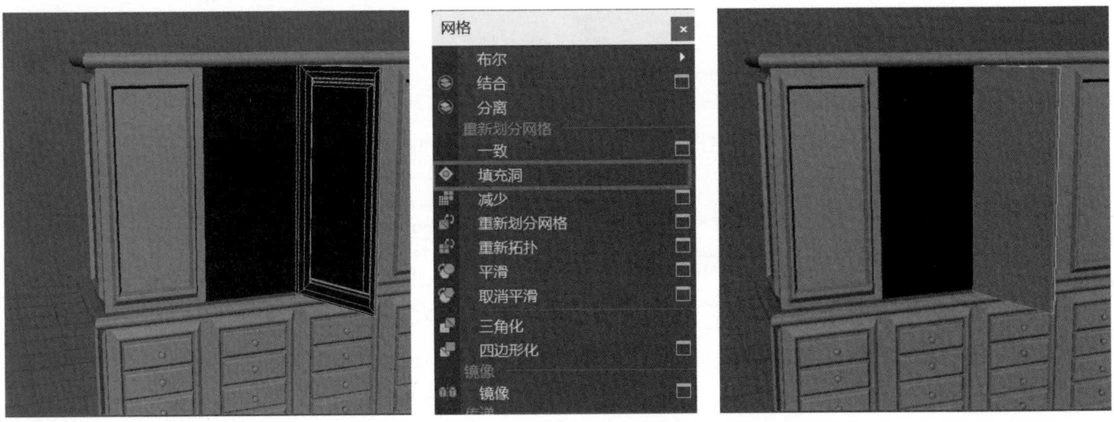

图3-52　填充书柜门的面

提取出另外一扇书柜门。重复以上操作，通过提取、修改轴心、挤出、填充洞命令，制作书柜的另一扇门，如图3-53所示。

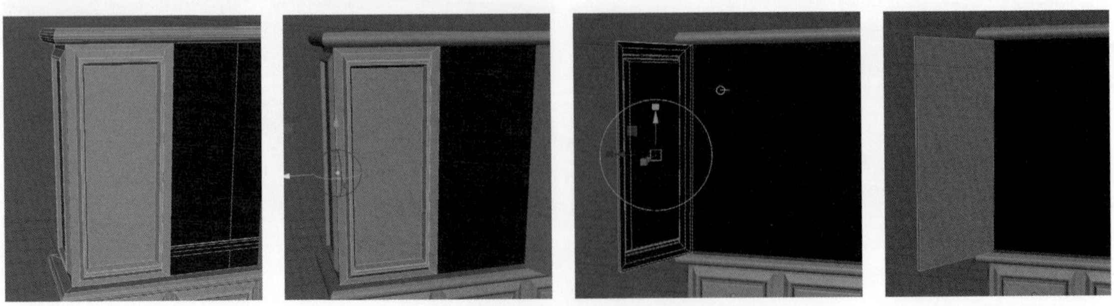

图3-53　提取制作另一扇书柜门

创建书柜隔层。在工具架中选择多边形立方体，在视图中创建出书柜的隔层。调整好多边形立方体的高度与厚度，将其摆放到书柜上相应的位置，如图3-54所示。选择书柜的所有多边形，点击工具架中的删除历史记录按钮，删除所有历史记录。

图3-54　创建书柜隔层

2. 制作书籍

制作书籍的厚度。在工具架中选择多边形立方体，绘制出书籍的基本形状。点击鼠标右键，选择“面”元素，选择立方体中间的三个面，执行“挤出”命令，点击操纵器中的缩放工具，沿着“Z”轴向内挤压面，再选择操纵器的移动工具，沿“X”轴向外移动。点击鼠标右键，选择“顶点”元素，选择四个顶点，将它们沿着“X”轴向内移动，使之与其他点对齐，如图3-55所示。

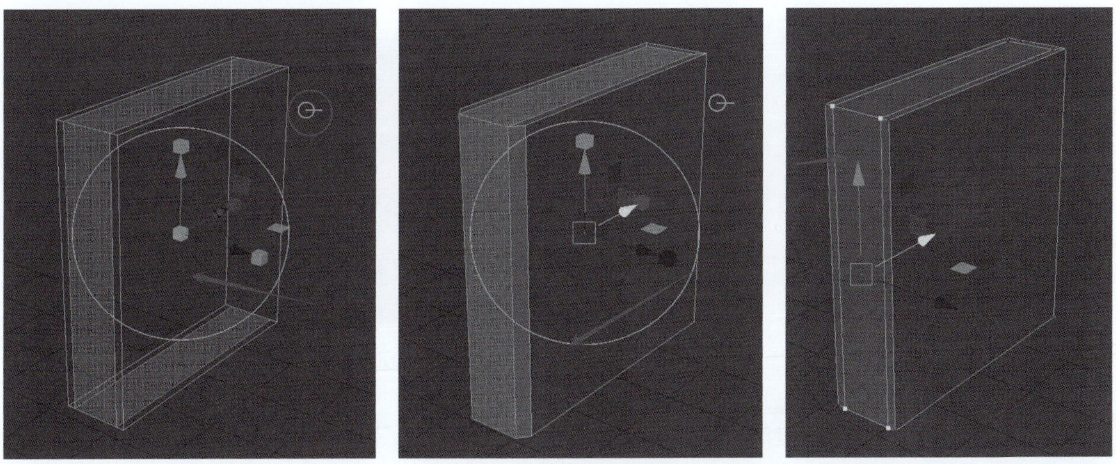

图3-55　制作书籍的厚度

挤出书籍中间的面。点击鼠标右键，选择“面”元素，选取立方体中间的三个面，执行“挤出”命令；使用挤出命令操纵器的缩放工具沿着“Y”轴上下挤压面；再点击鼠标右键，选择“顶点”元素，选择外边四个点，沿着“X”轴向内移动，调整出书籍中间的面，如图3-56所示。

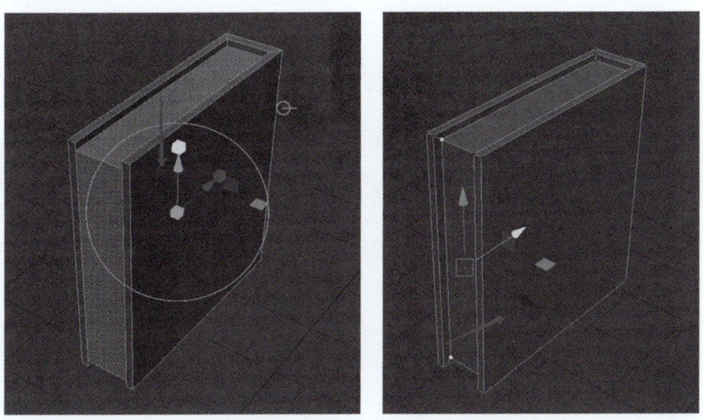

图3-56　挤出书籍中间的面

调整书籍中间的面。点击鼠标右键，选择书籍的“边”元素，选择书籍中间的边，点击菜单中的网格工具>连接，在弹出的对话框中将连接分段数改为4，确认后点击回车键结束线的添加。点击鼠标右键，选择“顶点”元素，移动中间点的位置，调整出书的弧度效果，如图3-57所示。

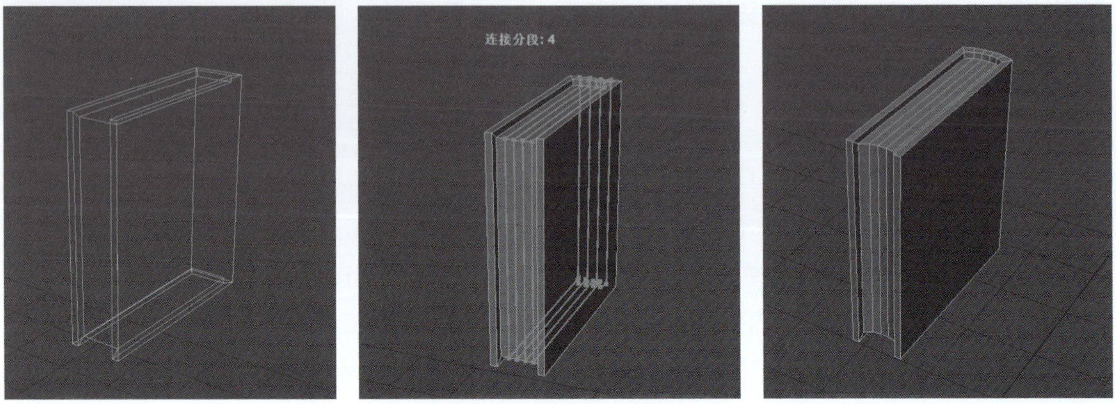

图3-57 调整书的形状

复制多本书籍，调整书籍的方向与厚度，将书籍不规则地摆放到书柜里。完成制作后，群组书柜和书籍，点击工具架中的删除历史记录按钮，删除群组中所有物体的历史记录。创建书柜层，打开视图右边的通道盒下的层编辑，点击“创建新层并指定选定对象”，将选择的书柜添加到新的层中，层上的“V”为显示，如图3-58所示。再次点击层上的“V”，可以隐藏该图层。

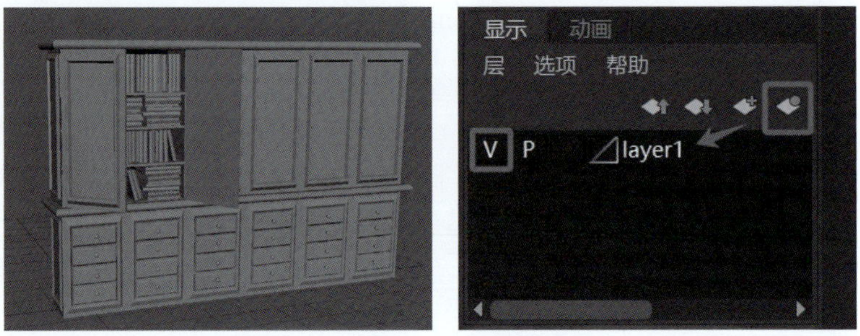

图3-58 添加书柜并显示

二、制作墙面与窗户模型

制作好书柜后，将书柜隐藏，在视图中创建墙面及窗户模型，如图3-59所示。

图3-59 墙面与窗户模型

墙面与窗户模型制作讲解视频

制作墙面。选择工具架中的多边形立方体，在视图中创建出墙面。为了方便场景内部其他模型的创建，需要更改视图中墙面的显示方式，使多边形立方体的正面显示在房间里面，反面显示到外面。在视图中选择墙体多边形，执行菜单中的网格显示>反转命令，此时房子多边形面在视图中呈现为黑色，如图3-60所示。

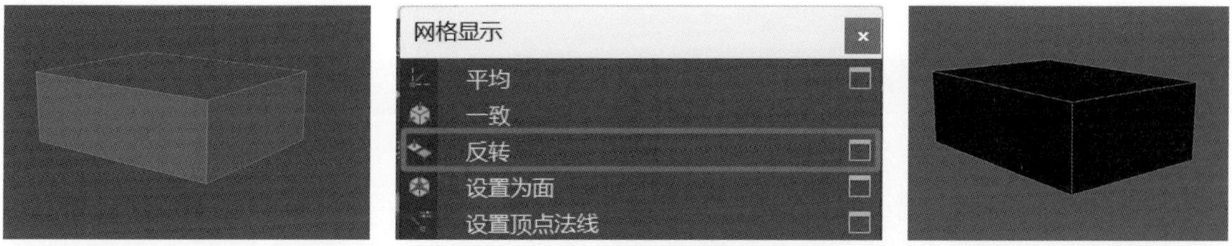

图3-60 创建墙面立方体

修改多边形显示方式。在视图中操作时，为了不让墙体的面挡住摄影机，可修改多边形显示方式。选择墙体多边形，执行菜单中的显示>多边形>背面消隐命令，此时任意旋转透视图都不会让墙体的面挡住摄影机视角，如图3-61所示。该方法既不会删除墙体的面，又方便了场景内部其他家具模型的制作与摆放。注：隐藏的面在渲染时是正常显示的。

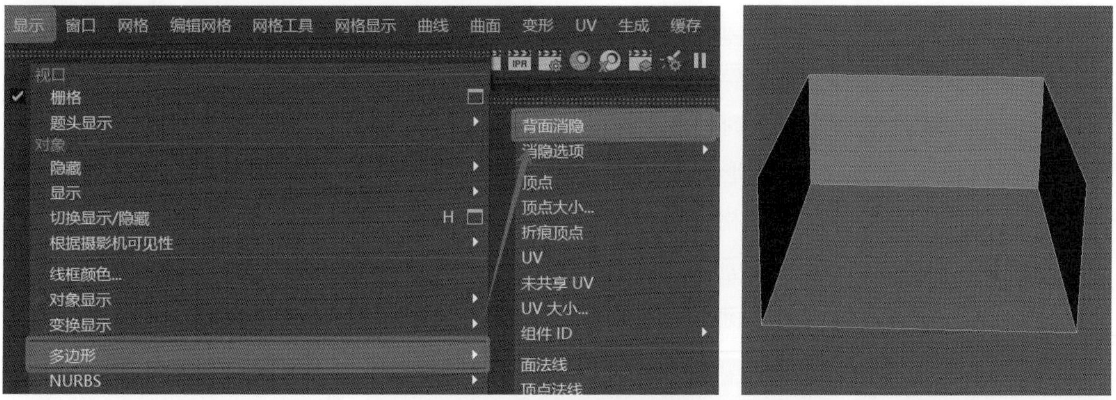

图3-61 多边形背面消隐

制作窗户周边的墙体。选择墙体，点击鼠标右键，选择“边”元素，配合“Shift”键加选墙体的上下两条边，执行菜单中的网格工具>连接命令，此时会出现绿色的边，可以按鼠标中键在视图中移动，将连接分段数调整为4，确认后按回车键结束边的添加，如图3-62所示。这时面被平均分成五个面，点击鼠标右键，选择“顶点”元素，使用缩放工具沿着“Z”轴调整点，通过点的调整确定好基本墙体的位置，如图3-63所示。

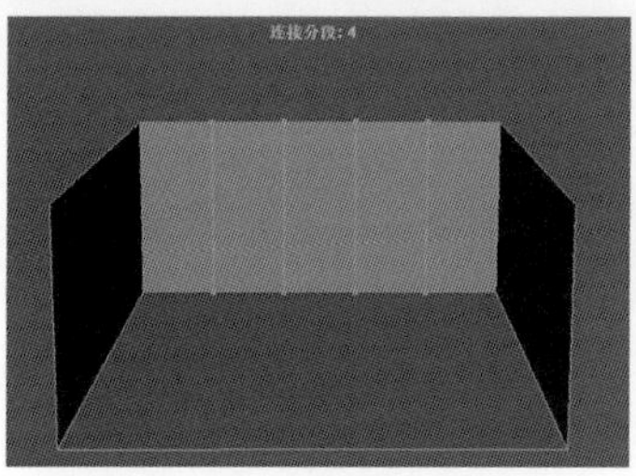

图3-62 使用连接工具插入对称边

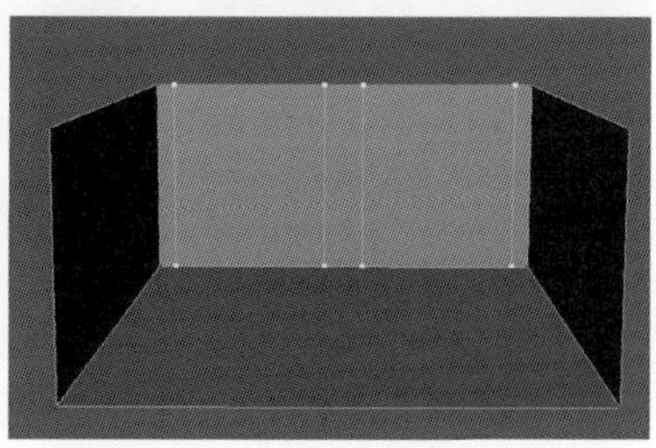

图3-63 确定基本墙体位置

选择网格工具>插入循环边，点击墙体右边上下任意边，多边形面上会插入一条绿色虚线边，此时不松开鼠标，移动线的位置，确定好位置后，按回车键完成循环边的插入，如图3-64所示。点击鼠标右键，选择“顶点”元素，在顶视图中移动点的位置，制作出墙柱右拐角面，如图3-65所示。

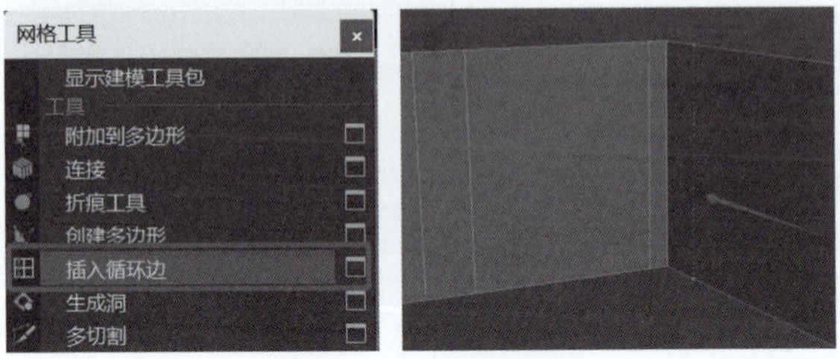

图3-64　插入循环边

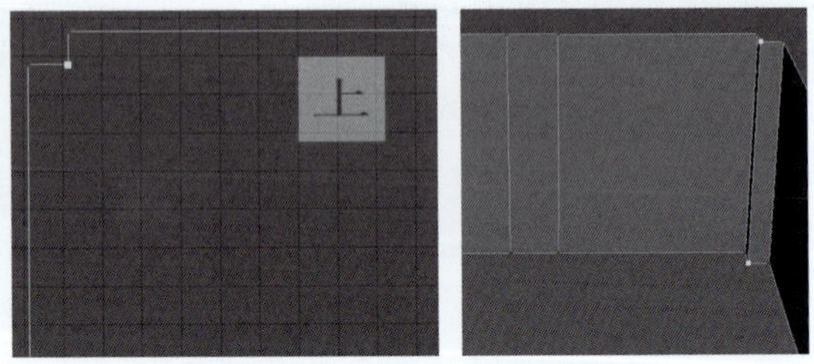

图3-65　制作墙柱右拐角面

制作墙柱面。点击鼠标右键，选择“面”元素，选择视图中间的面，执行挤压命令，移动操纵器的“Z”轴，调整墙体中间墙柱的面，如图3-66所示。调整好后，点击鼠标右键退出“对象模式”。

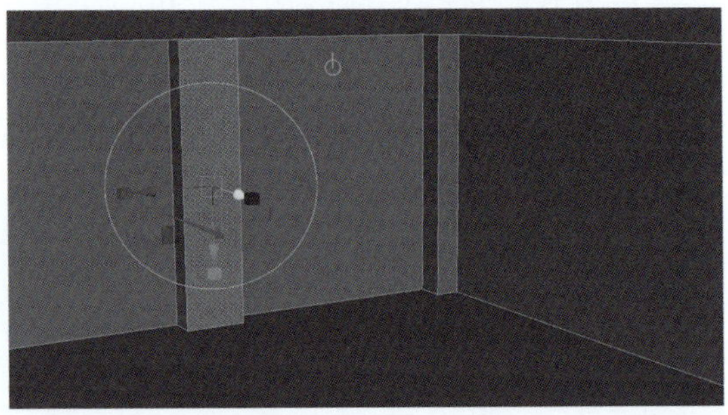

图3-66　挤出中间面

将房子分割为两部分。选择房子多边形，执行菜单中的显示>多边形>背面消隐命令，恢复背面显示。点击网格工具>多切割，或点击工具架中的多切割按钮。在顶视图中配合“X”键吸附，在房子中间插入一直条线，确定好位置后按回车键完成面中间切割线的添加，如图3-67所示。

图3-67　添加切割线

删除房子一半的面。点击鼠标右键，选择“面”元素，按“Delete”键删除另一半面，如图3-68所示。执行菜单中的显示>多边形>背面消隐命令，再次让房子背面消隐显示，如图3-69所示。

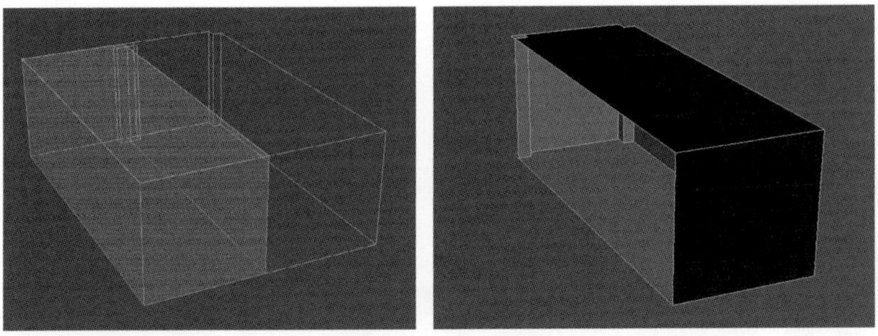

图3-68　删除面

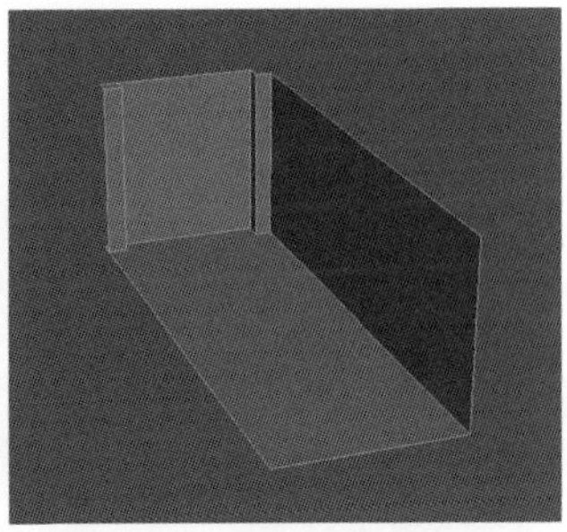

图3-69　打开背面消隐

挤出窗户外轮廓。点击鼠标右键，选择多边形的“面”元素，选择中间的面，执行工具架中的挤出命令，挤出窗外框效果。删除中间的面，选择窗框中间的一周面，执行“挤出”命令，沿“Z”轴移动出窗框的厚度，如图3-70所示。

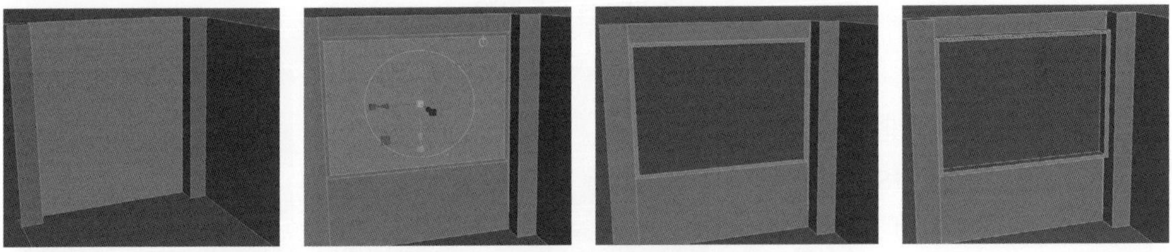

图3-70　挤出窗户外轮廓厚度

插入线。点击鼠标右键，选择“边”元素，配合“Shift”键加选窗框左右四条边，执行菜单中的网格工具>连接工具命令，在视图中按住鼠标中键将连接分段数调整为2，点击回车键确认边的添加。点击鼠标右键，选择“顶点”元素，选择四个点，调整点的位置，如图3-71所示。

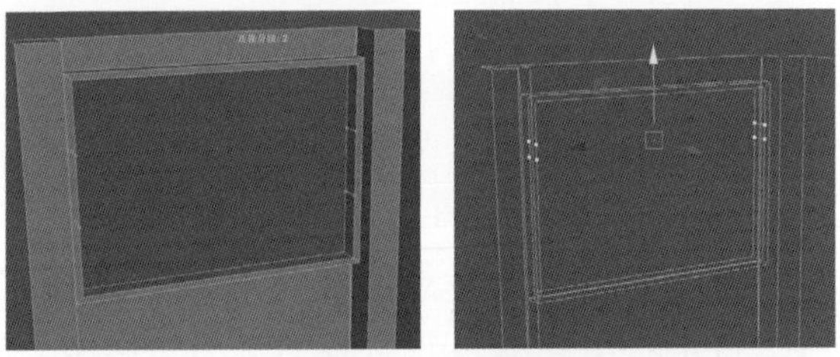

图3-71　插入线

挤出窗户内轮廓面。点击鼠标右键，选择“面”元素，选择两边的面，同时执行“挤出”命令，点击挤出操纵器的缩放工具，同比例缩小两边的面；再次执行“挤出”命令，点击挤出操纵器的移动工具，沿着“Z”轴移动挤出的两个面，如图3-72所示。

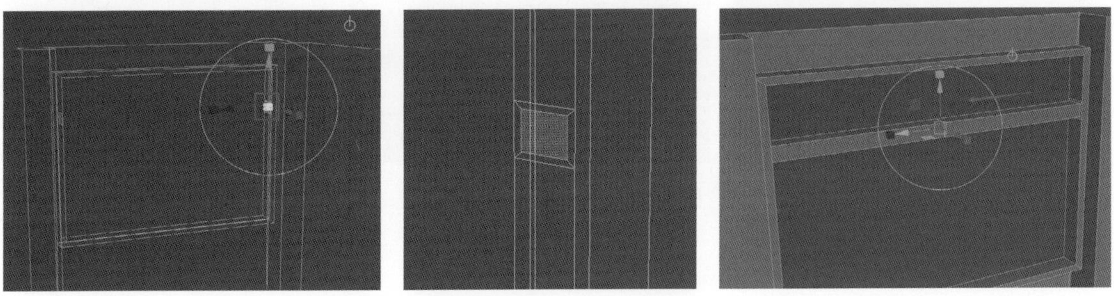

图3-72　挤出窗户内轮廓面

删除面，合并点。点击鼠标右键，选择“面”元素，按“Delete”键删除中间两个面；点击鼠标右键，选择“顶点”元素，选择两边面上的相交点，执行菜单中的编辑网格>合并命令，合并相邻的点。点击鼠标右键，选择“边”元素，选择四条边，按“Delete”键删除边；再点击鼠标右键，选择“顶点”元素，按“Delete”键删除四个多余的顶点，如图3-73所示。

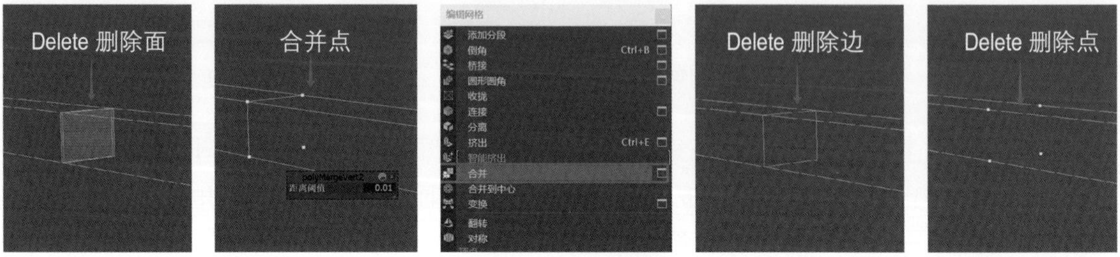

图3-73　合并与删除

制作窗户内轮廓上方的窗框。点击鼠标右键，选择“边”元素，配合“Shift”键加选窗框上下四条边，执行菜单中的网格工具>连接工具命令，在视图中按住鼠标中键，将连接分段数调整为2，点击回车键确认边的添加。点击鼠标右键，选择“顶点”元素，选择四个点，使用缩放工具沿“Z”轴调整点的位置，如图3-74所示。

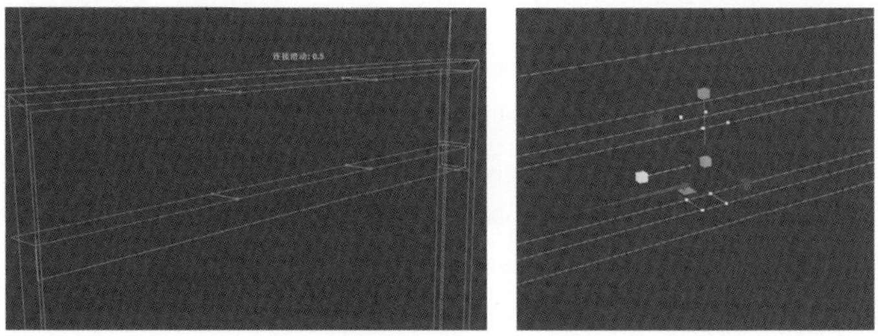

图3-74　插入边

挤出窗框长度。点击鼠标右键，选择“面”元素，选择两边的面，执行“挤出”命令，点击挤出操纵器的缩放工具中间按钮，同比例缩小两个面；再次执行“挤出”命令，点击挤出操纵器的移动工具，沿着“Z”轴移动挤出的两个面，如图3-75所示。

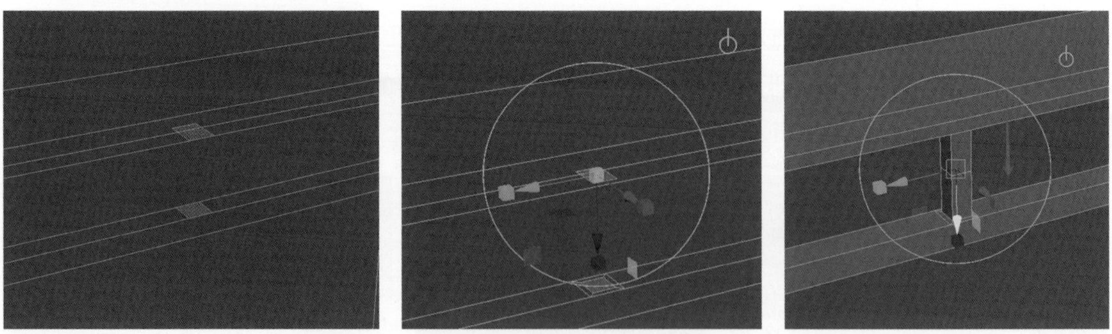

图3-75　挤出中间的窗框面

点击鼠标右键，选择“面”元素，按“Delete”键，删除中间两个面；点击鼠标右键，选择“顶点”元素，选择四个上下顶点，执行菜单中的编辑网格>合并命令，合并相邻的点；点击鼠标右键，选择“边”元素，选择合并好的四条边，按“Delete”键删除边；再点击鼠标右键，选择“顶点”元素，选择四个多余的顶点，按“Delete”键删除，如图3-76所示。

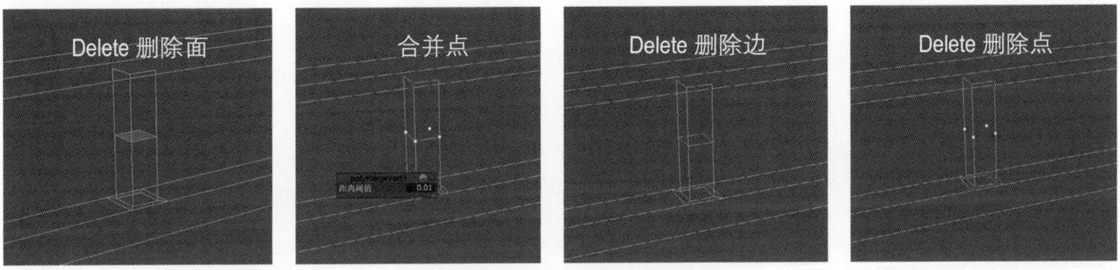

图3-76　删除与合并

重复操作，制作出窗户内轮廓下方的两条窗框，执行连接工具、挤出、合并命令，结合移动和缩放工具调整细节，完成另外两条窗框的制作，如图3-77所示。

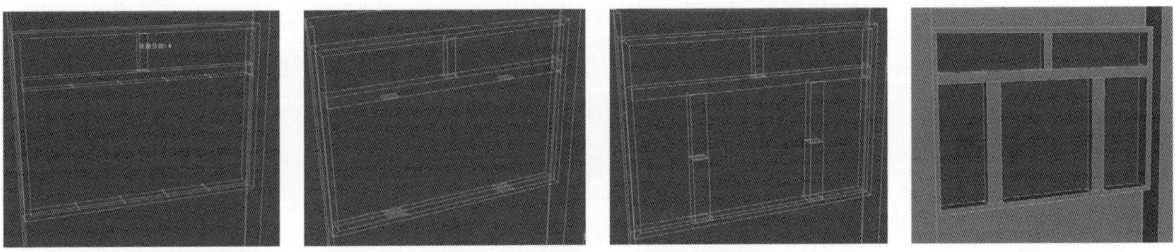

图3-77　制作另外两条窗框

制作窗框中的窗户。选择工具架中的多边形面，在边视图中创建一个多边形面片，点击鼠标右键，选择“面”元素，执行编辑网格>挤出命令，挤出面后将中间和后面的面删除，只保留窗框一周的面，再次执行“挤出”命令，做出窗框的厚度，如图3-78所示。

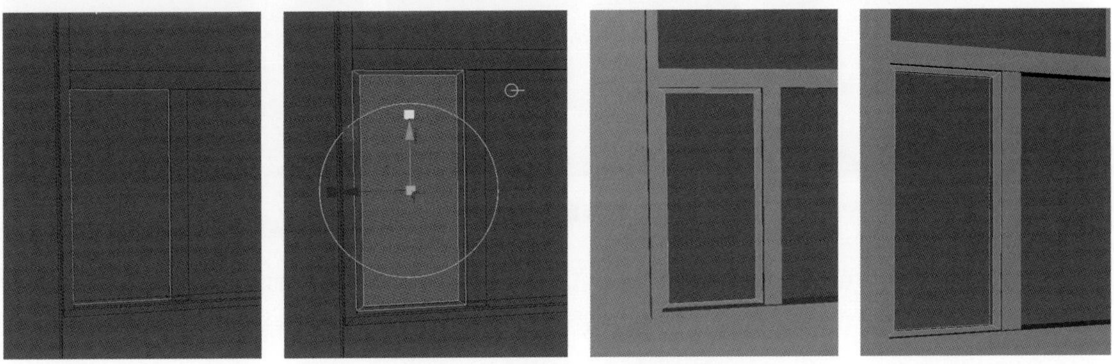

图3-78　制作窗户外轮廓厚度

制作四根窗户内框。点击鼠标右键，选择“边”元素，选择窗户内框左右的边，执行“连接工具”命令，将连接分段数设为8；点击鼠标右键，选择“顶点”元素，使用缩放工具对称调节两边的点，让左右两边的窗框位置对称，如图3-79所示。

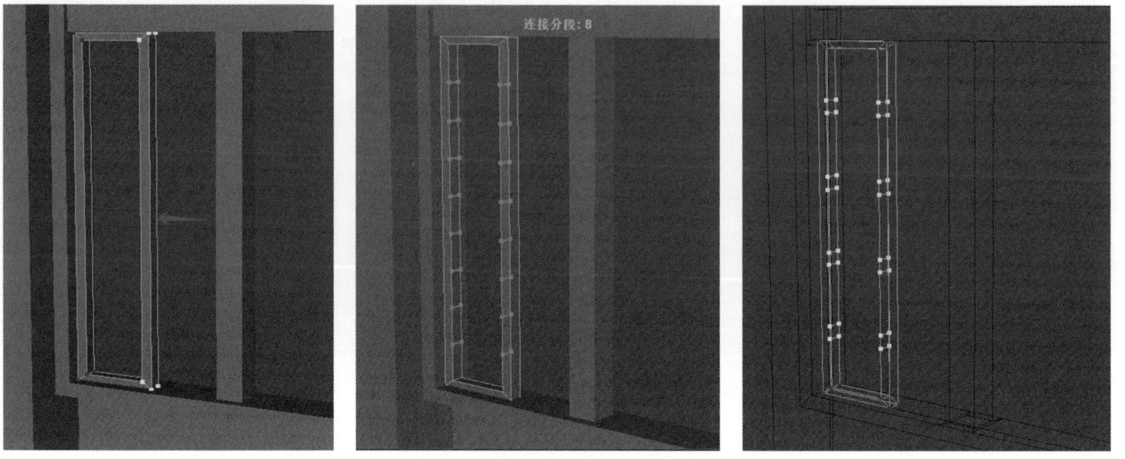

图3-79　调整窗户四根内框的位置

挤出四个窗框面。点击鼠标右键，选择“面”元素，选择窗框两边的面，执行“挤出”命令，沿着“Z”轴将其向内移动到两边面相交的位置，删除两边相交面。点击鼠标右键，选择“顶点”元素，选择两个面中间的点，执行“合并”命令，合并顶点。点击鼠标右键，选择“边”元素，选择中间的边，删除合并的边，再选择“顶点”元素，删除多余的点，如图3-80所示。

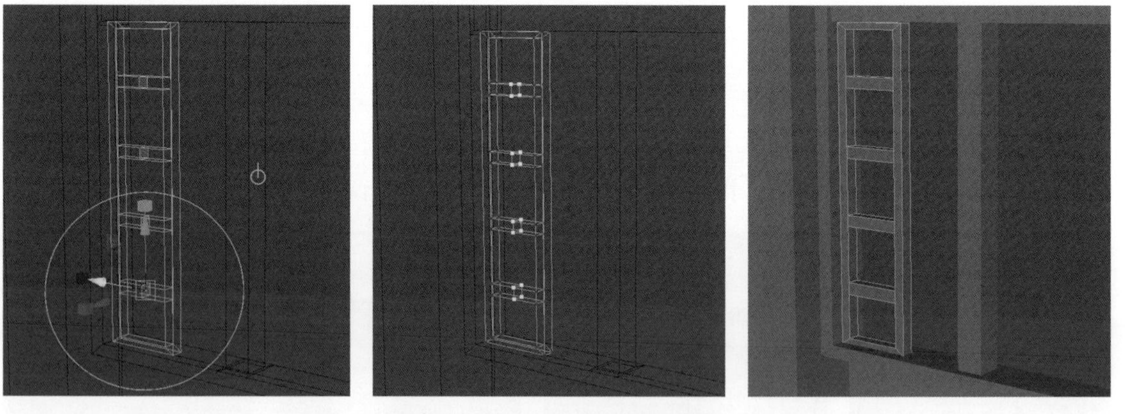

图3-80　制作窗户内部四根窗框

镜像复制窗户。点击鼠标右键，选择“面”元素，选择右边的面并删除，点击鼠标右键，选择“对象模式”，退出面元素编辑模式。点击工具架中的镜像命令，在弹出的对话框中修改镜像参数，将“切割几何体”改为禁用，将“轴位置”改为对象，将“轴”改为Z，将“合并阈值”改为0.1，如图3-81所示。修改好后，向“Z”轴移动，将窗户镜像复制到右边。制作好后，复制其他窗户并结合移动、旋转和缩放工具，将窗户放到相应的窗框内，如图3-82所示。

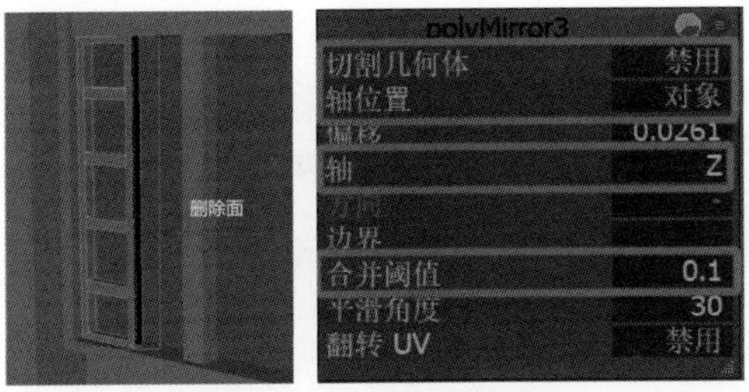

图3-81 镜像复制窗户

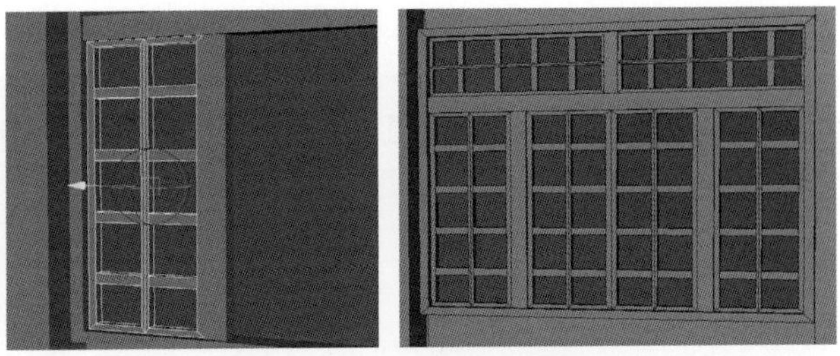

图3-82 复制并移动窗户

修改窗户轴心。在视图中选择一扇窗户，点击菜单中的修改>使枢轴居中，将轴心复位到窗户中心。按“Insert”键，进入轴心修改模式，沿着“Z”轴将轴心移动到窗户的左侧，再次按“Insert”键结束轴心修改模式。使用旋转工具沿着“Y”轴将窗户打开。利用此方法，根据窗户的不同方向调整轴心，制作窗户开合效果，如图3-83所示。

图3-83 调整窗户轴心

镜像复制房间的另一半。选择房间的多边形面，点击工具架中的镜像命令，修改镜像参数，将复制的面移动到房子的左边，如图3-84所示。点击鼠标右键，选择“边”元素，选择中间的四条边，点击“Delete”键，删除墙体中间的边，如图3-85所示。

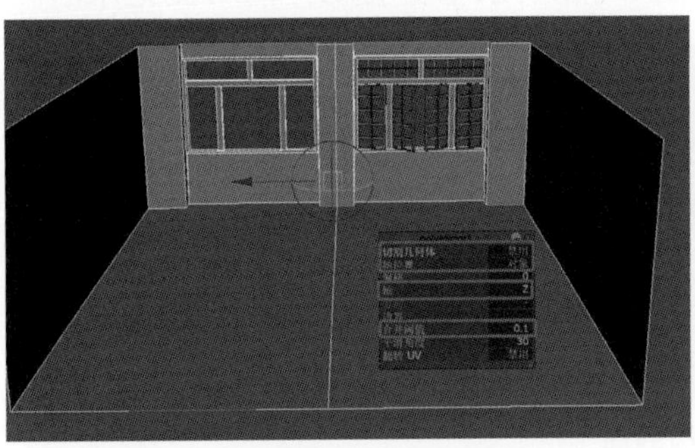

图3-84 镜像复制房间的另一半

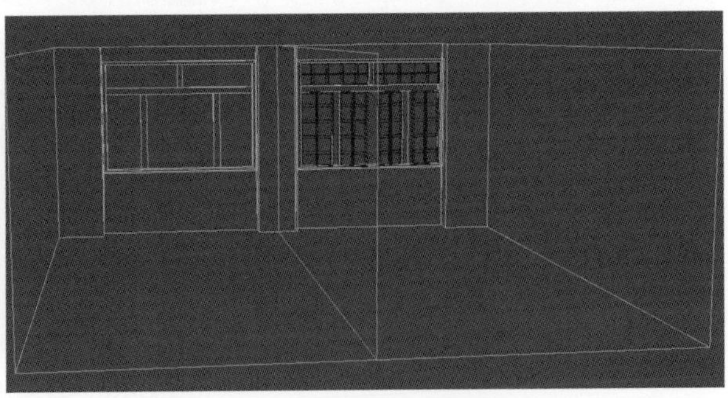

图3-85 选择并删除边

复制窗户群组。选择所有的窗户，按快捷键“Ctrl+G”群组右边窗户；再按快捷键“Ctrl+D”复制窗户组，将复制组通道盒中的参数缩放Z修改为–1。再使用旋转工具调整左边窗户组中每个窗户的打开效果，如图3-86所示。

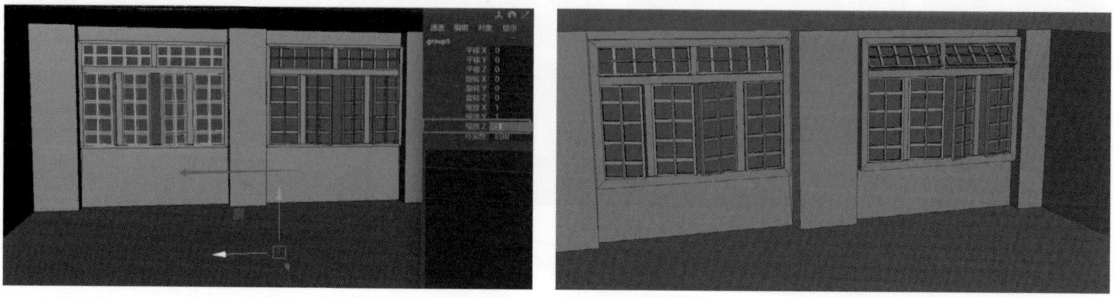

图3-86 复制窗户群组

制作地板。点击鼠标右键，选择“边”元素，选择地板左右的两条边，执行菜单中的网格工具>连接命令，使用鼠标中键设置连接分段数。调整好后，点击回车键确认边的添加，如图3-87所示。点击鼠标右键，选择“面”元素，选择地板面，执行“挤出”命令，在弹出的挤出对话框中将“保持面的连接性”改为禁用，向上移动挤出的面，如图3-88所示。

图3-87 添加边并设置连接分段数

图3-88 挤出地板的厚度

倒角地板的面。点击鼠标右键，选择“面”元素，选择地板上方的面，执行“倒角”命令，在弹出的倒角对话框中将分数参数调整为0.15，完成地板面的倒角，如图3-89所示。选择所有面，点击工具架中的删除历史按钮，删除场景中所有物体的历史记录。

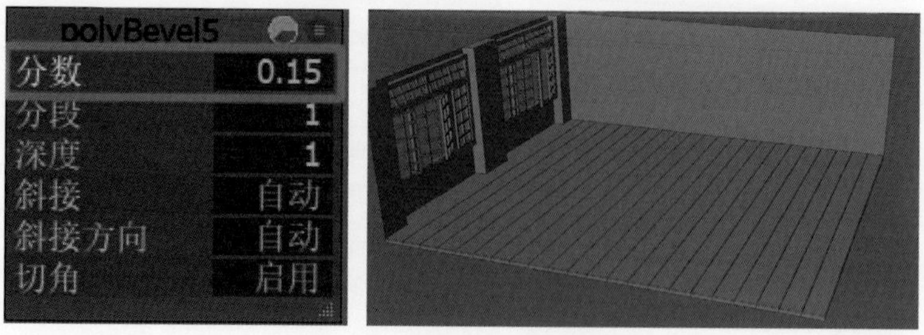

图3-89 倒角地板的面

三、制作书桌、椅子模型

利用多边形编辑方法，在场景中创建书桌、椅子模型，如图3-90所示。

图3-90 书桌、椅子模型

1. 制作书桌

选择工具架中的多边形立方体，在视图中创建一半的书桌桌面。创建好后，选择工具架中的倒角命令，倒角多边形边。选择多边形，点击鼠标右键，选择“面”元素，点击多边形底部的面，执行工具架中的挤出命令，沿着“Z”轴向下挤出三个抽屉高度的面，如图3-91所示。

书桌模型制作讲解视频

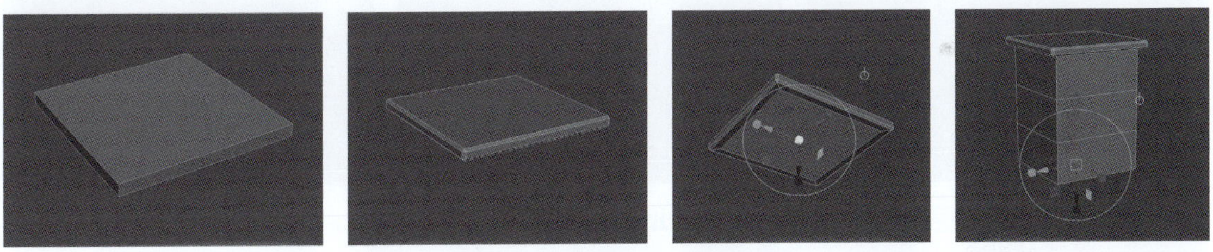

图3-91 倒角、挤出多边形

选择抽屉正面三个面，同时执行“挤出”命令，在弹出的挤出参数对话框中，将“保持面的连接性”改为禁用，此时抽屉的各个面将基于各自的中心进行变换，选择操纵器的缩放工具同比例缩小三个面，再次执行“挤出”命令，点击操纵器的移动工具，点击“Z”轴移向内移动，制作出三个抽屉的深度，如图3-92所示。

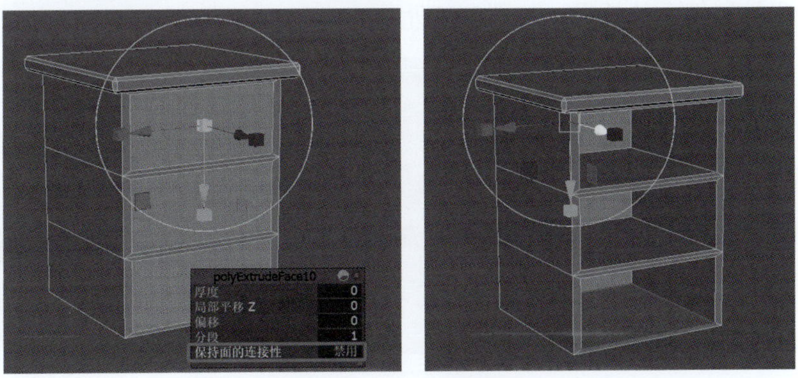

图3-92 挤出抽屉深度

复制抽屉面。点击多边形并点击鼠标右键，选择“面”元素，选择抽屉内部的面，执行菜单中的编辑网格>复制命令，或点击工具架中的复制命令，复制选择的面。点击鼠标右键，选择“对象模式”，再单独选择复制好的面进行编辑，如图3-93所示。

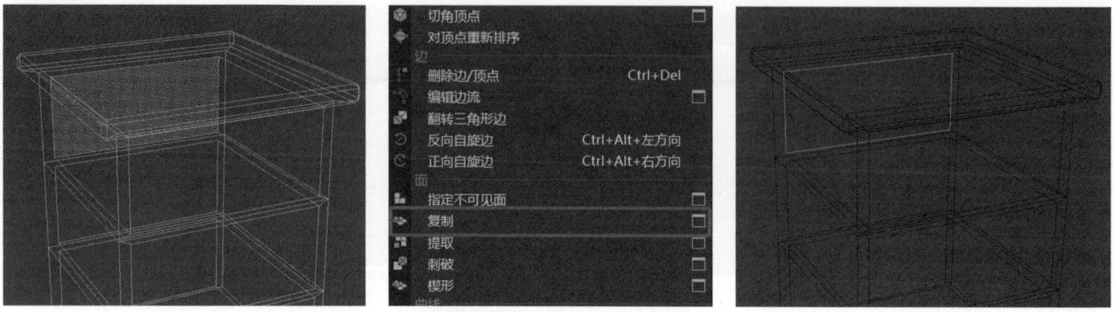

图3-93　复制抽屉面

为了方便操作，先把复制的面移动到书桌上方，再执行挤出命令，沿“Z”轴移动挤出的面，调整抽屉的长度；选择抽屉外面的面，执行“挤出”命令，结合移动工具、缩放工具，调整出抽屉外框的厚度，如图3-94所示。

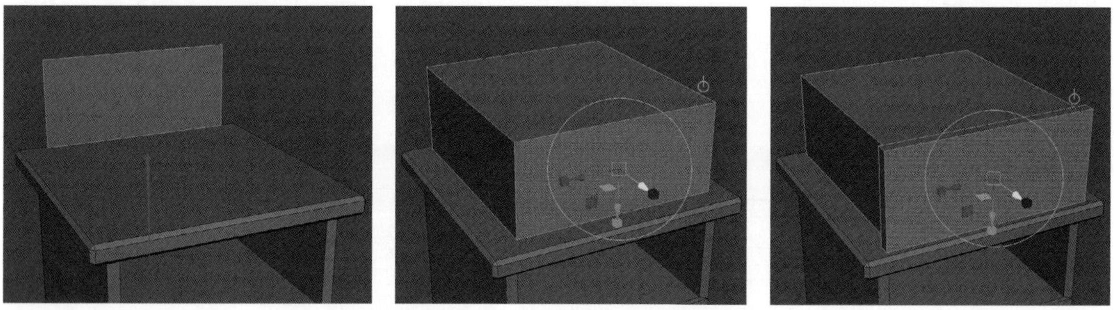

图3-94　挤出抽屉长度与外框厚度

制作抽屉把手。执行面的“挤出”命令，通过挤出操纵器的缩放工具、移动工具调整出抽屉把手的效果，如图3-95所示。

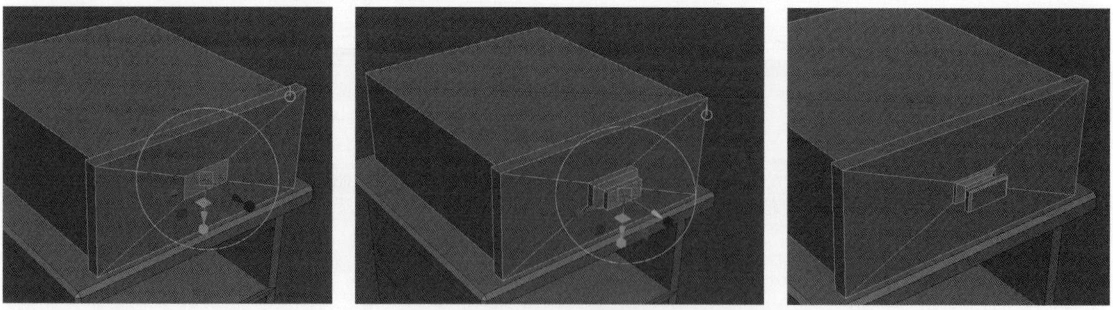

图3-95　挤出抽屉把手

制作抽屉深度。选择抽屉上面的面，执行面的“挤出”命令，调整出抽屉深度，调整好后点击鼠标右键，选择“对象模式”，退出面的编辑模式。使用“Shift”键配合鼠标移动并复制出另外两个抽屉，复制好后，调整好三个抽屉的位置，如图3-96所示。

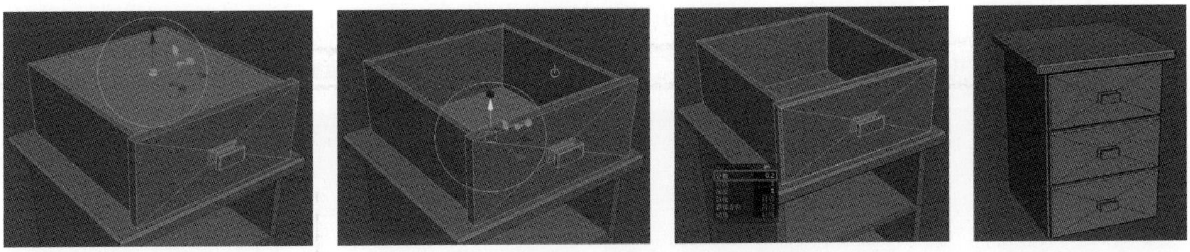

图3-96　挤出抽屉的深度、复制抽屉

挤出书桌中间面。点击鼠标右键，选择多边形的“面”元素，点击书桌左边的侧面并删除。点击鼠标右键，选择“边”元素，选择桌面侧面的四个边，执行“挤出”命令，沿着“Z”轴向左移动挤出的面，如图3-97所示。

图3-97　挤出书桌中间面

镜像复制书桌和三个抽屉。点击工具架中的镜像命令，镜像复制出左边一半书桌；在弹出的镜像对话框中修改参数，将“切割几何体”改为禁用，将“轴位置”改为对象，将“轴”改为Z，将“合并阈值”改为0.1。修改好后，沿着“Z”轴将复制面移动到书桌左边。群组右边的三个抽屉，移动并按“Shift”键将群组抽屉复制到书桌的左边，如图3-98所示。

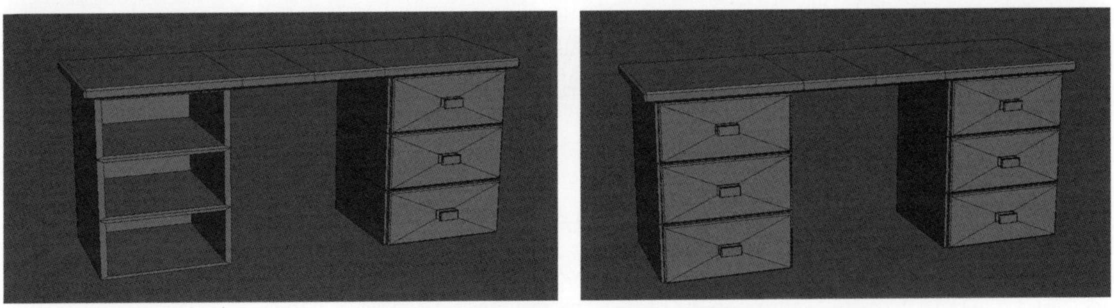

图3-98　镜像复制书桌和三个抽屉

制作书桌中间的抽屉。点击鼠标右键，选择“边”元素，选择书桌中间的一圈边并删除。点击鼠标右键，选择“面”元素，选择书桌下面的面，点击工具架中的复制命令，复制出中间抽屉的面。将面移动复制到桌子上方，执行“挤出”命令，沿着“Z”轴向上移动挤出的面。选择抽屉右边的面，执行“挤出”命令，调整出抽屉外框的厚度。选择抽屉中间的面，再次执行“挤出”命令，挤出抽屉内部的深度，如图3-99所示。

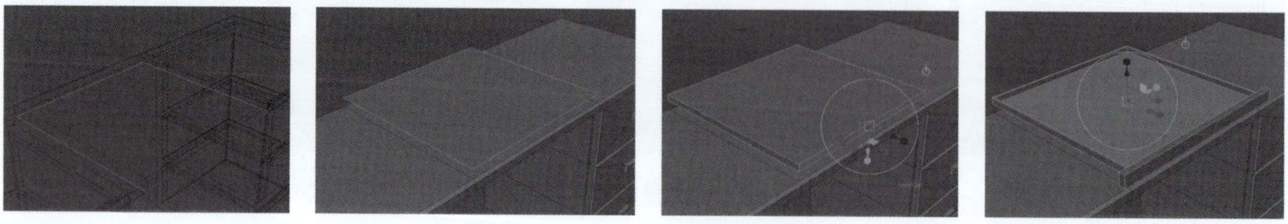

图3-99　制作书桌中间的抽屉

将书桌中间的抽屉移动到书桌下方，调整书桌整体比例，完成书桌的制作。移动书桌左右个别抽屉，制作出抽屉被抽出的效果，如图3-100所示。最后，选择桌子和抽屉，点击工具架中的删除历史按钮，删除书桌所有部件的历史记录。

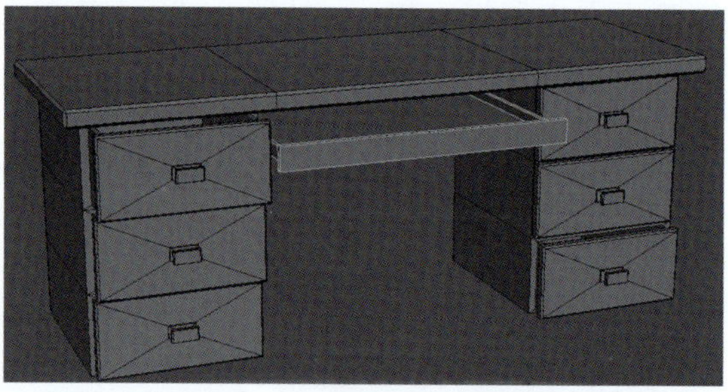

图3-100　调整抽屉抽出效果

2. 制作椅子

选择工具架中的多边形立方体，在视图中创建椅子多边形立方体的面，创建好后选择工具架中的倒角命令，倒角多边形，如图3-101所示。点击鼠标右键，选择“边”元素，选择椅子多边形前后所有边，执行菜单中的网格工具>连接命令，按住鼠标中键在视图中移动，将连接分段数调整为2，确认后点击回车键结束边的添加。再选择左右两边的所有边，执行“连接”命令，将分段数调整为2，按回车键结束椅子座位边的添加，如图3-102所示。

椅子
模型制作
讲解视频

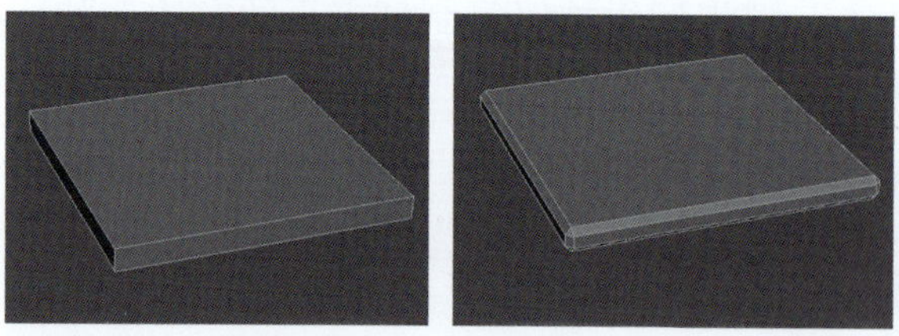

图3-101　倒角椅子的边

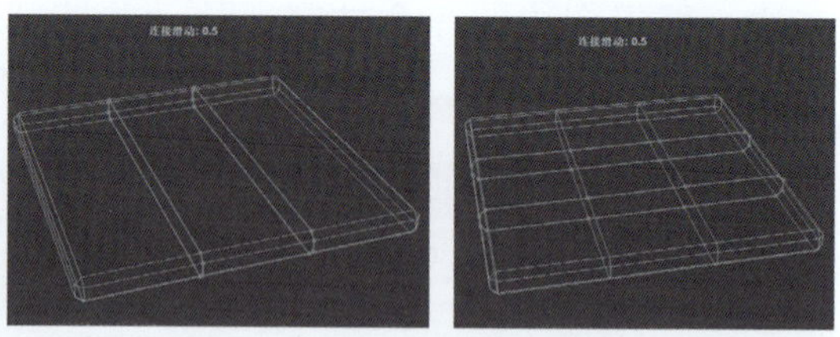

图3-102　插入前后左右四条边

挤出椅子腿。点击鼠标右键，选择“顶点”元素，配合缩放工具对称调整上下左右四条边的点，调整出椅子四条腿的面；点击鼠标右键，选择“面”元素，选择椅子腿的四个面，执行“挤出”命令，沿着“Z”轴向下移动，挤出椅子腿，如图3-103所示。

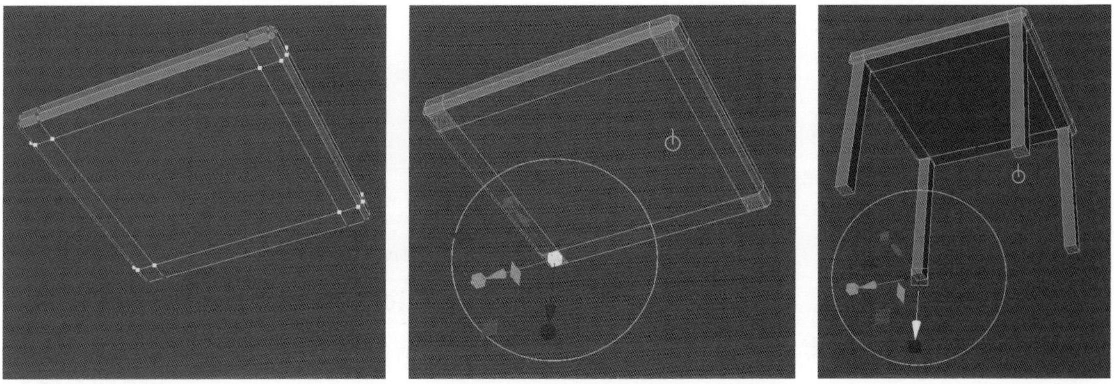

图3-103　挤出椅子腿

挤出椅子靠背。点击鼠标右键，选择“面”元素，选择椅子靠背上面的两个面，同时执行“挤出”命令。沿着“Z”轴向上移动椅子靠背的两个面，重复执行两次“挤出”命令，挤出椅子靠背的面。选择靠背上方侧面两边的面，执行“挤出”命令，使用操纵器的缩放工具，沿着“X”轴缩放挤出靠背的厚度。再次执行“挤出”命令，沿着“Z”轴向椅子靠背的中间移动，重复两次“挤压”命令并移动面，直至让两个面相交，删除中间的两个面，如图3-104所示。

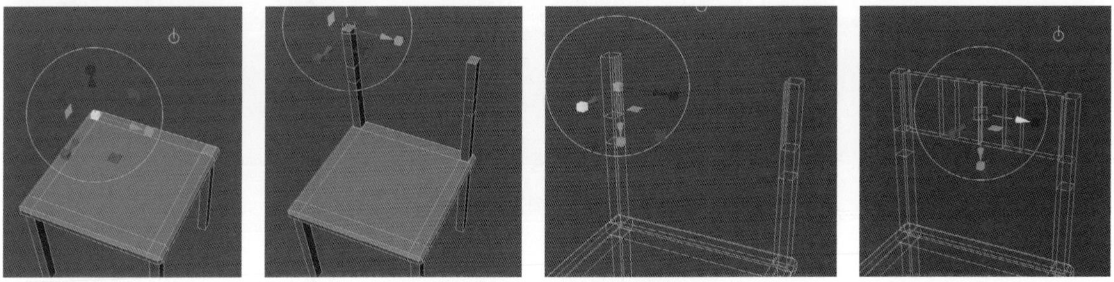

图3-104　制作椅子靠背面

调整椅子靠背的顶点。点击鼠标右键，选择“顶点”，在视图中选择椅子中间相交的四个顶点，执行行菜单中的编辑网格>合并命令，合并相邻的点。结合移动工具和旋转工具，调整出靠背的弧线效果，再调整椅子靠背侧面弧的形状，完成椅子的制作，如图3-105所示。选择椅子，点击工具架中的删除历史按钮，删除椅子的历史记录。

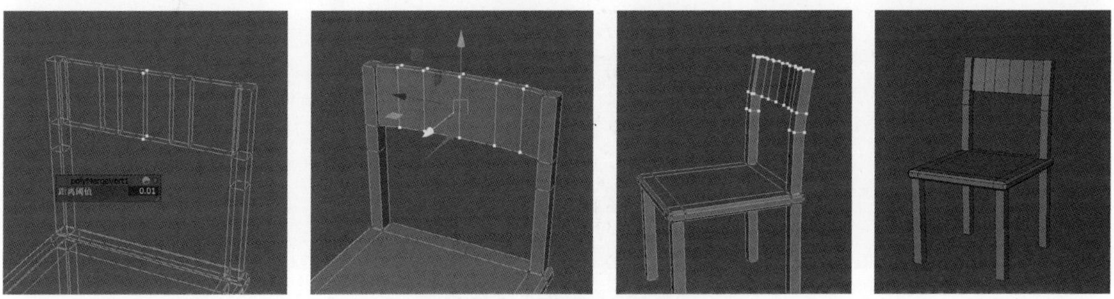

图3-105　调整椅子靠背形状

四、制作画框、小方桌与花瓶模型

为场景墙壁添加装饰，使用多边形创建方法制作画框、小方桌与花瓶模型，如图3-106所示。

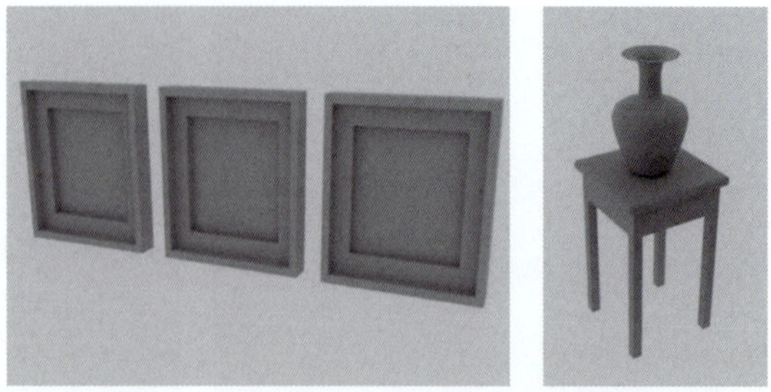

图3-106　画框、小方桌与花瓶模型

1. 制作画框

在工具架中选择多边形面，创建画框基本面。点击鼠标右键，选择“面”元素，执行“挤出”命令，挤出窗框厚度；再次执行“挤出”命令，挤出画框的宽度；重复挤出四次，配合操纵器的缩放工具和移动工具，调整出画框效果，如图3-107所示。点击画框，执行工具架中的删除历史命令，删除画框的历史记录。

画框模型制作讲解视频

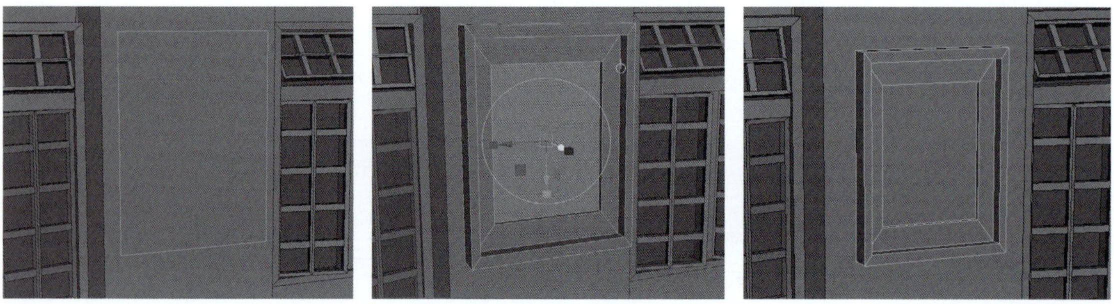

图3-107　制作画框

2. 制作小方桌

选择工具架中的多边形立方体，创建小方桌桌面。执行工具架中的倒角命令，倒角多边形。点击鼠标右键，选择“面”元素，选择方桌下方的面，执行“挤出”命令，利用挤出操作器向内缩放面，如图3-108所示。

小方桌模型制作讲解视频

图3-108　制作小方桌桌面

点击鼠标右键，选择“边”元素，选择多边形下面前后的边，执行菜单中的网格工具>连接命令，将连接分段数设为2，确认后点击回车键结束边的添加。选择多边形下面左右四条边，再次执行“连接”命令，将连接分段数设为2，按回车键结束边的添加。点击鼠标右键，选择“顶点”元素，调整点的位置。调整好顶点后，点击鼠标右键，选择“面”元素，选择一周的面，执行“挤出”命令，沿着“Z”轴向下移动面。再次选择桌子腿的四个面，执行“挤出”命令，沿着“Z”轴向下移动凳腿的长度，如图3-109所示。选择小方桌，点击工具架中的删除历史按钮，删除小方桌的历史记录。

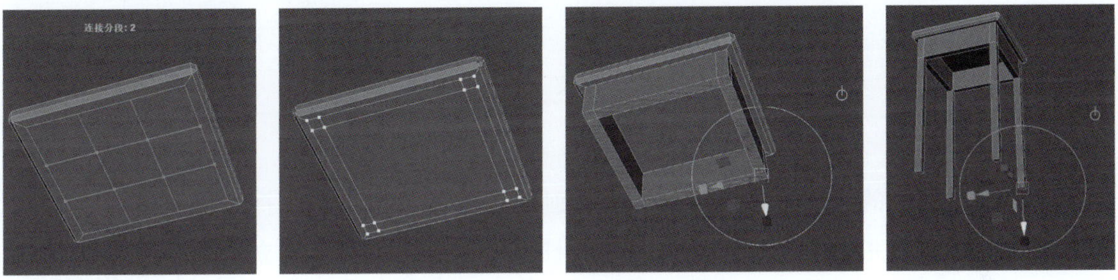

图3-109　添加连接线、挤出面

3. 制作花瓶

在前视图或边视图中绘制花瓶侧面曲线，注意曲线下面的两个点要吸附到视图中间的栅格上。点击菜单中的曲面>旋转，在弹出的对话框中将“输出几何体”设为多边形，将“类型”设为四边形。制作好花瓶后，将花瓶摆放到小方桌上，如图3-110所示。

▶ 花瓶模型制作讲解视频 ◀

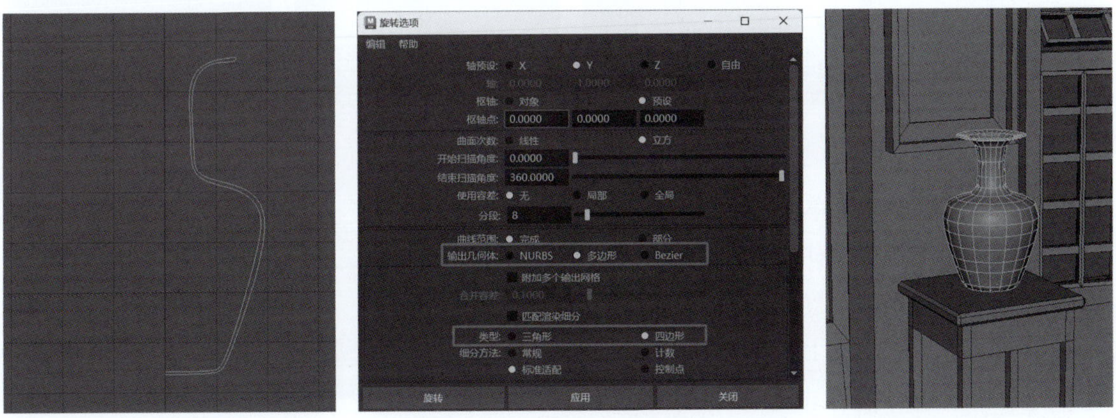

图3-110　旋转多边形花瓶

五、制作画架、垃圾桶模型

在场景中创建画架和垃圾桶模型，如图3-111所示。

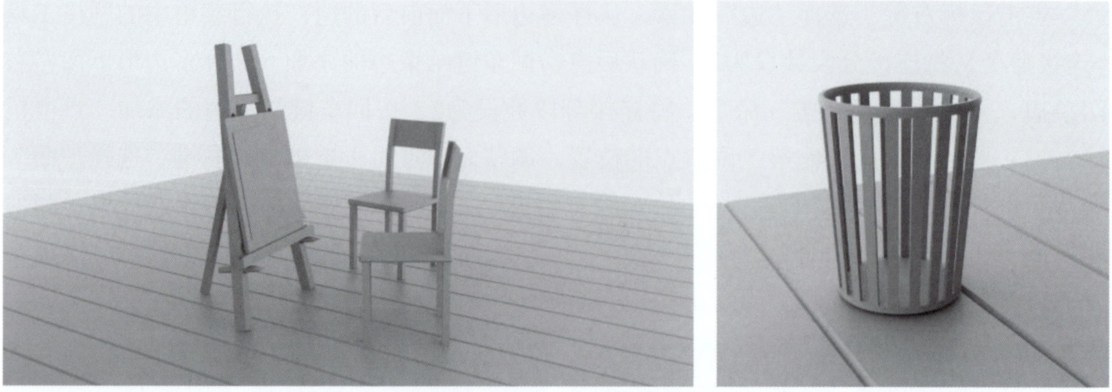

图3-111　画架、垃圾桶模型

1. 制作画架

选择工具架中的多边形立方体，创建画架左边的支架。再选择工具架中的多边形圆柱体，创建一个小圆柱体，使其与画架支架立方体相交。创建好后，在视图中选择两个物体，执行修改菜单中的对齐工具，点击视图中横向的“中间对齐”蓝色图标，此时圆柱体的左右中心与长方体的左右中心对齐，如图3-112所示。

画架
模型制作
讲解视频

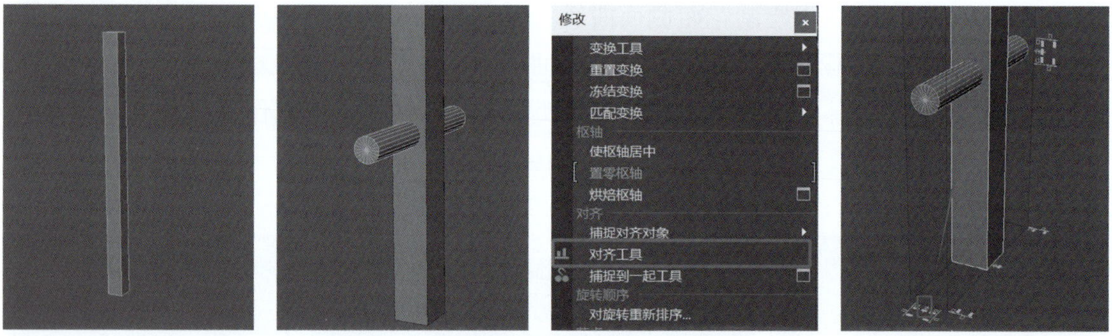

图3-112　创建长方体和圆柱体并对齐

复制圆柱。点击菜单中的编辑>特殊复制，在弹出的对话框中将平移的Y轴参数改为0.42，将副本数改为7；完成向上的阵列复制，如图3-113所示。

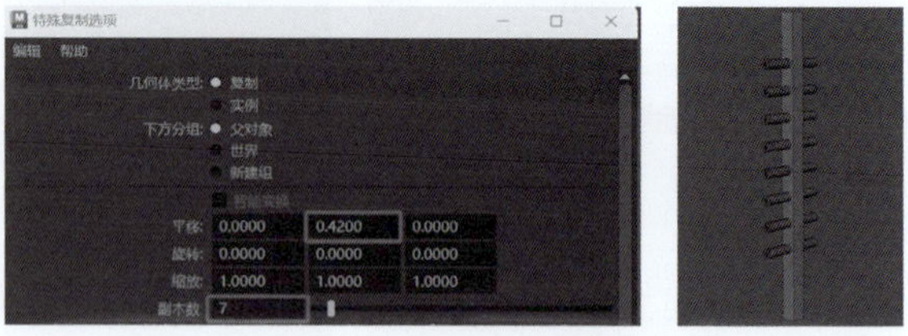

图3-113　阵列复制圆柱

使用布尔运算制作出画架中间的圆洞。执行布尔运算时要注意选择顺序，操作方法：先选择长方体，再按“Shift”键加选圆柱体；点击菜单中的网格>布尔>差集（A–B），在弹出的对话框中修改参数。取消勾选“标记相交组件”，将“针对新输入的运算”改为差集（A–B），将“输入对象显示”改为隐藏，修改好点击应用按钮，即可在立方体上修剪出一个圆洞。选择立方体，再加选圆柱体，按“G”键，可重复刚才的布尔运算操作。使用同样的方法完成画架上其他圆洞的制作，效果如图3-114所示。

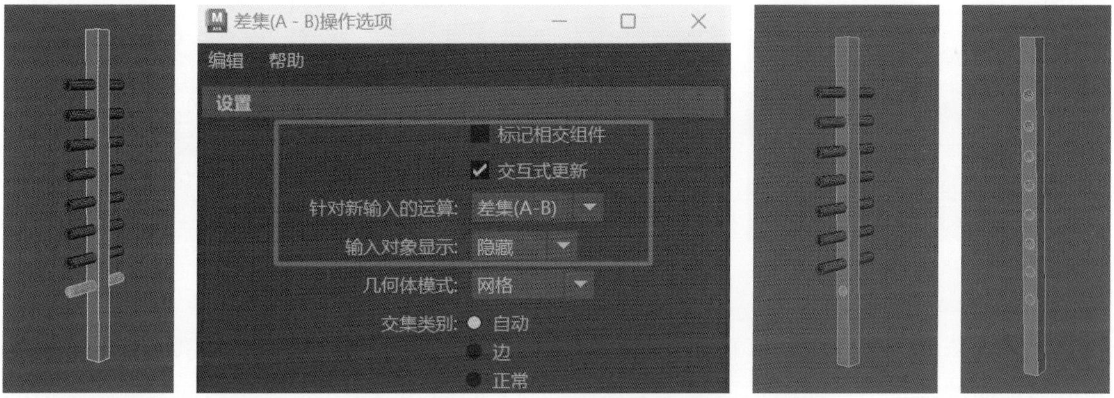

图3-114　布尔差集运算

选择支架多边形，使用旋转工具在边视图、前视图中调整画架的方向，如图3-115所示。

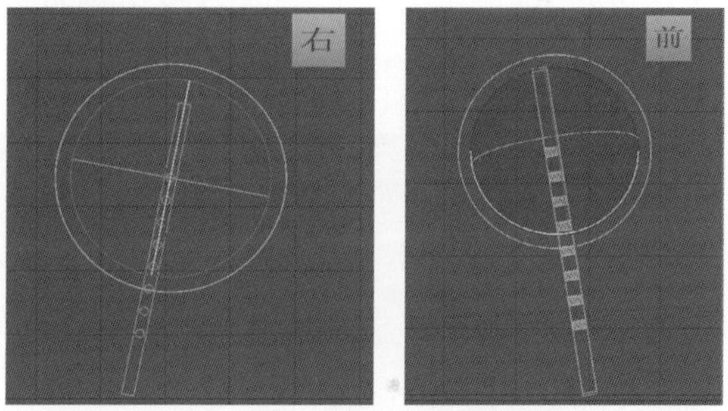

图3-115　旋转调整支架

选择支架多边形，点击菜单中的修改>冻结变换，在多边形的通道盒中将所有变换恢复原始参数，如图3-116所示。按快捷键“Ctrl+D”复制出另外一根支架，在复制的支架的通道盒中将缩放Z修改为–1，将复制的支架移动到右边，如图3-117所示。

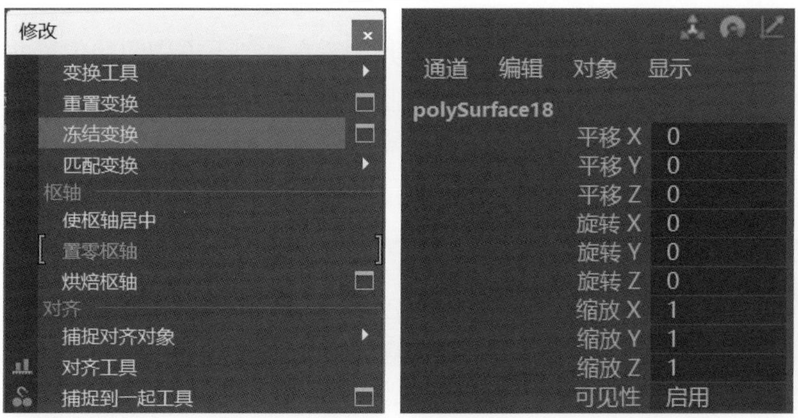

图3-116　冻结变换

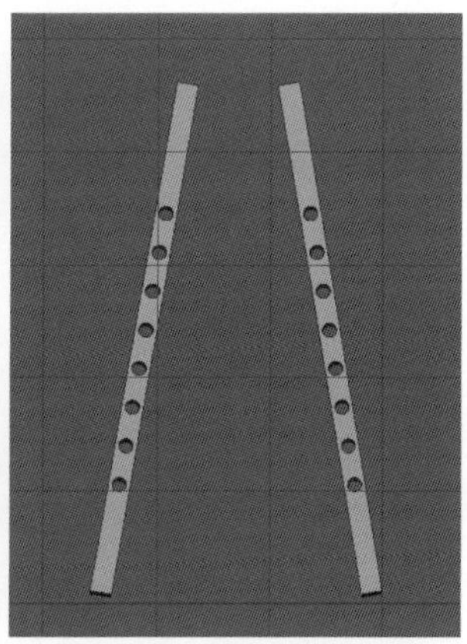

图3-117　复制支架

创建一个圆柱多边形，将其放置在画架支架的圆洞里面。点击鼠标右键，选择圆柱的“顶点”元素，选择圆柱中间的顶点，沿着“Z”轴移动，制作出铅笔的形状。完成后复制该圆柱并将其移动到右边支架的圆洞里，如图3-118所示。

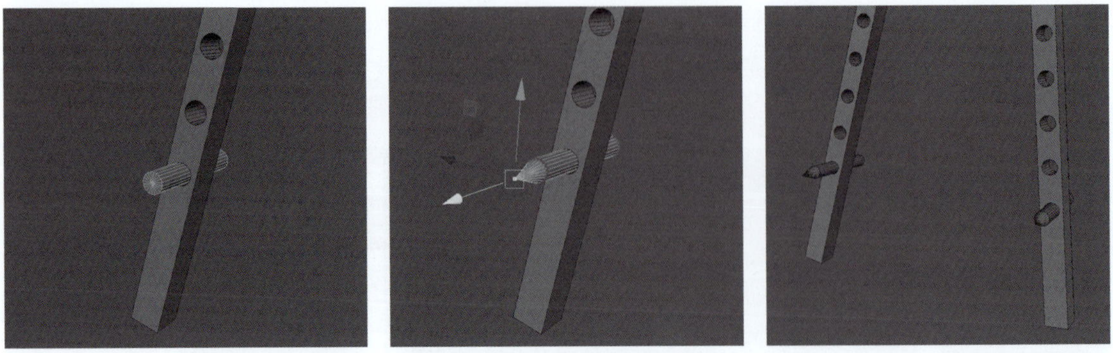

图3-118　调整圆柱的顶点

制作画架的凹槽，用来放置画板。在视图中创建多边形长方体，点击鼠标右键，选择长方体顶面的两条边，使用“连接”工具在它们之间插入两条边，调整新插入的两条边的位置。点击鼠标右键，选择“面”元素，选择顶面中的左右两个面，执行“挤出”命令，沿着“Z”轴向上移动，并结合挤出操纵器的缩放工具，沿着“Y”轴向内缩放，调整出凹槽边的斜角，如图3-119所示。

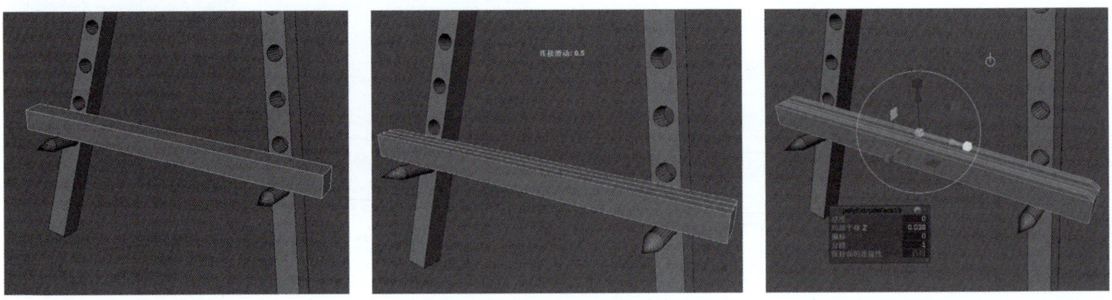

图3-119　制作画架的凹槽

制作画架上方和后方的支架。创建多边形立方体，将其放置在画架上方中间的位置并沿着画架的角度旋转。调整好后再按快捷键“Ctrl+D”复制出另外一根支架，镜像调整旋转的角度。再创建一个长的多边形立方体作为画架后方支架，结合旋转工具调整好角度，如图3-120所示。

图3-120　创建画架上方与后方的支架

制作画板和画纸。创建多边形立方体，制作出画板的形状，结合移动工具和旋转工具将画板放到画架凹槽里。创建多边形平面，绘制出画纸，修改多边形平面通道盒中的参数“细分宽度”和“高度系分数”，增加面的段数。使用对齐工具将画纸与画板对齐，再使用旋转工具调整画纸的角度，让画纸和画板相匹配，如图3-121所示。

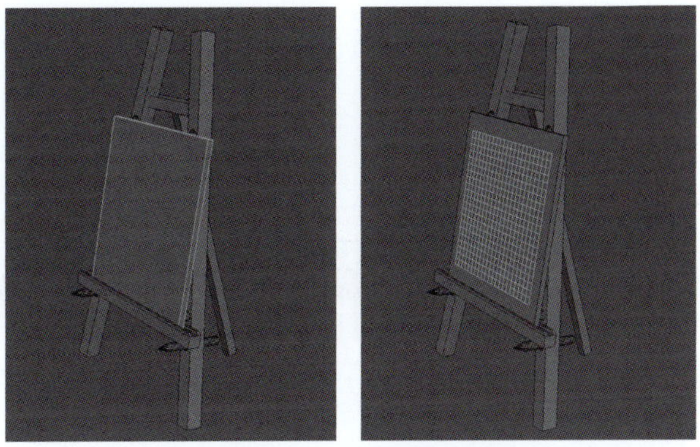

图3-121 创建画板与画纸

制作画纸翘起来的效果。点击鼠标右键，选择多边形平面的“顶点”元素，选择画纸多边形平面左下角的一个顶点，在工具箱中双击移动工具，可快速打开移动工具的属性设置对话框。在软选择卷展栏中勾选“软选择”选项（此选项的快捷键是“B”键）；设置衰减半径（衰减半径越大，影响范围就越大），调整点的影响范围；沿着“X”轴微移，制作出纸张翘起来的效果。调整好后在移动工具设置对话框中取消勾选“软选择”，或按“B”键退出软选择编辑。如图3-122所示。

选择画架、画板和画纸多边形，执行“Ctrl+G”群组命令，群组物体，如图3-123所示。再点击工具架中的删除历史按钮，删除物体的历史记录。

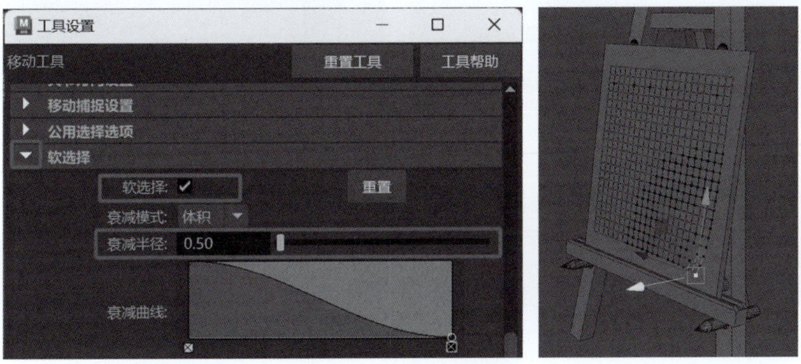

图3-122 软选择调整

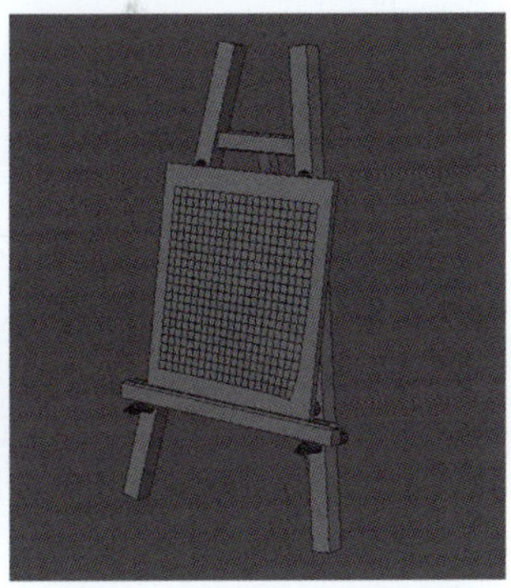

图3-123 群组画架画纸

2. 制作垃圾桶

制作垃圾桶底部。选择工具架中的多边形圆柱体，在视图中创建一个圆柱体。修改圆柱体通道盒中的参数，将轴向细分数改为60，将端面细分数改为2，如图3-124所示。

垃圾桶
模型制作
讲解视频

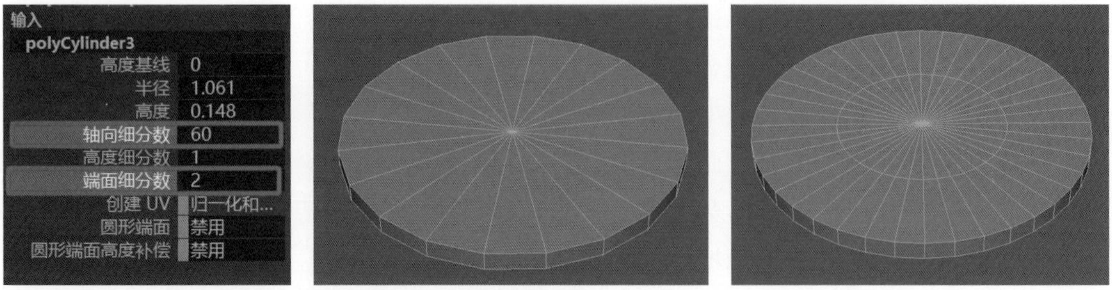

图3-124　创建垃圾桶底部圆柱体

调整圆柱的边。点击鼠标右键，选择“边”元素，选择圆柱体顶部与底部圆形上的各一条边，执行菜单中的选择>连续边命令，此时两个圆形的一周边被选择；使用缩放工具调整这两条边的位置，沿着中间的缩放按钮向外调整边的位置，如图3-125所示。

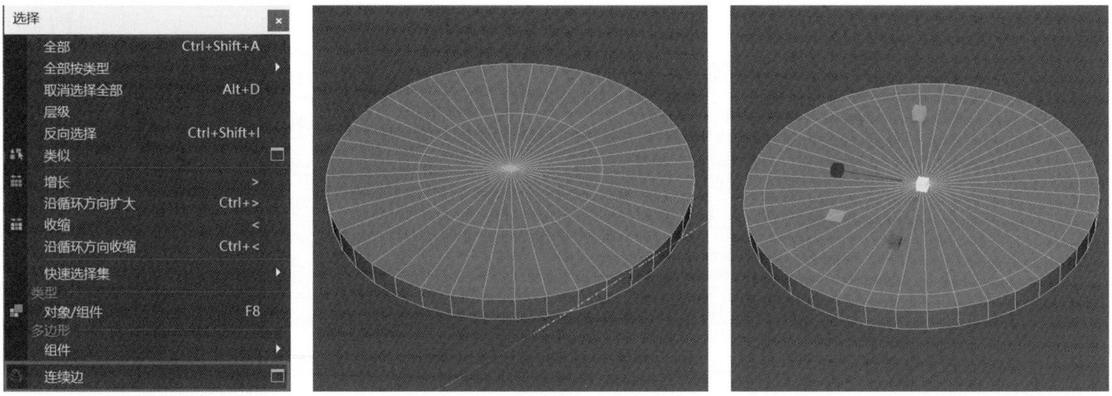

图3-125　选择连续边并调整位置

选择圆柱体，使用移动工具和“Shift”键，沿着“Y”轴向上移动并复制垃圾桶底部的圆柱体，用来制作垃圾桶上方的部分，如图3-126所示。

制作垃圾桶下半部分。点击鼠标右键，选择下面圆柱体的“面”元素，配合“Shift”键间隔选择圆柱体外圈的面，选择好后执行“挤出”命令，沿着“Z”轴向上移动，如图3-127所示。

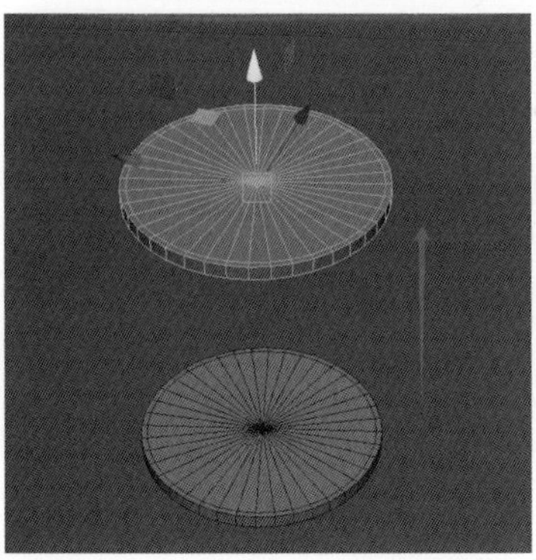

图3-126　移动并复制底部圆柱体

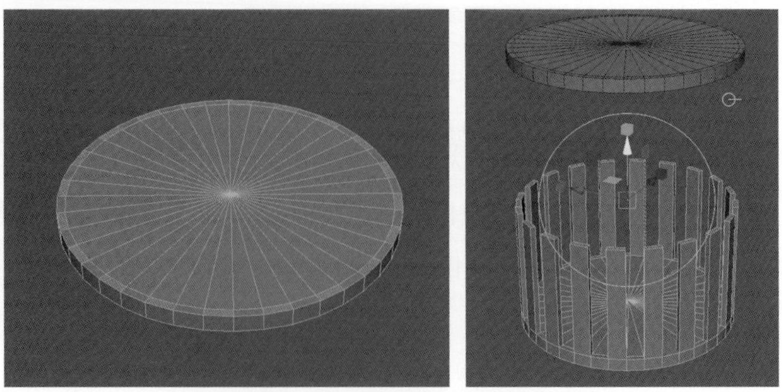

图3-127　挤出垃圾桶下半部分的面

制作垃圾桶上半部分的圆环。点击鼠标右键，选择“面”元素，按“Delete”键删除上方圆柱体上多余的面，只保留顶部一周面。点击鼠标右键，选择“对象模式”，退出面的选择模式，如图3-128所示。

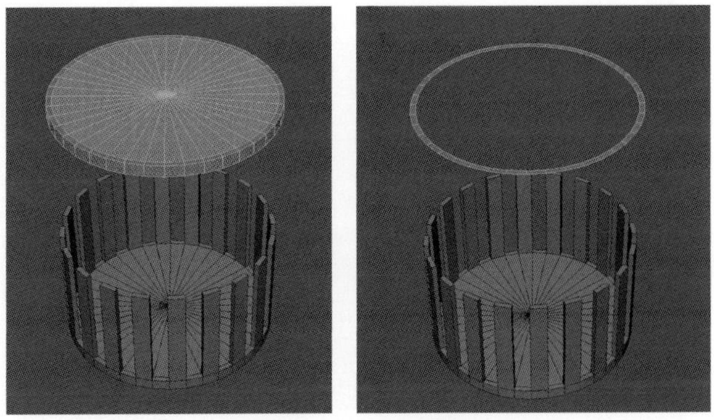

图3-128　删除多余的面

选择圆环面，执行“挤出”命令，共挤出三次：第一次使用挤出操纵器的移动工具沿“Y”轴向上移动，再结合操纵器的缩放工具，放大挤出的面（注意操纵器轴向手柄要基于挤出面自身的中心放大）；调整好后执行第二次“挤出”命令，使用操纵器的移动工具沿着“Y”轴向上移动一定距离；执行第三次“挤出”命令，使用操纵器的移动工具和缩放工具调整挤出的面，如图3-129所示。

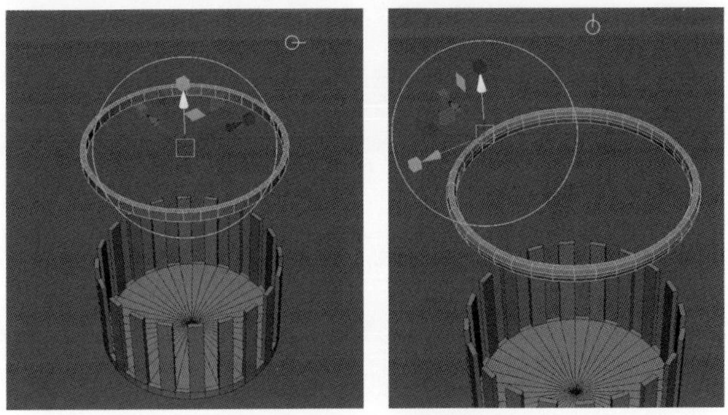

图3-129　挤出圆环效果

挤出垃圾筐上半部分的面。选择垃圾桶圆环下面一圈的面，选择的面要和下半部分垃圾桶挤出的镂空面对应，配合“Shift”键间隔选择面，选择好后执行“挤出”命令，沿着“Z”轴向下移动，如图3-130所示。点击鼠标右键，选择“对象模式”，退出面元素编辑模式。

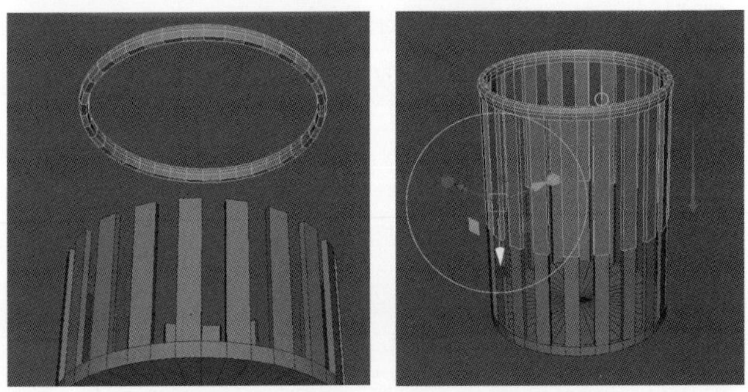

图3-130　挤出垃圾桶上半部分的面

合并垃圾桶面。在视图中选择垃圾桶上下两个面，执行菜单中的网格>结合命令，合并两个面。点击鼠标右键，选择“面”元素，选择垃圾桶上下两个面中间相邻的面，按“Delete”键删除面。点击鼠标右键，选择“顶点”元素，选择垃圾桶上下两个面中间相邻面上的点，执行菜单中的编辑网格>合并命令，合并相邻面上的点。点击鼠标右键，选择“边”元素，选择垃圾桶上下两个面中间的边并删除。再点击鼠标右键，选择“顶点”元素，删除垃圾桶上下两个面中间多余的点。使用缩放工具缩小垃圾桶下面的面，完成垃圾桶的制作，如图3-131所示。点击工具架中的删除历史按钮，删除垃圾桶的历史记录。

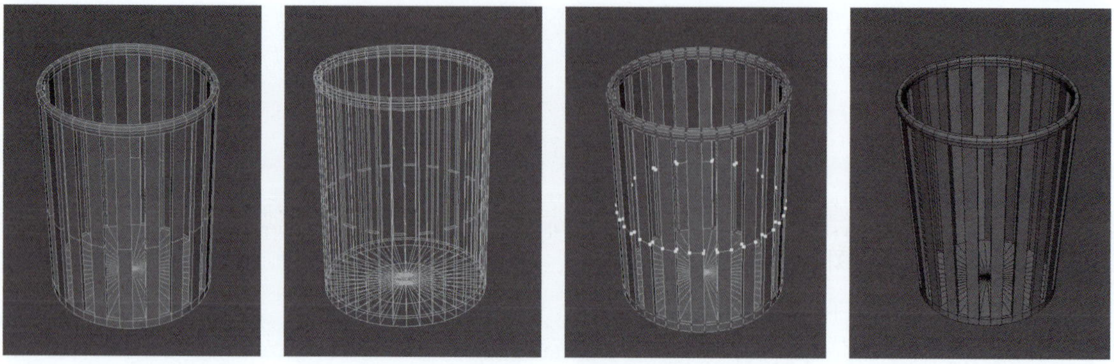

图3-131　合并并调整垃圾桶的形状

六、制作学习桌模型

在场景中创建一个学习桌模型，如图3-132所示。

图3-132　学习桌模型

学习桌模型制作讲解视频

选择工具架中的多边形立方体，在视图中绘制桌子的面。选择工具架中的倒角命令，倒角桌面，如图3-133所示。

选择桌面，点击鼠标右键，选择“面”元素，选择学习桌下方的面，执行“挤出”命令，向内缩放面；重复执行“挤出”命令，挤出桌子下面支架的宽度。选择一周面，再次执行“挤出”命令，向下移动，制作出桌子支架的厚度，如图3-134所示。

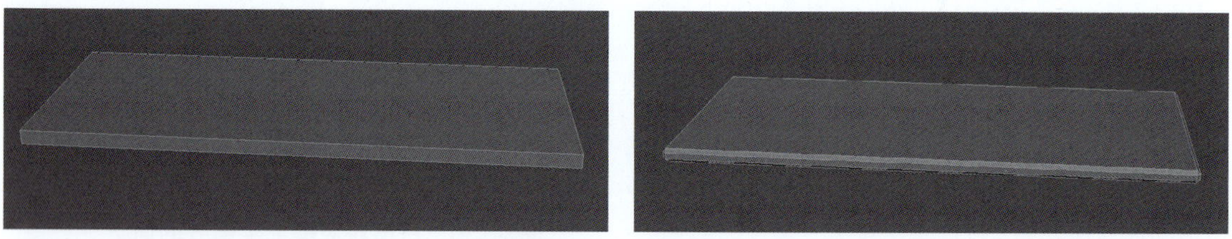

图3-133　倒角桌面

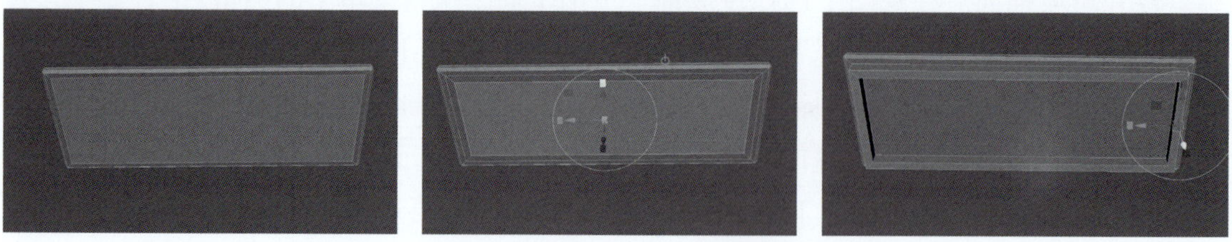

图3-134　挤压出桌子支架的厚度

制作左右桌腿的面。选择桌面，点击鼠标右键，选择“边”元素，选择多边形下面左右的两条边，执行菜单中的网格工具>连接命令，将连接分段数设为2，确认后点击回车键结束边的添加。点击鼠标右键，选择“顶点”元素，使用缩放工具对称调整顶点的位置，如图3-135所示。

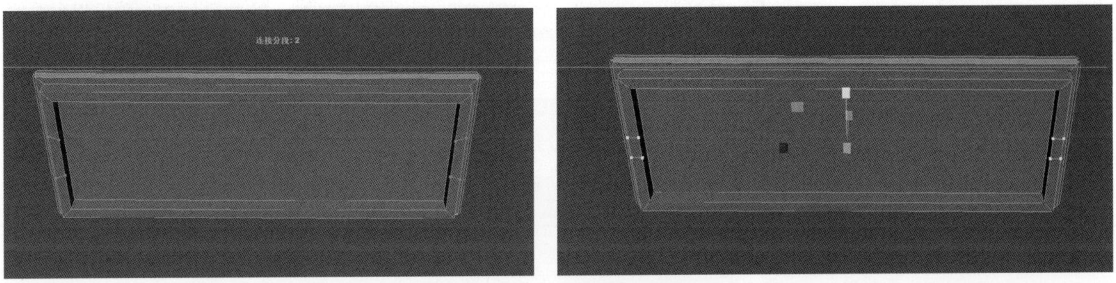

图3-135　制作左右桌腿的面

挤出桌腿。点击鼠标右键，选择“面”元素，选择左右两个桌腿的面，执行“挤出”命令，沿着“Z”轴向下移动，挤出桌腿的长度。再执行四次“挤出”命令制作桌脚，结合操纵器的移动工具和缩放工具调整桌脚的形状，如图3-136所示。

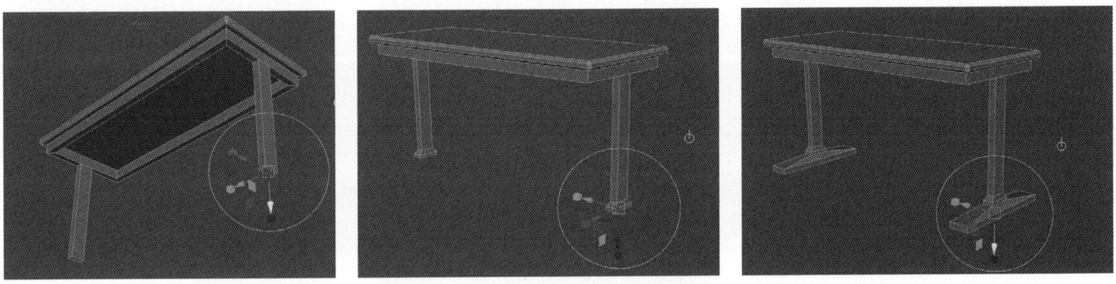

图3-136　挤出桌腿和桌脚的面

倒角桌脚。选择左右桌脚的四条边，执行工具架中的倒角命令，倒角出桌脚的弧线效果，完成学习桌的制作，如图3-137所示。点击工具架中的删除历史命令，删除学习桌的历史记录。

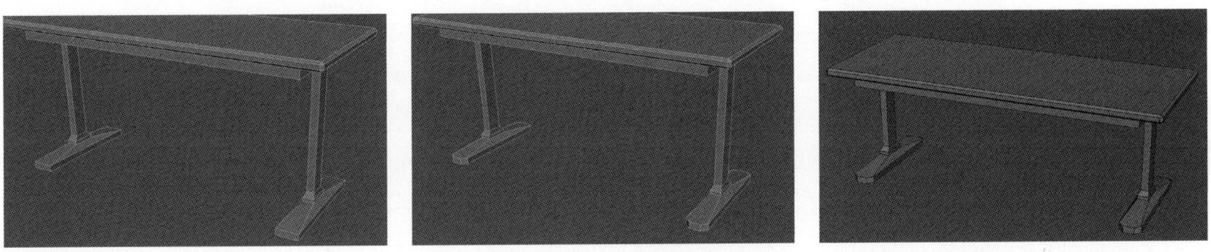

图3-137　倒角桌角

七、整理室内场景

整理室内场景模型讲解视频

显示书柜层。在场景中打开层显示，在视图的右侧打开层通道盒>层编辑面板，点击“V”，将书柜显示出来，调整书柜的位置，将其放到场景中，如图3-138所示。

图3-138 显示书柜图层

将制作好的家具摆放到场景中合适的位置，通过移动、旋转、缩放工具进行整体调整，让场景更加自然，如图3-139所示。

图3-139 场景最终效果

课后实践

设计制作三维动画室外或室内场景。使用多边形建模方法制作场景，要求场景内容丰富，模型造型严谨、比例正确，注重模型细节制作。

第4章 Maya灯光

学习目标 ① 掌握Maya灯光类型。

② 熟练掌握灯光的属性，具备创建动画场景中的灯光并对其进行设置与编辑的能力。

③ 针对三维场景灯光，具备敏锐的观察能力与审美能力，掌握事物发展规律，尊重现代化先进技术，能够将技术与艺术相结合。

学习重点 ① 重点学习灯光的属性以及灯光的创建与编辑方法。

② 能够在不同环境下采用不同的灯光制作出模拟现实世界的光影效果。

在Maya三维世界里，三维灯光的创建可以模拟现实生活中的不同光感，如自然光、灯光等，能够制作出不同的光线以及光效。在Maya三维制作中不能忽视灯光的创建以及影子的调整，灯光是三维动画制作的重要组成部分。学会控制三维灯光、设置灯光属性，从而模拟多种真实世界的光效，是制作优秀三维作品的重点之一。

第一节 灯光的创建

在Maya场景中系统会自动默认创建一盏灯光。除了系统默认灯光外，Maya根据光源的发光方式，提供了不同灯光类型。通过灯光的创建与编辑，可以模拟现实生活中的各种光源。当创建指定灯光后，Maya系统默认灯光会自动关闭。

一、灯光创建基础

Maya常用的灯光创建方式是先点击工具架中的渲染标签，再点击相应的灯光按钮，如图4-1所示。

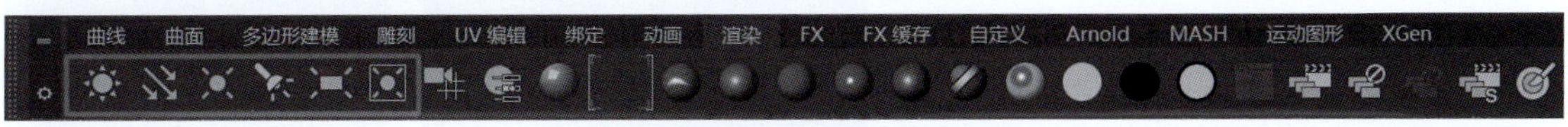

图4-1 通过工具架创建灯光

也可以通过菜单创建灯光，点击菜单中的创建>灯光，选择对应的灯光即可，如图4-2所示。

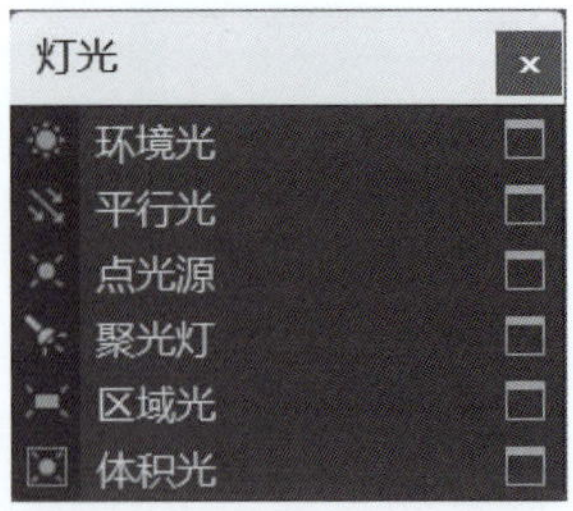

图4-2　通过菜单创建灯光

二、灯光类型

Maya系统共提供了6种灯光。

1. 环境光

环境光可以让整个场景环境都变亮，它向四周发散，有点雾状感，容易让场景缺乏层次感。环境光还有一个重要特点，就是可以减弱材质表面的凹凸效果，使画面变得灰、平，如图4-3所示。

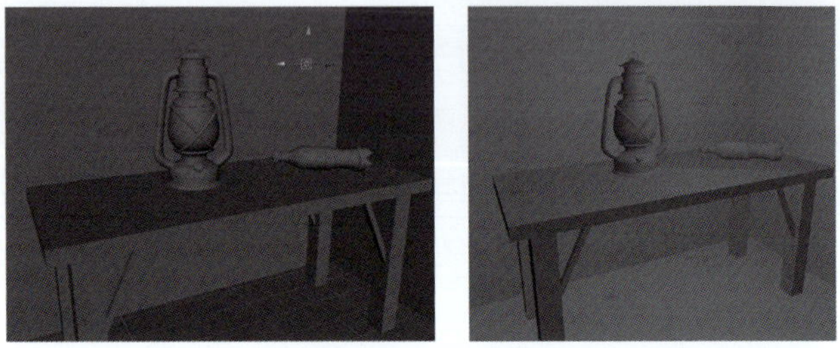

图4-3　环境光

2. 平行光

平行光仅在一个方向上发射光线，其发射的光线都是平行的。使用平行光可以模拟远距离的光源，比如太阳。注：改变平行光的位置或者缩放灯光图标的大小不会改变平行光的照明效果，除非改变它的照射角度，如图4-4所示。

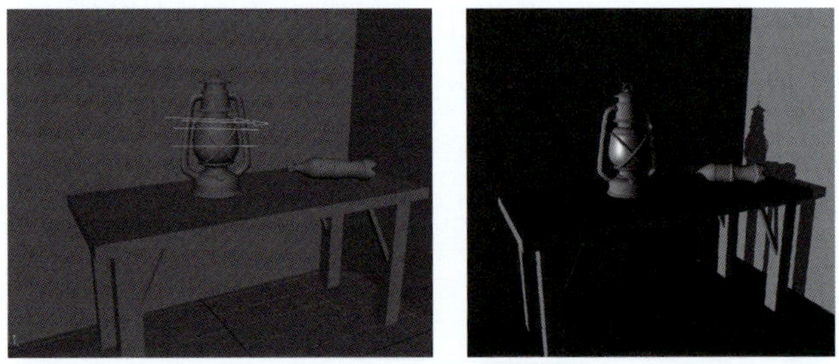

图4-4　平行光

3. 点光源

点光源没有具体方向，它以自身为中心向四周均匀发散，类似于灯泡的效果。点光源常用于模拟室内照明效果，还经常在场景中作为辅助光源来使用，如图4-5所示。

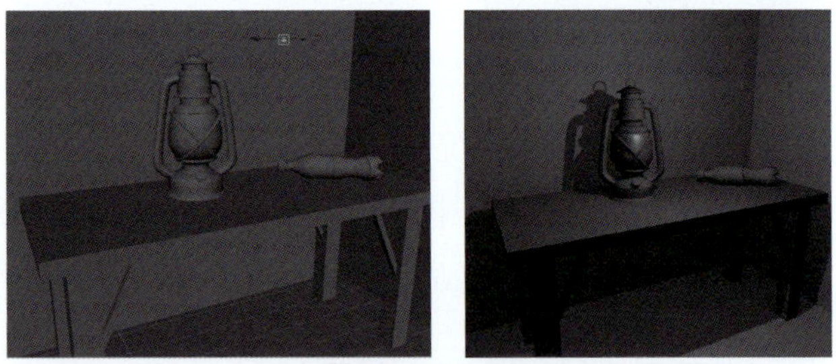

图4-5　点光源

4. 聚光灯

聚光灯的特点是从光源所在位置向目标点投射出一束光线，照明的范围逐渐由窄变宽。聚光灯可以控制方向，它的形状像一个圆锥形，可以模拟台灯效果，如图4-6所示。

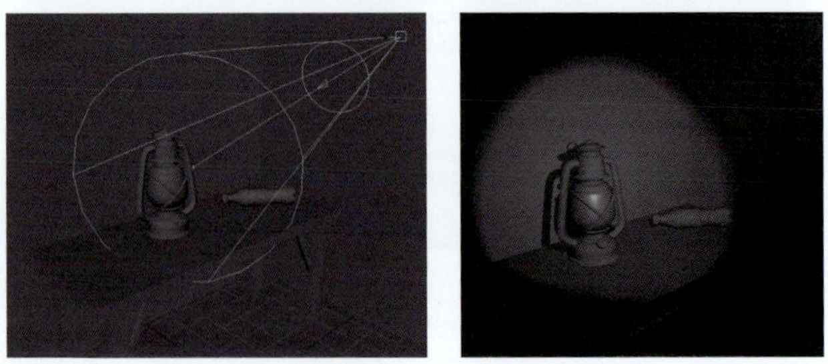

图4-6　聚光灯

5. 区域光

区域光是以一个面作为光源的灯光，具有较柔和的光影效果，但同时也会让软件的运行速度变慢，因此在实际使用时要控制其数量。区域光图标的大小会影响到灯光的强度以及强度范围，可以使用缩放命令来改变区域光图标的大小，如图4-7所示。

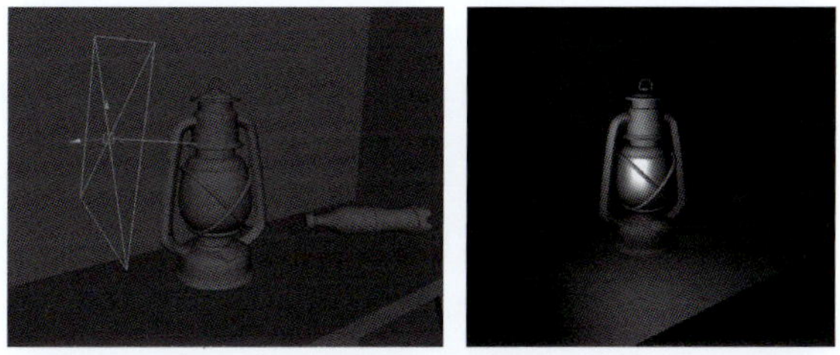

图4-7　区域光

6. 体积光

体积光是根据一定的体积范围进行照明的灯光，可在操作视图中看见其衰减范围并从中调整其衰减区域，如图4-8所示。

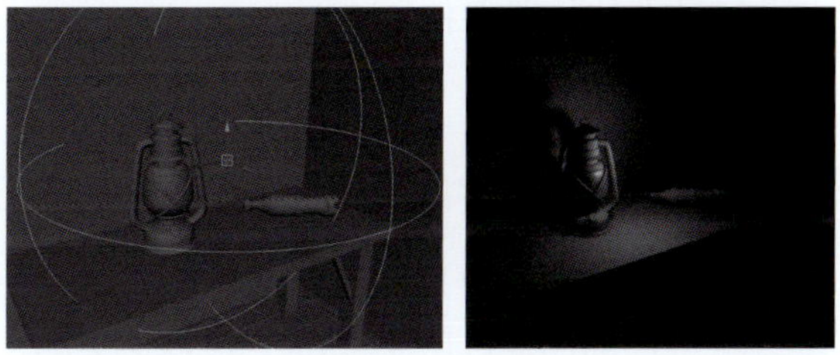

图4-8　体积光

第二节　灯光的设置

在视图中选择灯光，按“Ctrl+A”键，可以打开该灯光的属性设置对话框。也可以在Hypershade（超级滤光器）对话框中双击灯光的节点，打开灯光的属性设置对话框，如图4-9所示。

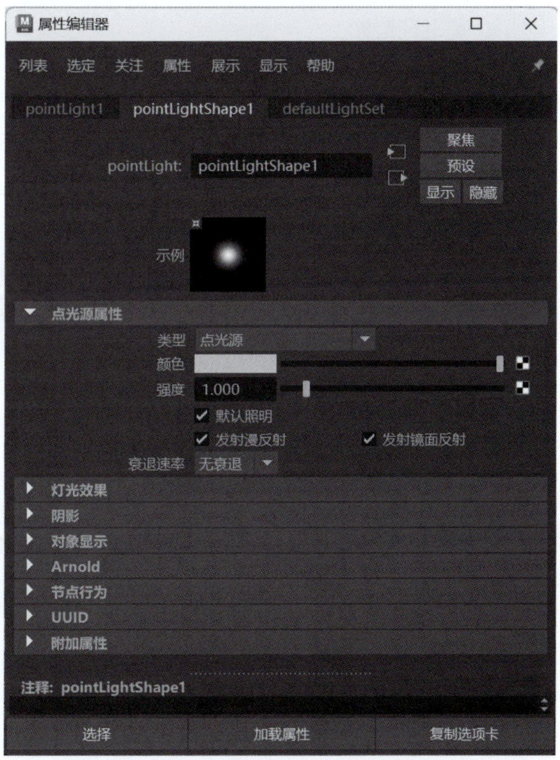

图4-9　点光源属性设置对话框

一、灯光通用属性

Maya提供了多种光源，可以营造出各种照明效果。通过编辑灯光属性可以控制灯光的强度、颜色和阴影等，灯光将成为营造场景氛围的关键因素。

1. 类型

在类型中可以对灯光进行替换，该选项中包括Maya提供的6种灯光类型和Arnold灯光，如图4-10所示。当灯光类型被替换后，在该属性设置对话框中，前一个灯光与替换灯光的公共属性是不会被改变的，其他不相同的属性将会丢失，灯光在场景中的位置保持不变。

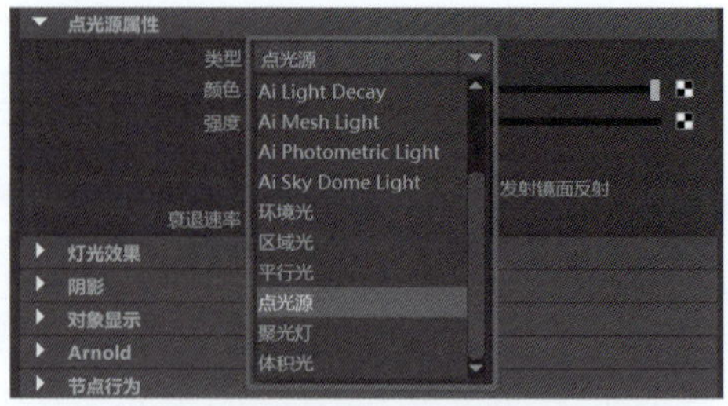

图4-10　类型

2. 颜色

灯光的颜色是可以进行选择与编辑的。点击色块，会弹出颜色对话框，可从中对颜色进行选择与编辑，如图4-11所示。除了修改颜色外，点击颜色后面的图标，会弹出纹理贴图对话框，可以为灯光添加纹理贴图。

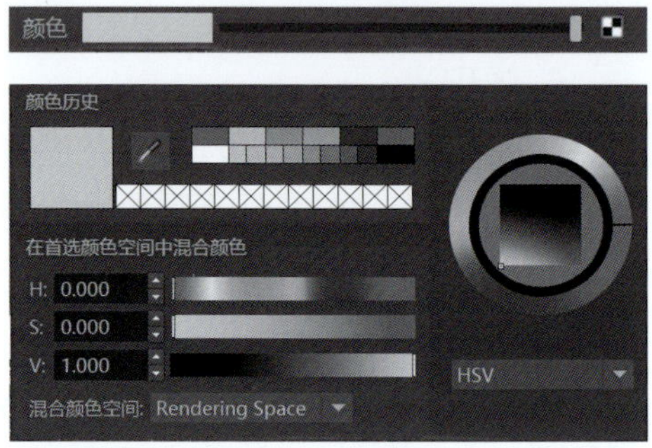

图4-11　颜色

3. 强度

可通过强度参数的增减控制灯光的强弱度，如图4-12所示。

图4-12　强度

4. 衰退速率

衰退速率用于设置灯光照射物体的范围。物体离灯光越近就越亮，离灯光越远则越暗。这种控制灯光从亮到暗并随着距离渐远而减弱的速率，被称为灯光的衰退。灯光的四种衰退方式为无衰退、线性、二次方、立方，默认为无衰退，如图4-13所示。不同类型的灯光具有自己独有的属性。

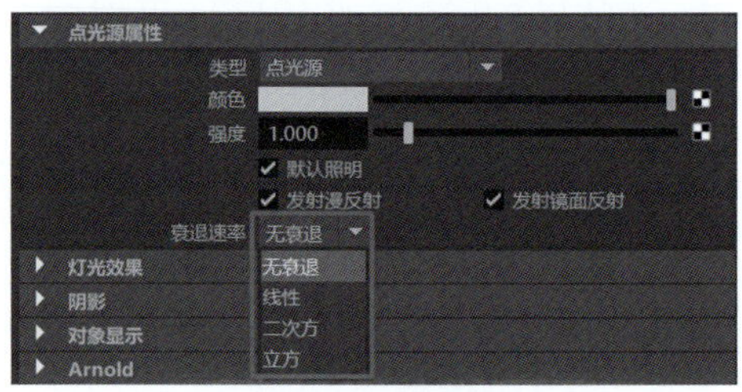

图4-13　衰退速率

二、灯光效果

除了可以控制灯光的基本属性外，Maya还提供了一些灯光特殊效果可供设置，比如灯光雾、灯光辉光等。不同的灯光包括不同的灯光特效。灯光效果参数设置与灯光属性设置位于同一个对话框，如点光源灯光效果属性设置，如图4-14所示。灯光雾可配合点光源、聚光灯和体积光使用。灯光雾用于在灯光的照明范围内添加云雾的效果，可以通过调整参数改变雾的大小与形状。

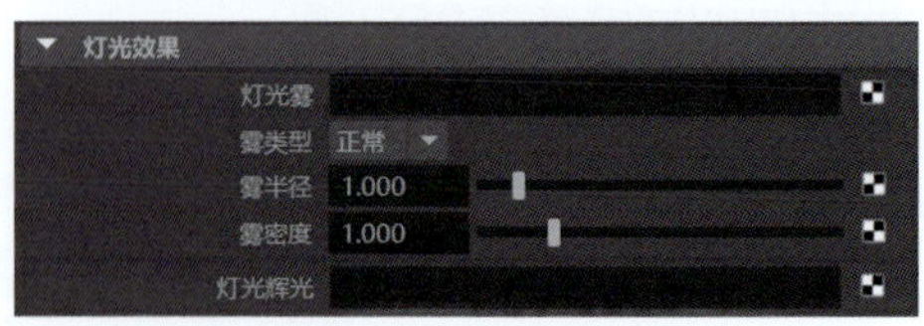

图4-14　灯光效果

三、灯光阴影

Maya的灯光阴影是默认关闭的。通过调节阴影的属性可以设置更清晰、真实的阴影。

图4-15　阴影颜色

1. 阴影颜色

阴影颜色默认为黑色，用户可以根据场景的需求更改灯光颜色，也可点击后面的贴图图标添加阴影贴图，如图4-15所示。阴影的颜色最好与灯光的颜色有冷暖对比。

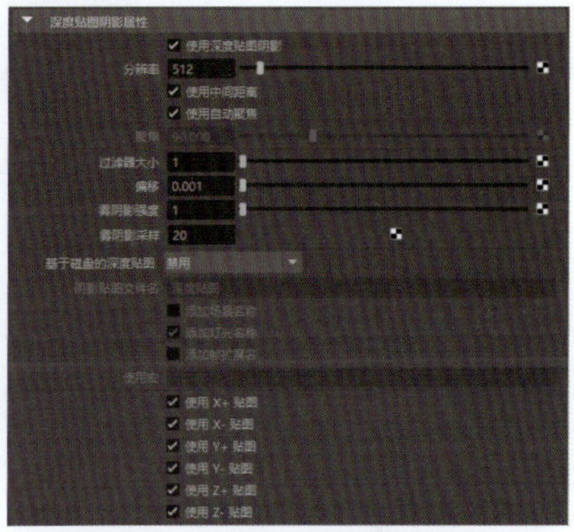
图4-16　深度贴图阴影属性

2. 深度贴图阴影

“深度贴图阴影”这种阴影生成方式的特点是渲染速度快，生成的阴影相对比较软，边缘柔和，但是不如光线追踪阴影真实。深度贴图阴影属性对话框如图4-16所示。

勾选“使用深度阴影贴图”就能打开灯光投影，如图4-17所示。不勾选此选项，灯光照射出的物体将没有投影，并且该对话框中的其他参数也不能进行编辑。

图4-17　深度贴图阴影效果

3. 光线跟踪阴影

光线跟踪阴影能够真实表现出反射和折射效果。深度贴图阴影和光线追踪阴影不能同时使用，当勾选其中一个时另一个将会失效。使用光线跟踪阴影时要勾选对话框中的“使用光线跟踪阴影”选项，如图4-18所示。

勾选“光线跟踪阴影”选项的同时，需要勾选“渲染设置”对话框中的“光线跟踪”选项，如图4-19所示。

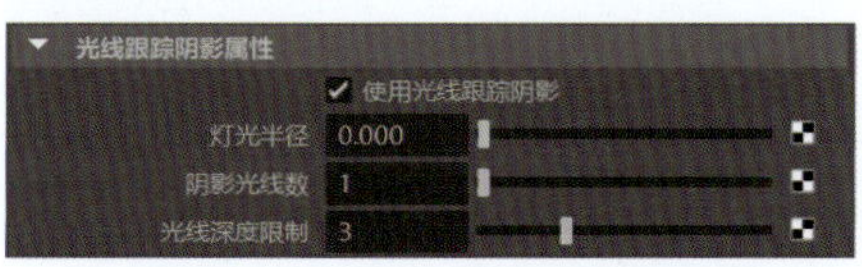

图4-18　光线跟踪阴影属性

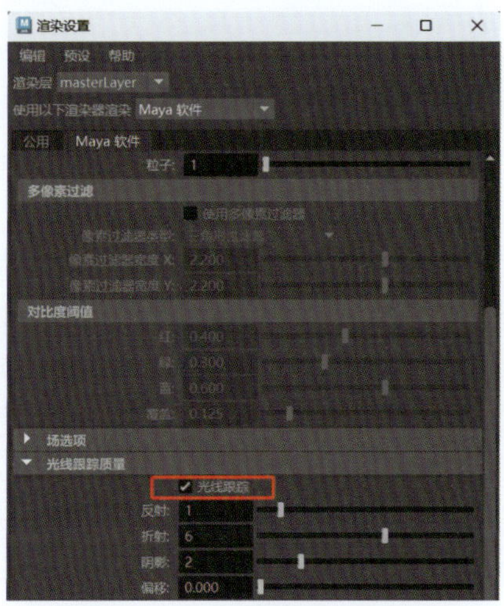

图4-19　“渲染设置”中的“光线跟踪”

光线跟踪阴影的效果是比较真实的，它是根据摄像机到光源之间运动的路径进行跟踪计算，从而确定如何投射阴影的一种方法。光线跟踪能够产生深度贴图不能产生的效果，比如玻璃、塑料的阴影，使用光线跟踪阴影会产生柔和的边缘投影，如图4-20所示。

图4-20　光线跟踪阴影效果

课后实践

在三维场景中创建灯光，通过实践练习掌握在动画场景中创建灯光、编辑灯光属性及渲染灯光的方法。

第5章 Maya材质与贴图

学习目标 ① 熟悉材质应用基础知识，了解材质球属性与不同的材质类型。
② 掌握材质创建与赋予的技法，学习UV的编辑方法。
③ 针对三维模型材质，具备敏锐的观察能力与审美能力。

学习重点 ① 学习Maya多重材质、2D贴图、3D贴图、UV的创建及编辑方法。
② 重点掌握编辑与赋予材质的能力。
③ 深入练习，掌握材质设置方法。

在现实世界中，人们是通过观看或触摸感受物体质感的。在Maya中，材质的设置是表现物体质感至关重要的部分，通过材质编辑或设置纹理贴图，可以表现出物体表面的质感。

第一节 材质基础

一、材质的创建

可通过多种方法创建Maya材质球。通过工具架中的“渲染”标签创建材质球，如图5-1所示。

图5-1　通过工具架创建材质球

在超级滤光器对话框中创建材质球。选择菜单中的窗口>渲染编辑器>Hypershade（超级滤光器），或点击状态栏中的超级滤光器按钮，打开Hypershade对话框，如图5-2所示。Hypershade（超级滤光器）里有多个标签，除了可以创建材质球外，还可创建2D贴图、3D贴图、灯光以及编辑贴图等，可选择相应的材质，将其赋予场景中的物体。

还可以在视图中选择物体并点击鼠标右键，在弹出的列表中选择相应的材质球选项，将材质球赋予所选物体，如图5-3所示。

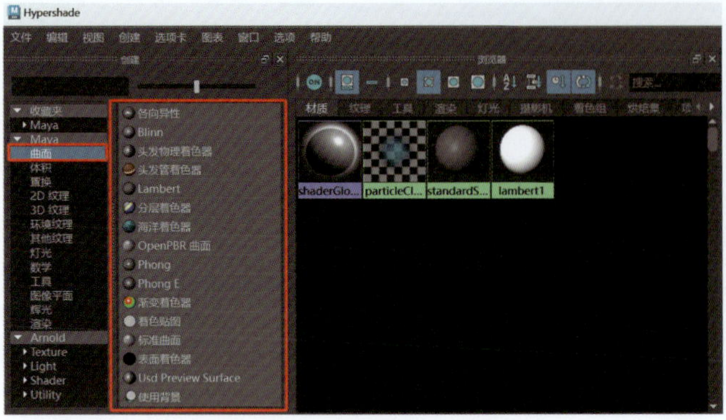

图5-2　Hypershade对话框

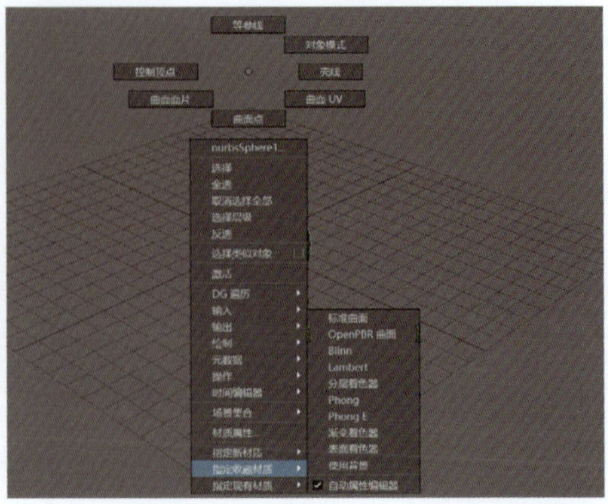

图5-3　在视图中点击鼠标右键选择材质球

二、材质的类型

在Maya中材质主要分为曲面材质、体积材质和置换材质三种。曲面材质是Maya中常用的材质设置方法，主要是用来设置物体质感节点的材质，如图5-4所示。

体积材质描述一个具有体积特征的物体的属性，主要用于营造环境氛围。体积材质包括环境雾、流体形状、灯光雾、粒子云、体积雾、体积着色器，如图5-5所示。

置换材质也叫位移节点，通常配合位移贴图使用，用于改变集合体的曲面，在渲染其轮廓时，可以看到曲面的位移，如图5-6所示。

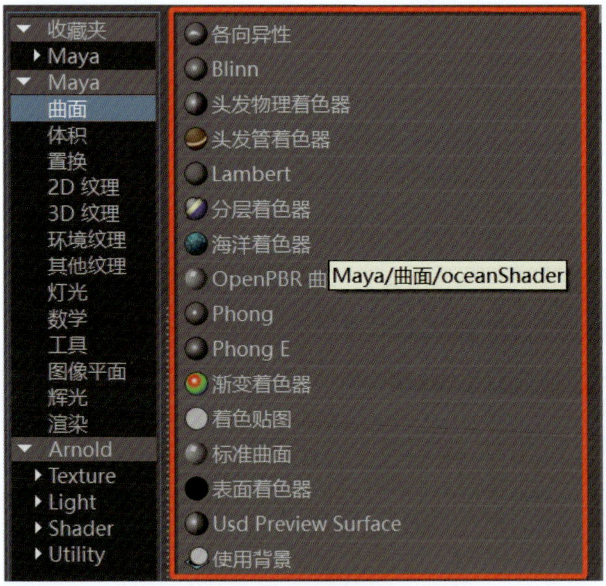

图5-4　材质类型

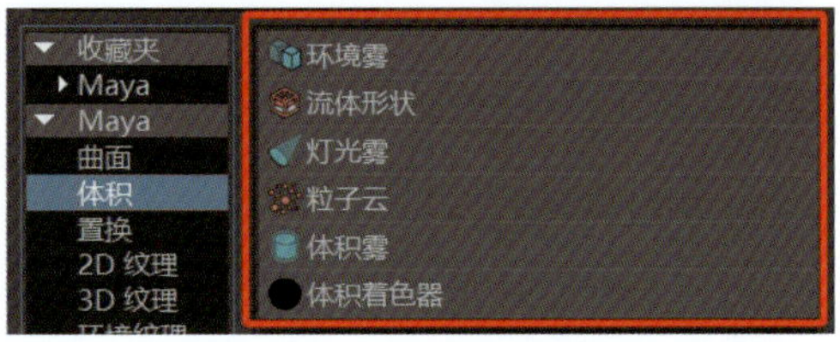

图5-5　体积材质

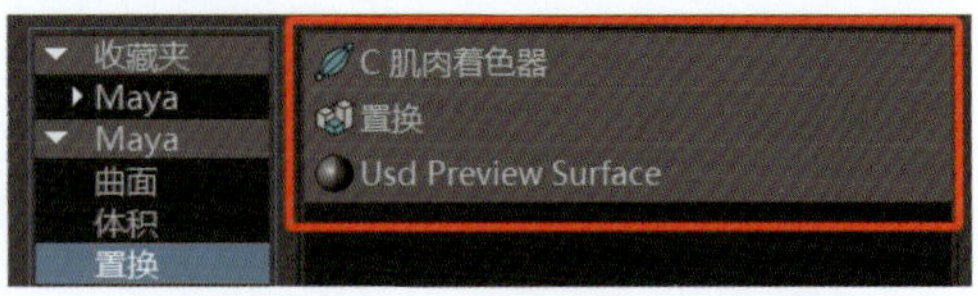

图5-6　置换材质

第二节 材质球通用属性

材质球的创建以及节点设置决定着物体材质的表现，下面对材质常用参数进行介绍。

一、公用材质属性

公用材质属性，主要包括颜色、透明度、环境色、白炽度、凹凸贴图、漫反射、半透明、半透明深度、半透明焦距等参数，如图5-7所示。

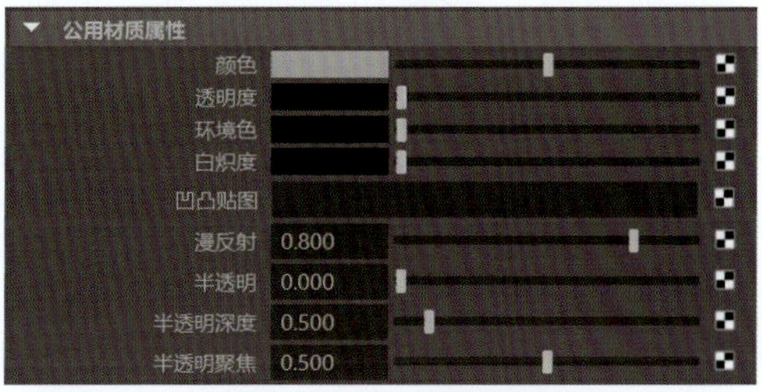

图5-7　公共材质属性

二、特殊效果

特殊效果包括辉光强度设置，勾选“隐藏源”选项后，如果选中发光的物体，其就会被隐藏，只留下辉光效果。辉光强度的数值越大，辉光效果越明显，默认为0.000，如图5-8所示。

图5-8　特殊效果

三、蒙版不透明度

蒙版不透明度主要用于合成渲染环节，当材质被赋予物体后，可以对每一种材质渲染出来的Alpha值进行控制，如图5-9所示。蒙版不透明度有三种类型：黑洞、匀值蒙版以及不透明度增益。

图5-9　蒙版不透明度

四、光线跟踪

光线跟踪是根据物理规律计算光线的反射、折射，从而得到较真实的模拟效果。该选项对话框如图5-10所示。勾选“折射”选项，可打开该材质的折射效果。该选项要和渲染设置对话框中的“光线跟踪”相配合，才能获得渲染折射效果。

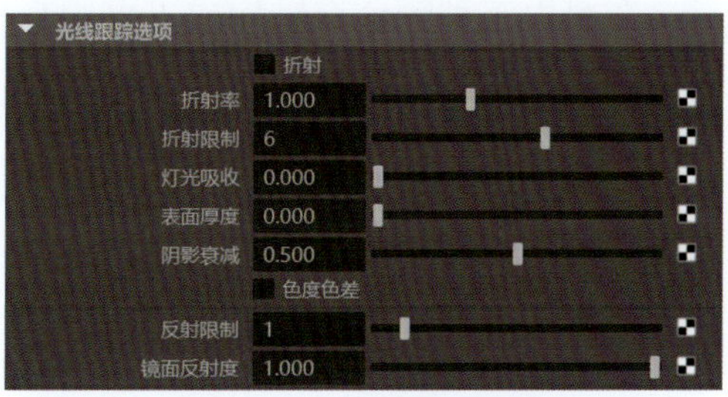

图5-10　光线跟踪选项

五、镜面反射着色

镜面反射着色对话框如图5-11所示。偏心率，主要控制材质高光区域的大小。镜面反射衰减，主要功能是控制高光强弱。镜面反射颜色，可以根据设置的颜色来控制高光的色彩或者纹理。反射率，用于控制反射效果的强弱。反射的颜色，用于设置反射区的颜色。

图5-11 镜面反射着色

第三节 纹理贴图

纹理贴图主要是用来制作材质纹理的，Maya纹理贴图包括2D纹理、3D纹理、环境纹理以及其他纹理，共四个部分。

一、2D纹理

2D纹理包括16种贴图，如图5-12所示。

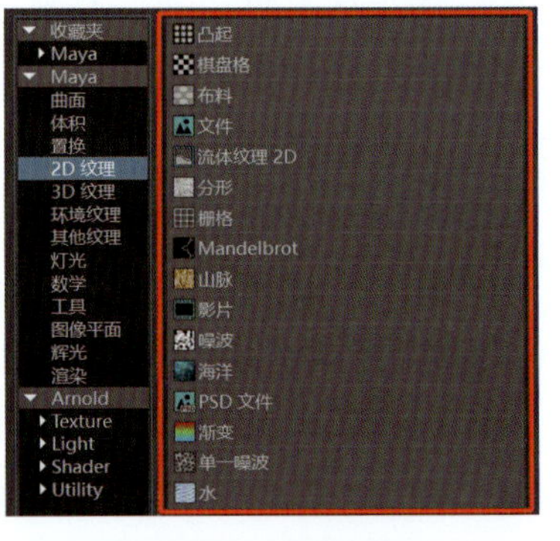

图5-12 2D纹理

1. 凸起

凸起可以制造出物体表面有过渡的隆起效果。可以通过U 向和V 向的宽度参数来调节黑白间隙，常用来做凹凸或者置换纹理贴图。

2. 棋盘格

在棋盘格中，可通过Color1、Color2调整两种方格的颜色，可通过对比度调整两种颜色的对比度。

3. 布料

布料由三种颜色交错构成，可用来模拟编织物、布料或者纤维等纹理。

4. 文件

文件可以将二维图片文件作为贴图贴到材质上，再赋予模型。

5. 流体纹理2D

流体纹理2D可模拟二维流体效果，可设置其密度、速度、温度、燃料、纹理以及着色等效果。

6. 分形

分形是一个功能很强大的节点，可以用在凹凸或置换纹理上。分形可生成黑白相间的不规则纹理，常用于模拟岩石表面、墙壁、地面等。

7. 栅格

栅格包括线颜色和填充颜色。线颜色是栅格线默认颜色，默认为白色，填充颜色是栅格线之间的区域的颜色，默认为黑色。栅格纹理可用来模拟格子状纹理，制作纱窗、砖墙等，也可以用来制作镂空网格效果。

8. Mandelbrot

Mandelbrot集是复杂平面中的数学点集合，其边界是一个有趣的分形。可对颜色进行自由的选择修改。Mandelbrot纹理仅支持Maya软件渲染器渲染，不支持通过mental Ray渲染器渲染。

9. 山脉

山脉常用于模拟山脉的形状和山峰表面纹理。如果一个平面的颜色贴图和凹凸贴图都使用该纹理，就可模拟出雪山的效果。

10. 影片

影片节点可以将视频文件导入Maya中作为纹理或背景使用。

11. 噪波

噪波纹理与分形节点类似，是指不规则的黑白相间纹理，但随机的方式有所不同。可用于制作凹凸、颜色等纹理。

12. 海洋

海洋可以很好地表现出水波和水的质感。

13. PSD文件

PSD文件支持Photoshop格式的文件，可以很好地使Photoshop的图层和Maya进行交互。其参数属性和文件节点类似。

14. 渐变

渐变用于制作物体表面的过渡效果，在渐变颜色的每一个色标上都能够进行再次贴图，完成很多复杂的效果。

15. 单一噪波

lookdevKit插件提供了单一噪波节点，要创建单一噪波节点，要确保已在“插件管理器”中启用lookdevKit.mll插件。

16. 水

水纹理用于模拟线性水纹效果以及水的涟漪，可通过凹凸或者置换贴图来模拟水面效果，或者把它贴在颜色通道上模拟水的表面高光以及反射效果等。

二、2D纹理属性

各种2D纹理有一些共同的属性，主要包括颜色平衡、效果以及UV坐标，如图5-13所示。

2D纹理贴图坐标可以设置贴图位置、角度、偏移、重复等相关参数，如图5-14所示。

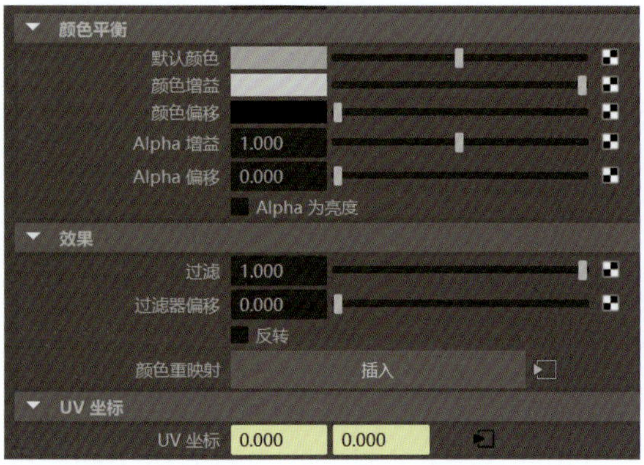

图5-13　2D纹理属性

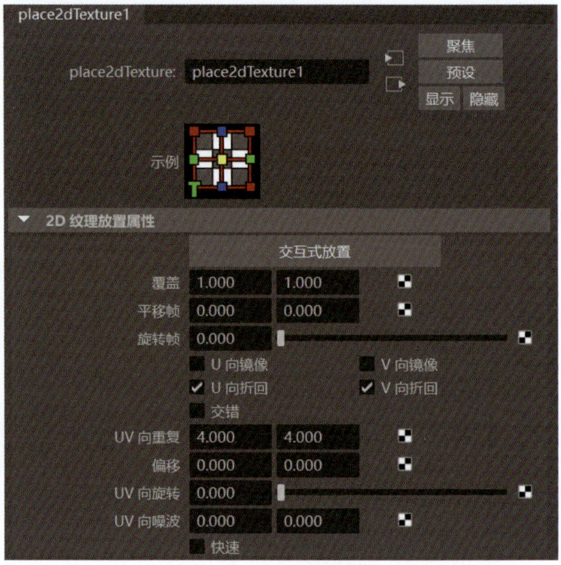

图5-14　2D纹理贴图坐标

三、3D纹理

3D纹理贴图是在立体空间中建立的贴图，能够表现出更好的三维材质效果。Maya 3D纹理贴图的类型如图5-15所示。

1. 布朗

布朗可用于制作粗糙、凹凸不平的表面效果。布朗是黑白相间、不规则的随机纹理，但随机的方式不太一样。布朗纹理同样可以表现岩石表面、墙壁和地面等随机纹理效果，也可以用来做凹凸纹理。

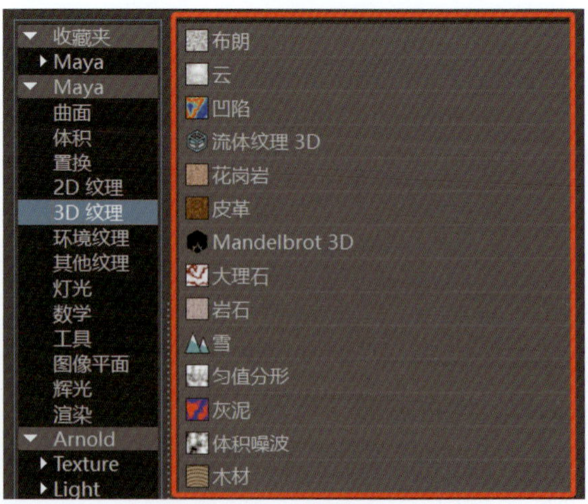

图5-15　3D纹理贴图

2. 云

这是一个特殊的用来制作云层效果的纹理，是黑白相间的随机纹理，能够表现云层、天空等纹理效果。

3. 凹陷

能够表现地面的凹痕以及星球表面纹理等效果。

4. 流体纹理3D

流体纹理3D与流体纹理2D类似，可模拟3D流体的纹理，设置3D流体的密度、速度、温度、燃料、纹理以及着色等。

5. 花岗岩

花岗岩用于表现岩石纹理，尤其是花岗岩的效果。

6. 皮革

皮革常用于模拟皮革、蛇、蜥蜴、泡沫塑料等纹理，配合凹凸贴图效果更好。

7. Mandelbrot 3D

Mandelbrot 3D是复杂平面中的数学点集合，可对颜色进行自由选择与修改。

8. 大理石

大理石用于模拟大理石等相关纹理，也可以模拟眼球血丝等效果。

9. 岩石

岩石可以用来模拟岩石表面的纹理，使用Color1和Color2控制岩石色彩、调整颗粒大小、漫反射和混合比率，可以得到更多效果。

10. 雪

雪可用来表现雪花覆盖表面的纹理效果，常配合噪波、分形等相关贴图使用。

11. 匀值分形

匀值分形是黑白相间的不规则纹理，常用于模拟很多不规则的变化效果，如烟雾等。

12. 灰泥

灰泥有两种基本混合色，可以设置其混合方式和颜色。灰泥可以用于表现水泥、石灰墙壁等纹理，通过凹凸控制不同的凹凸效果。

13. 体积澡波

体积澡波与2D纹理中的噪波节点类似，该纹理效果可以通过随机纹理的形式进行表现。

14. 木纹

木纹可表现木材表面的纹理，该贴图有丰富的参数设置，使用起来很方便。

四、3D纹理的特效设置

各种3D纹理的属性对话框里有一些共同的属性，主要包括颜色平衡和效果，从特效参数对话框来看，3D纹理要比2D纹理属性多，如图5-16所示。

3D纹理的贴图坐标可以编辑三维贴图的位置、角度等变换属性，如图5-17所示。

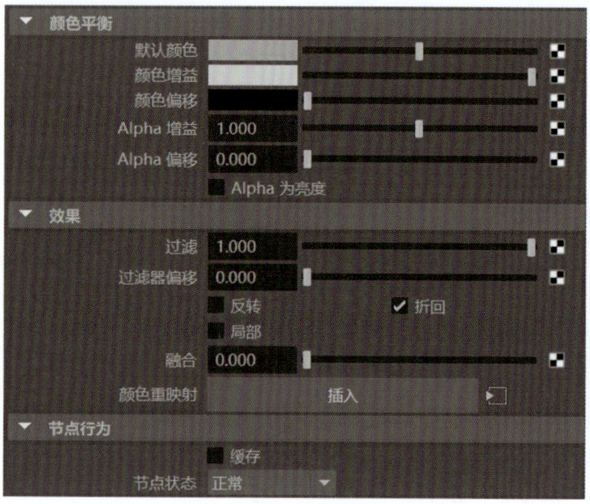

图5-16　三维纹理特效设置

图5-17　3D纹理的贴图坐标编辑器

五、Evn Textures环境纹理

环境纹理不是用来制作一个物体的纹理，而是在物体渲染的时候制作出虚拟的环境，它通常需要和其他材质节点或者属性相互作用才能体现效果。

Evn Textures环境纹理中共提供了5种节点，如图5-18所示。

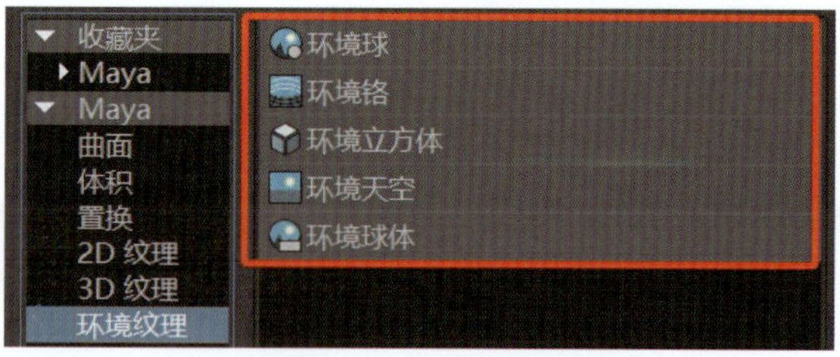

图5-18　环境纹理

1. 环境球

用来模拟球形环境，可以加载高质量的纹理贴图，将环境球连接到表面材质（如Blinn、Phong）的高光和反射属性上，这样就可以简单地模拟“假”环境反射了。

2. 环境铬

环境铬使用程序纹理虚拟天空和地面，制作反射环境效果。可以模拟展厅所带来的反射效果。

3. 环境立方体

使用围成的立方体模拟反射环境，可以为两个面赋予相应的纹理贴图，以模拟反射环境。

4. 环境天空

用于模拟天空的环境反射效果。

5. 环境球体

环境球体模拟的是一个无穷大的球体，可以在其图像属性上追加纹理贴图，将图片贴到球体上模拟物体所处的环境。

六、其他纹理

其他纹理只有一个纹理，即分层纹理，如图5-19所示。分层纹理与层材质类似，它可以将多个不同的材质球分层合并成一个复合材质纹理。

图5-19　其他纹理

第四节　多边形UV贴图编辑设置

Maya中的UV类似于X、Y轴，是用来确定二维坐标点的，主要功能是控制纹理在模型上的对应关系。模型上的每个UV直接依附于模型上的对应顶点，位于贴图某个UV的像素点将被放置在这个UV所依附的顶点之上。UV构成了二维纹理坐标系，即“UV纹理空间”。UV纹理空间使用字母U和V来指示二维空间中的轴。UV纹理空间有助于将图像纹理贴图放置在3D曲面上。

一、创建UV

在Maya中，可以使用以下UV映射方式为多边形曲面网格创建UV纹理坐标。

1. 自动UV映射

自动UV映射是向模型多个面同时投射，自动寻找每个面UV的最佳布局。它会在纹理空间内创建多个UV片，但UV片之间的大小、比例相近，如果想要再调整UV，可以在UV编辑对话框中对其进行编辑与缝合。

2. 平面UV映射

平面UV映射适用于平面物体，例如墙面、桌面等物体可以使用此选项进行映射。

3. 圆柱形UV映射

圆柱形UV映射适用于圆柱形物体，如果模型造成UV的U向有严重的拉伸，可在完成UV映射之后，在通道盒中把旋转Y的值改为非零的数，如0.001，这样就可以改善拉伸。

4. 球形UV映射

球形UV映射适用于球形物体，如果模型造成UV的U向有严重的拉伸，与圆柱形UV映射一样，可在完成UV映射之后，在通道盒中把旋转Y的值改为非零的数，如0.001。

5. 用户定义的UV映射

可以映射UV纹理坐标，方法是使用“自动映射”功能中的“加载投影”，为UV投影指定用户定义的平面。

6. 最佳平面UV映射

最佳平面UV映射通过投影连接指定组件的最佳平面，基于指定的面/顶点为多边形网格创建UV。它对于投影到选定面的子集特别有用。

7. 摄影机UV映射

以当前摄影机视图作为平面投影，为选定对象创建UV纹理坐标。也就是说，摄影机视图成为投影的平面。

二、UV编辑器

点击菜单中的UV>UV编辑器，可打开UV编辑器属性对话框，其中包括UV编辑的所有命令。可通过UV编辑器灵活地对多边形的UV进行编辑。当遇到比较复杂的模型时，需要花大量的时间在UV编辑器中进行UV展开工作。UV是绘制贴图的基础。展开UV后，可通过Photoshop平面软件编辑UV贴图，绘制好后再将UV贴图导入Maya中，为模型赋予材质贴图。

UV编辑器包括UV视图区和UV工具包，支持将3D对象与其2D纹理坐标进行比较，如图5-20所示。

UV工具包默认显示在UV视图区的右侧，包括修改UV排列所需的全部工具，如图5-21所示。

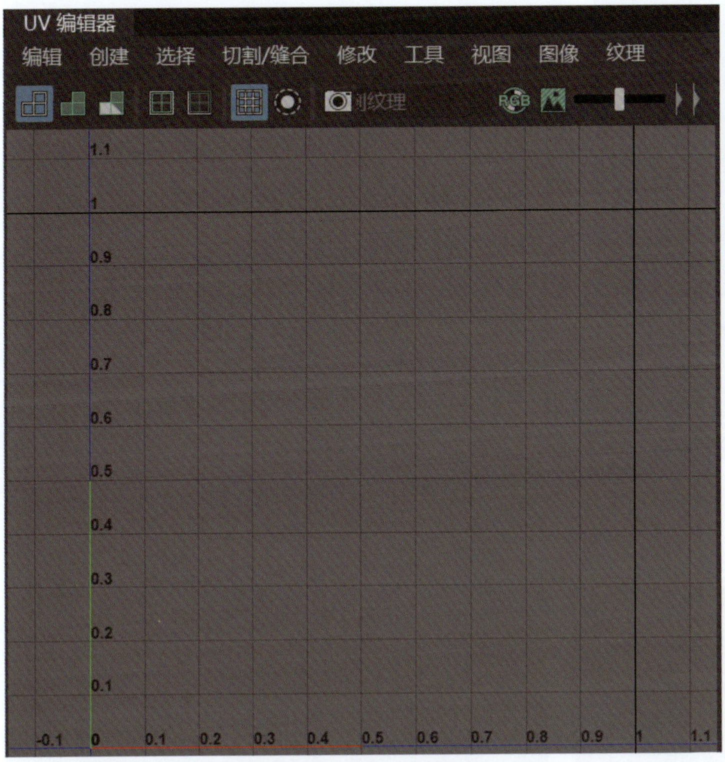

图5-20 UV编辑器

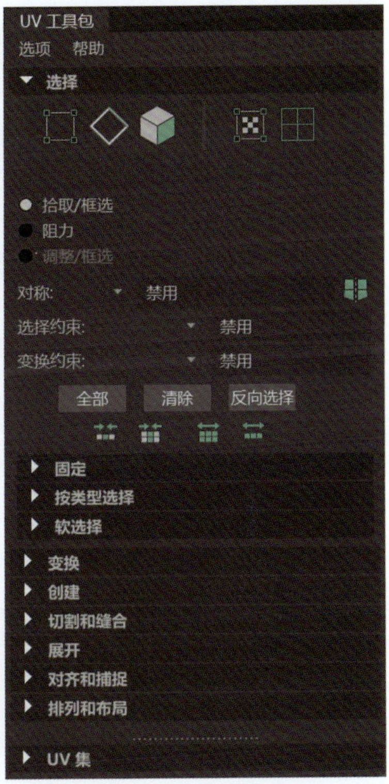

图5-21 UV工具包

第五节 材质实例

一、玻璃、布料材质实例

通过实践案例学习透明玻璃材质、布料材质的编辑方法以及不同灯光的设置方法，如图5-22所示。

打开制作好的场景文件，为物体赋予Blinn材质。激活选择场景中的瓶子模型，点击工具架中“渲染”标签下的Blinn材质，此时Blinn材质将指定给被选中的对象，如图5-23所示。

玻璃、布料材质制作讲解视频

图5-22　玻璃、布料材质与灯光案例

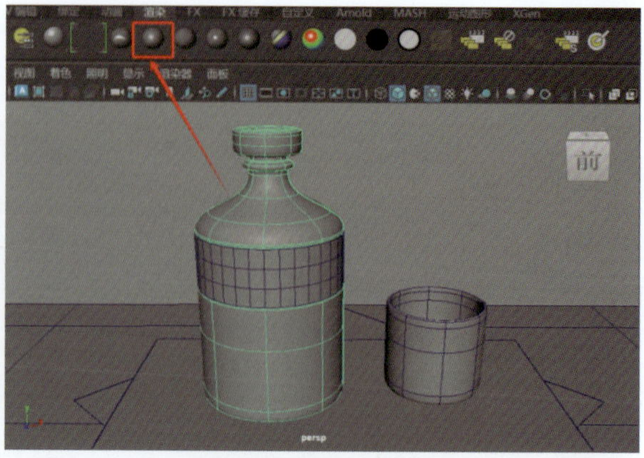

图5-23　指定Blinn材质

设置Blinn材质的参数。选择场景中的瓶子，点击视图右侧的属性编辑器，打开Blinn材质设置标签，将透明度滑块拖动为白色，使材质球完全透明；打开“镜面反射着色”卷展栏设置高光范围，将偏心率修改为0.08，将镜面反射衰减修改为0.8，如图5-24所示。

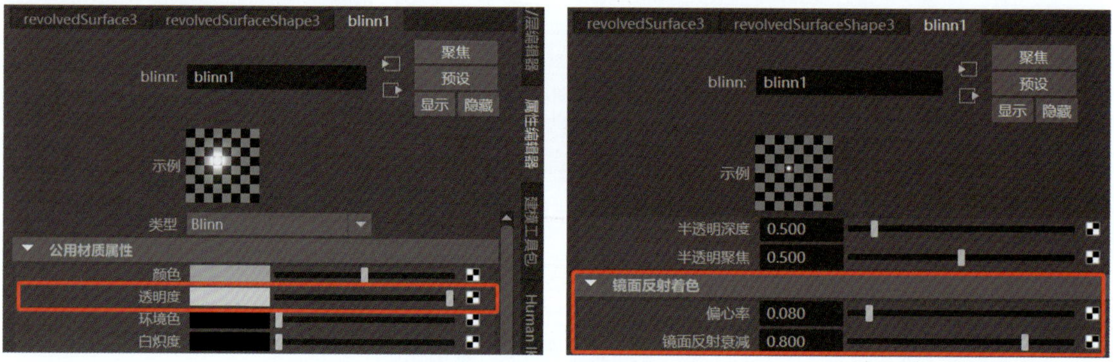

图5-24　Blinn材质参数设置

修改渲染设置。点击菜单中的窗口>渲染编辑器>渲染设置，或点击状态栏中的“渲染设置”按钮，在弹出的渲染设置对话框中将渲染器改为“Maya软件”。激活透视图，点击状态栏中的“渲染当前视图”按钮，可观察到玻璃瓶变为完全透明，如图5-25所示。

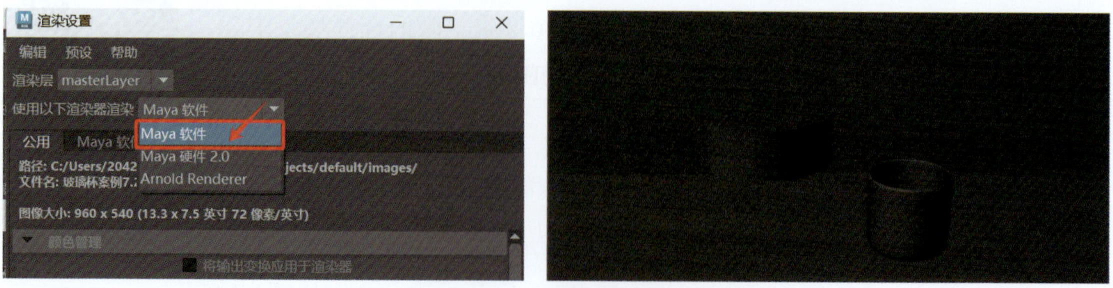

图5-25　更改渲染设置

修改折射率，设置光线跟踪效果。通过渲染视图发现，玻璃瓶变为完全透明后并没有产生折射效果，此时需修改材质的折射率。选择玻璃瓶，点击视图右侧的Blinn材质属性设置对话框，打开“光线追踪选项”卷展栏，勾选“折射”选项，将材质的折射率设为1.5。点击状态栏中的“渲染设置”按钮，在弹出的渲染设置对话框中打开“光线跟踪质量”卷展栏，勾选“光线跟踪”选项，如图5-26所示。

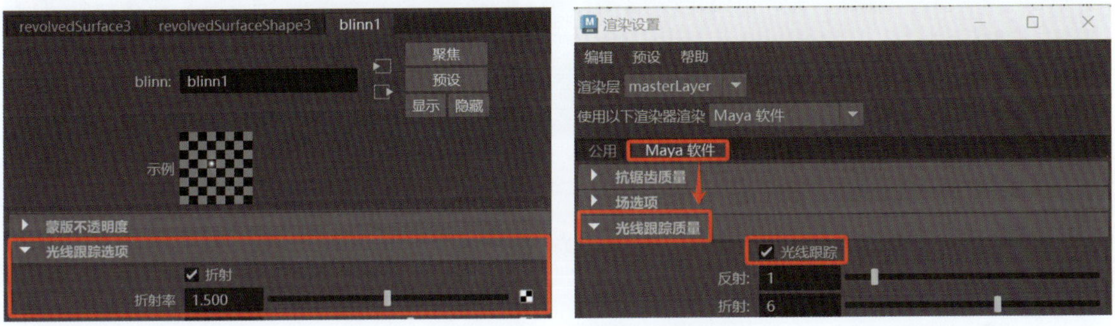

图5-26　设置折射率并勾选“光线跟踪”

设置好光线跟踪后的渲染效果如图5-27所示。此时场景太暗，需要打灯调整。

图5-27　渲染效果

创建点光源。点击工具架渲染标签下的“点光源”，在瓶子的左前方点击，创建一盏点光源，使用移动工具结合四视图设置好点光源的位置。渲染效果如图5-28所示。

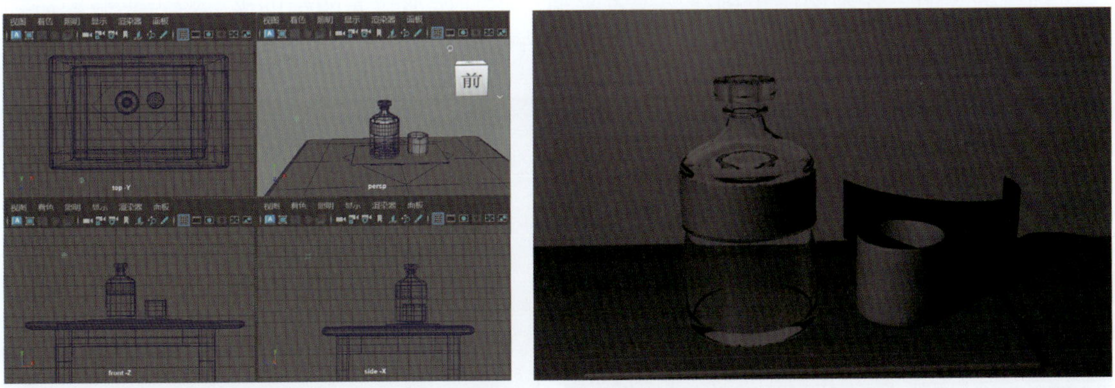

图5-28　创建点光源

修改点光源属性。选择点光源，点击状态栏中的属性编辑器，将灯光的强度设为2，如图5-29所示。接下来将点光源改为暖色。点击颜色色块，在弹出的色彩设置对话框中设置颜色参数（H：35，S：0.036，V：1），颜色为浅黄色，如图5-30所示。

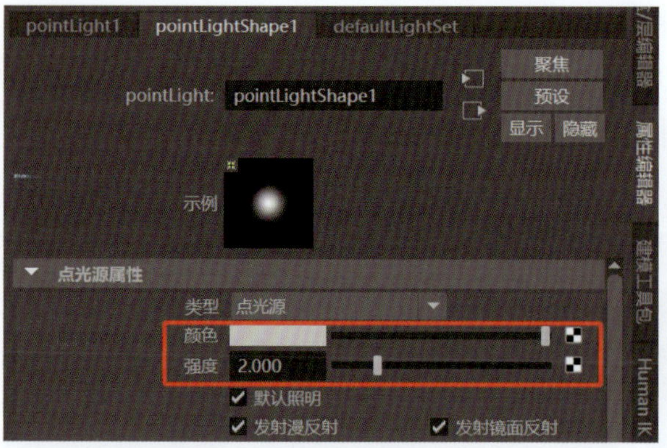

图5-29　点光源属性编辑器

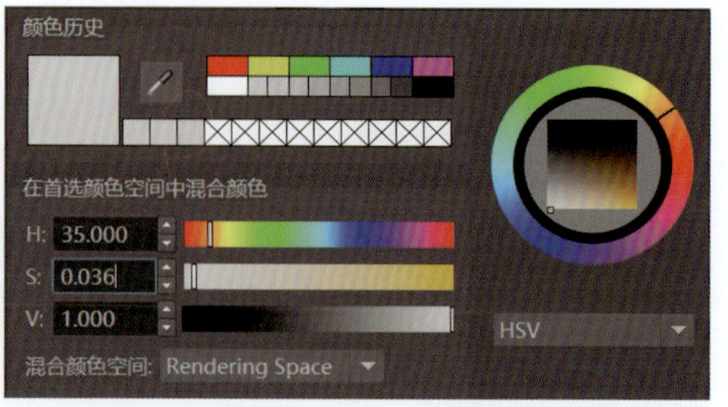

图5-30　设置点光源颜色

打开点光源属性编辑器，展开“光线跟踪阴影属性”卷展栏，取消勾选“使用光线跟踪阴影”，如图5-31所示。

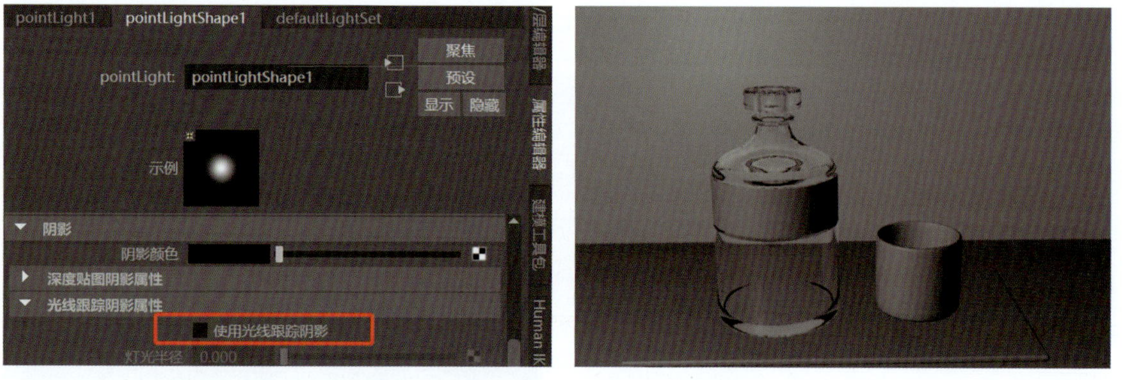

图5-31　取消勾选“使用光线跟踪阴影”

创建辅光源。在视图中再创建一盏点光源，将其作为暗面的辅助光。将点光源摆放到瓶子的右后方，如图5-32所示。

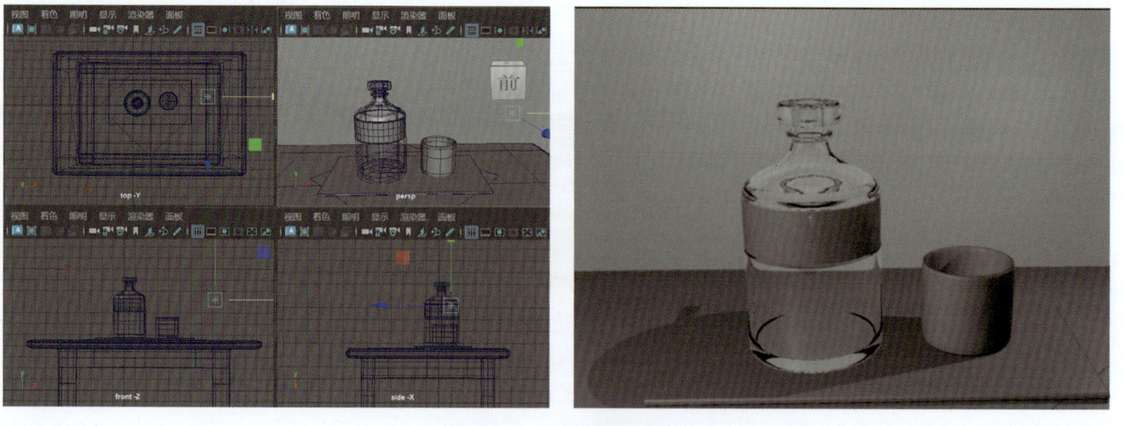

图5-32　创建辅助光

修改辅助光点光源的属性，将强度设为0.2，如图5-33所示。将颜色改为冷色调，设置颜色参数（H：188，S：0.07，V：1），颜色为浅蓝色，如图5-34所示。

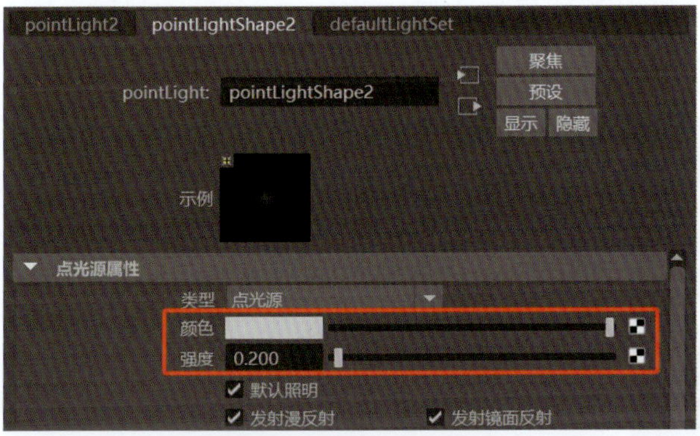

图5-33　设置灯光强度

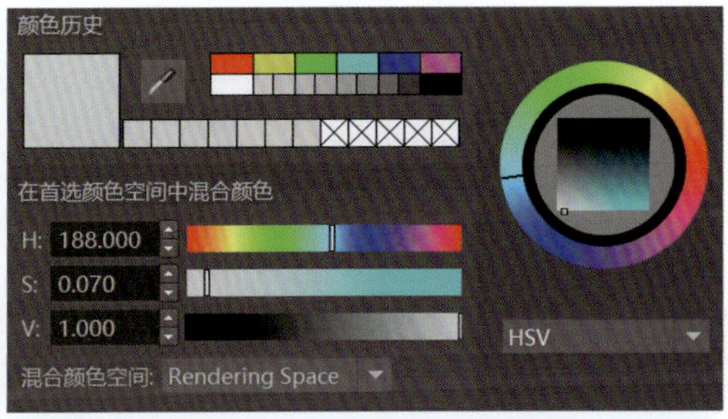

图5-34　冷色调灯光设置

点击视图右侧的点光源属性编辑器，展开“阴影”卷展栏，在“光线跟踪阴影属性”卷展栏下，取消勾选“光线跟踪阴影属性”，如图5-35所示。

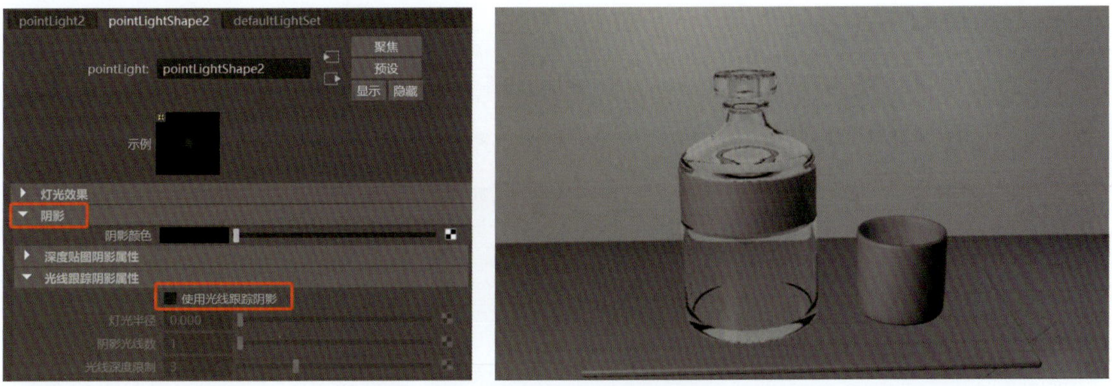

图5-35　取消勾选“光线跟踪阴影”

点击菜单中的窗口>渲染编辑器>Hypershade，或者点击Hypershade按钮，在弹出的超级滤光器对话框中选择Blinn材质，该材质激活后，外框显示为黄色，如图5-36所示。

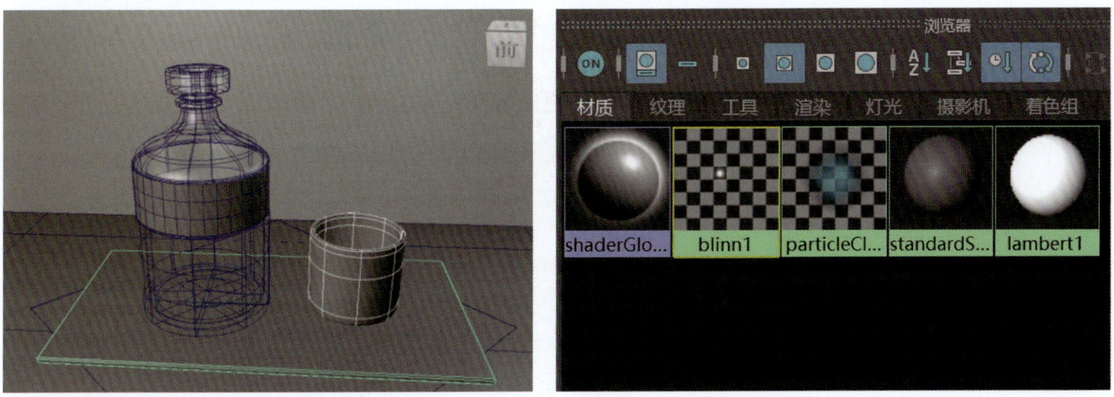

图5-36　在Hypershade对话框中选择材质球

将设置好的Blinn材质赋予其他玻璃物体。选择玻璃杯和玻璃垫，在超级滤光器对话框中选择Blinn材质球并点击鼠标右键，选择“为当前选择指定材质”选项，此时场景中被选择的物体即被赋予该材质。另外，也可以长按鼠标中键，将Hypershade对话框中的Blinn材质移动到场景中的玻璃物体上，完成玻璃材质的赋予。如图5-37所示。

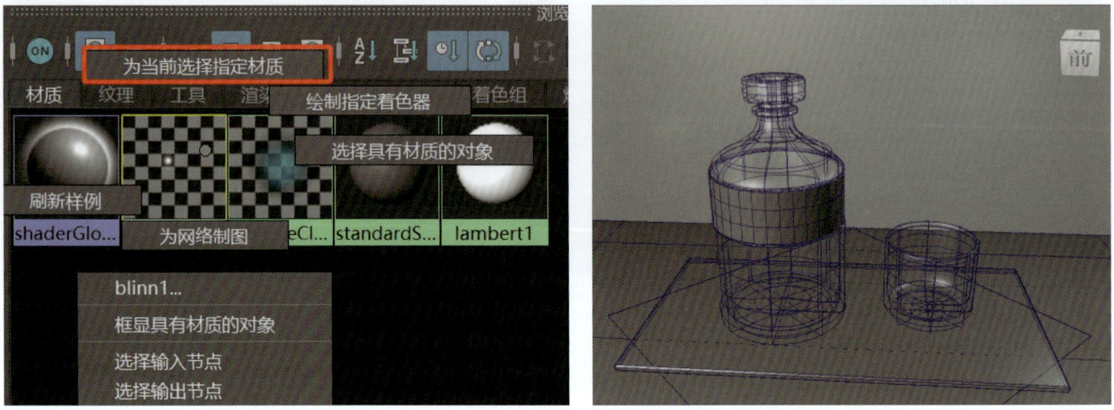

图5-37　将材质赋予指定物体

渲染玻璃材质效果，如图5-38所示。

创建瓶子标签材质球。在视图中选择标签面，选择工具架中“渲染”标签下的Blinn材质球，将材质指定给场景的标签面，如图5-39所示。

图5-38　渲染玻璃材质效果

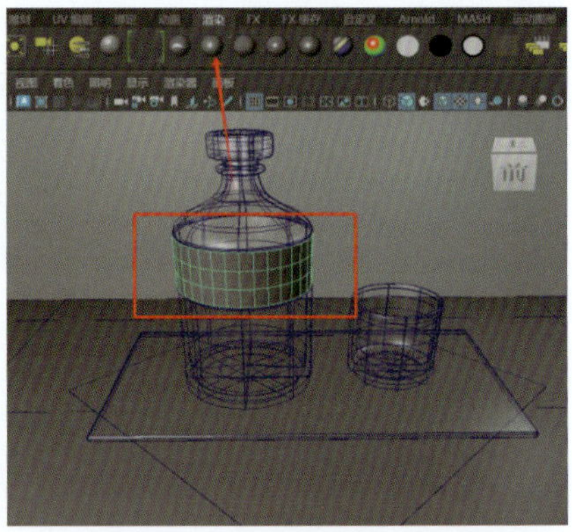

图5-39　为标签面赋予材质

为标签添加文件纹理贴图。点击标签中Blinn材质的属性对话框，点击颜色后方的按钮，在弹出的贴图对话框中选择“文件”，在文件纹理贴图属性对话框中点击“文件夹”图标，指定贴图路径，如图5-40所示。

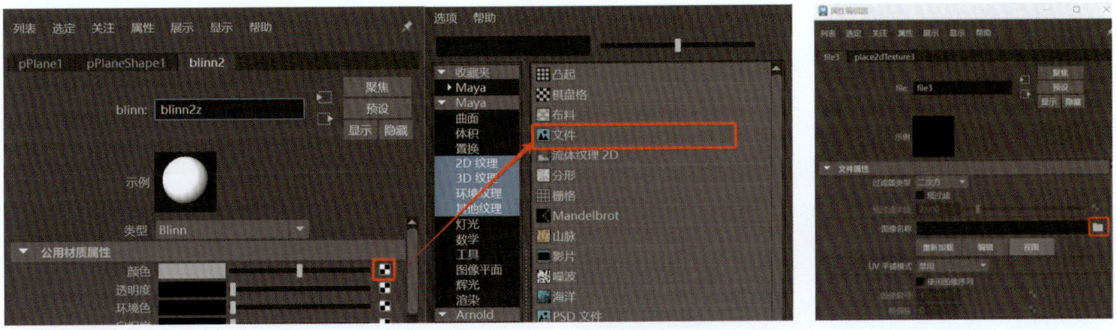

图5-40　添加文件纹理贴图

修改二维纹理UV贴图坐标。添加贴图后渲染，发现贴图文件与视图的三维商标模型不匹配，此时需要修改贴图坐标参数。点击贴图属性对话框中的“place2d Texture1”标签，将“UV向重复”中的V向重复修改为3.5，渲染效果如图5-41所示。

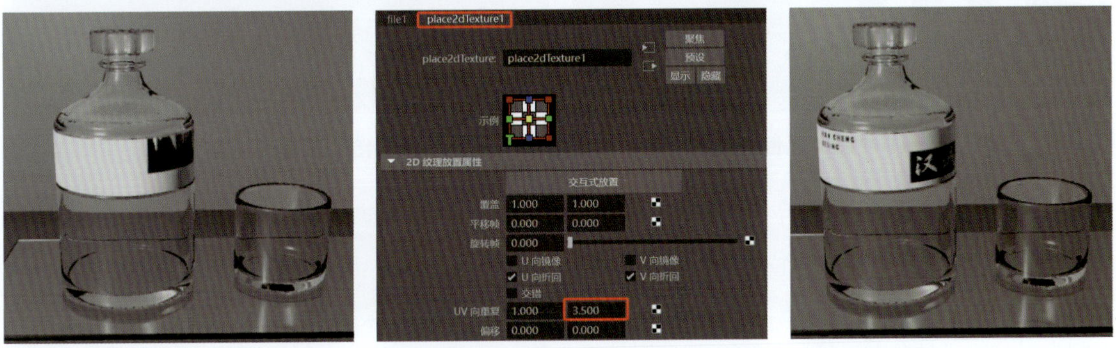

图5-41　设置贴图坐标

制作桌布贴图。选择桌布模型，点击工具架中的Lambert无高光材质球，为桌布赋予无高光材质，如图5-42所示。

设置桌布颜色。打开Lambert材质球的属性对话框，点击颜色后的图标，在弹出的创建渲染节点对话框中选择“渐变”，如图5-43所示。

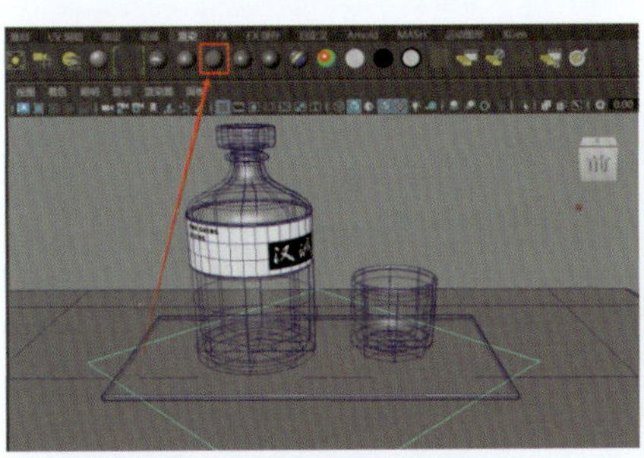
图5-42　赋予桌布Lambert无高光材质球

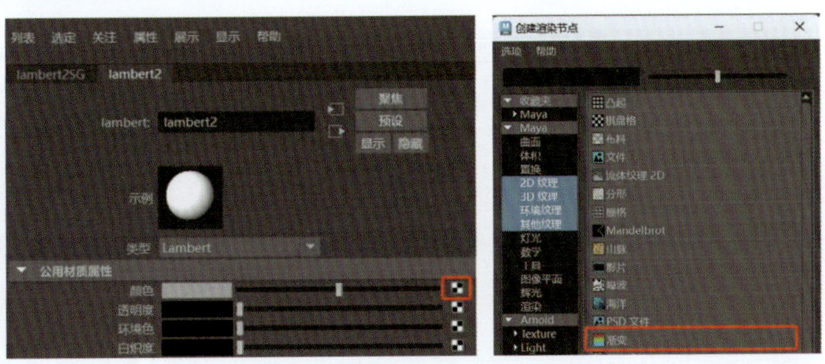

图5-43　选择二维纹理贴图

修改渐变贴图参数。打开渐变贴图属性对话框，将类型改为格子渐变，将插值改为无，如图5-44所示。点击贴图属性对话框中的“place2d Texture2”二维贴图标签，将“UV向重复”中的U向、V向重复分别修改为3、4，如图5-45所示。

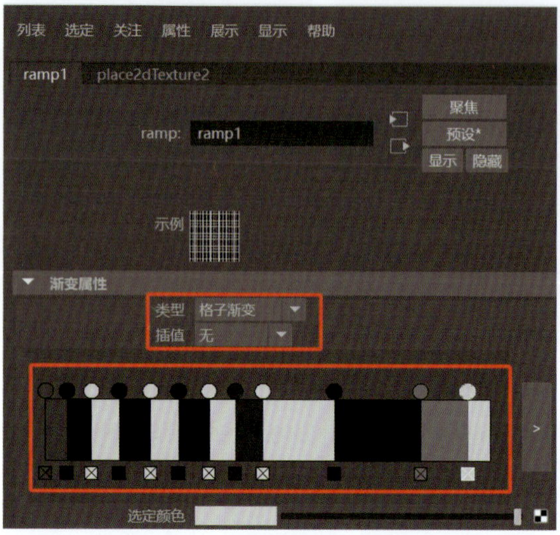

图5-44 渐变贴图属性对话框

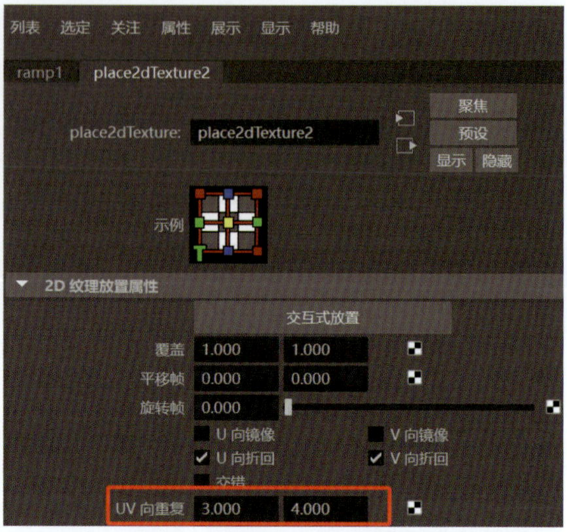

图5-45 设置渐变贴图坐标

修改完渐变贴图参数后，对视图渲染效果进行观察，如图5-46所示。如果对格子颜色或者大小设置不满意，可再次修改打开Lambert材质球属性对话框，修改材质球渐变贴图。

为布料添加凹凸贴图。打开Lambert材质球属性对话框，点击凹凸贴图后的按钮，在弹出的创建渲染节点对话框中选择“布料”，如图5-47所示。

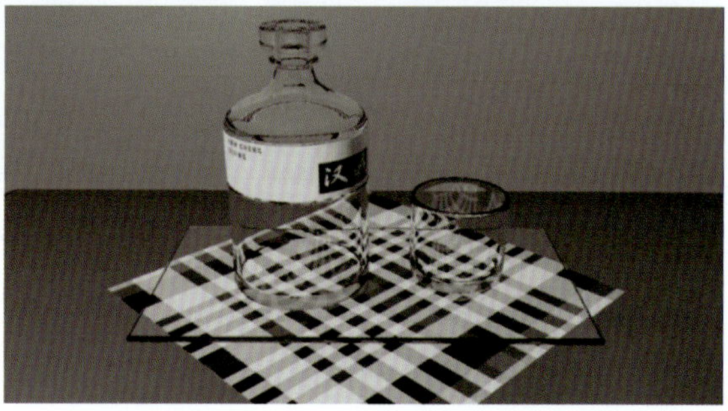

图5-46 桌布初渲染效果

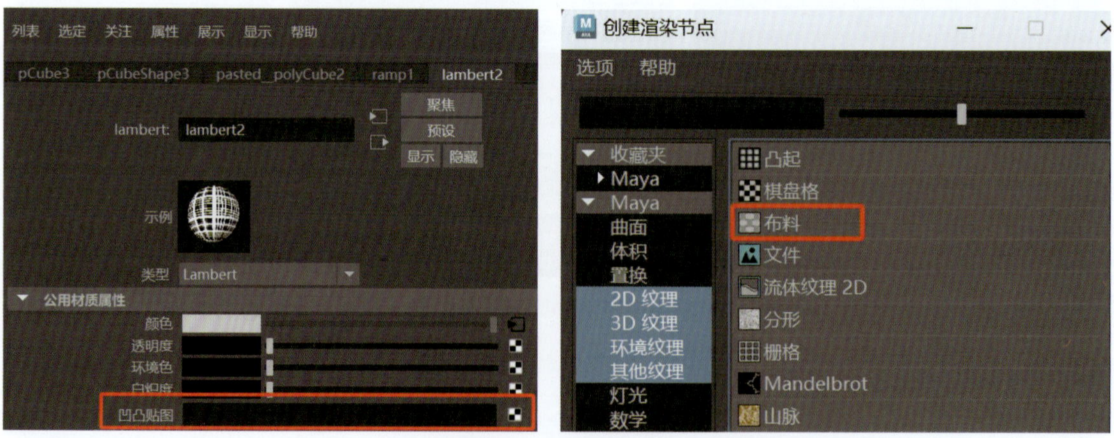

图5-47 添加凹凸贴图

修改凹凸贴图参数。打开凹凸贴图坐标面板，将UV向重复都修改为400。点击布料标签的向上级别按钮，在弹出的对话框中将凹凸深度修改为0.01，以减少凹凸强度，如图5-48所示。

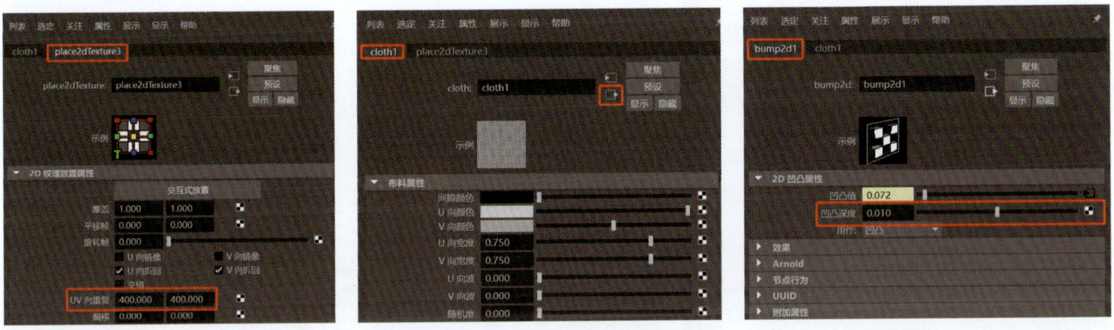

图5-48 凹凸贴图参数设置

桌布最终渲染效果如图5-49所示。

设置场景背景墙与桌子材质。在视图中选择背景墙多边形，点击工具架“渲染”标签下的Lambert，为墙壁赋予无高光材质，将 Lambert无高光材质球的颜色修改为灰色，如图5-50所示。再选择桌子多边形，选择工具架“渲染”标签下的Blinn材质球，在Blinn材质属性对话框中将颜色设置为浅灰色，如图5-51所示。

图5-49 桌布最终渲染效果

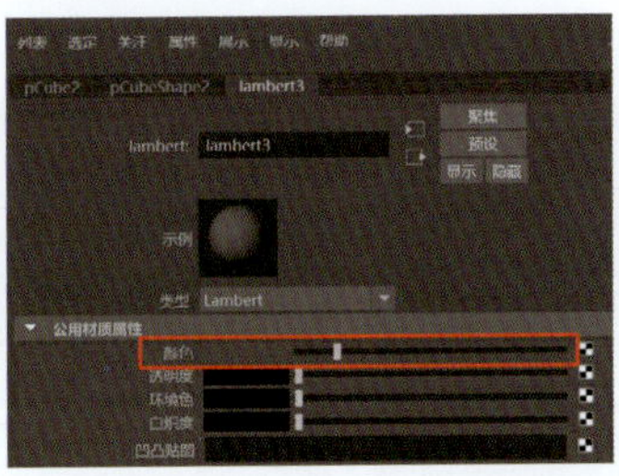

图5-50 Lambert材质球颜色设置

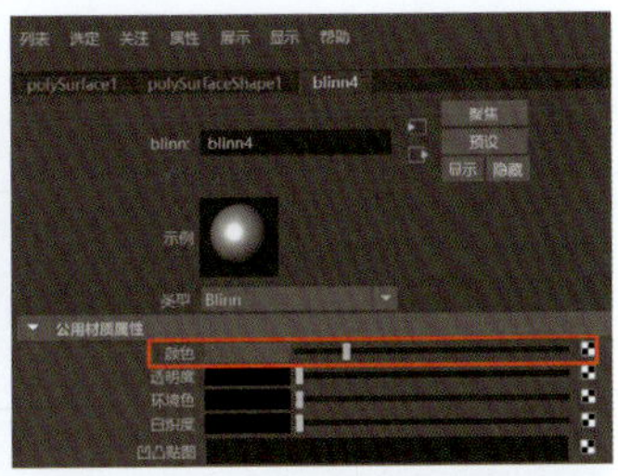

图5-51 Blinn材质球颜色设置

创建体积光。点击工具架“渲染”标签下的“体积光”，在瓶子的后方创建体积光。使用移动工具和缩放工具，结合四视图设置好体积光的位置，如图5-52所示。

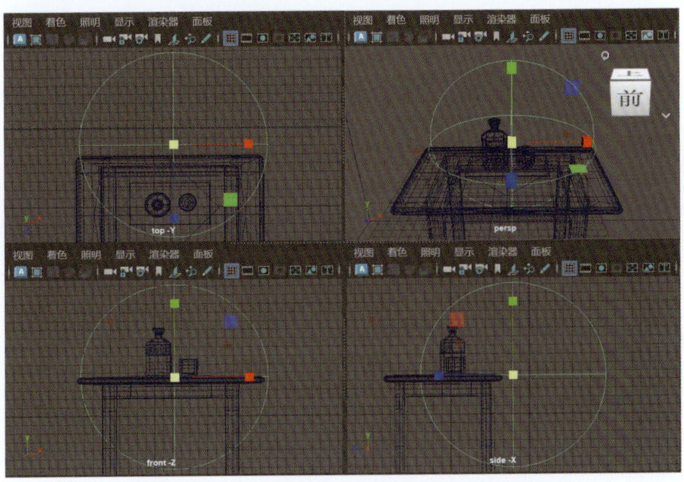

图5-52 在四视图中调整体积光的位置

修改体积光参数。打开体积光属性对话框，将灯光强度设为2，调整灯光颜色渐变范围，修改好后查看渲染效果，如图5-53所示。

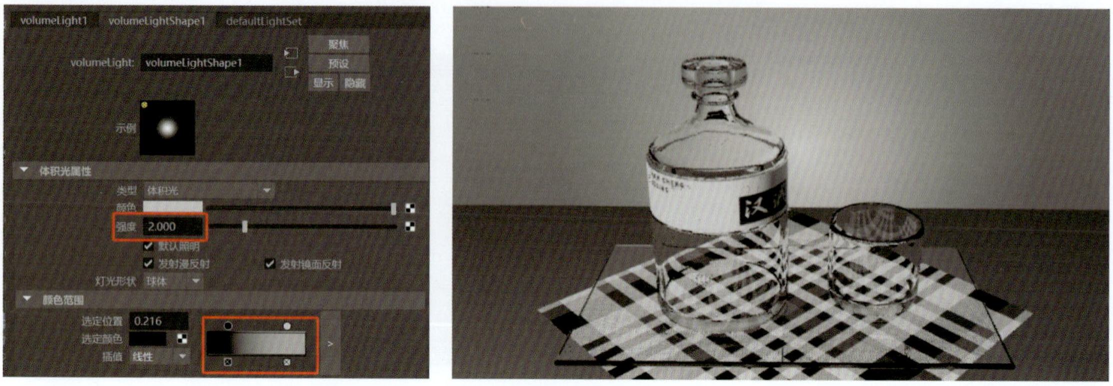

图5-53　修改体积光参数

修改灯光设置，让体积光只照射墙面，其他物体不受体积光影响。点击视图左上角的模块选项，选择 “渲染”模块，点击菜单中的照明/着色>灯光链接编辑器>以灯光为中心，在左侧列表中选择“volumeLight2”（体积光），在右侧列表中选择“pCube2”（背景墙多边形），取消选择其他物体，让体积光只照射到墙面，如图5-54所示。

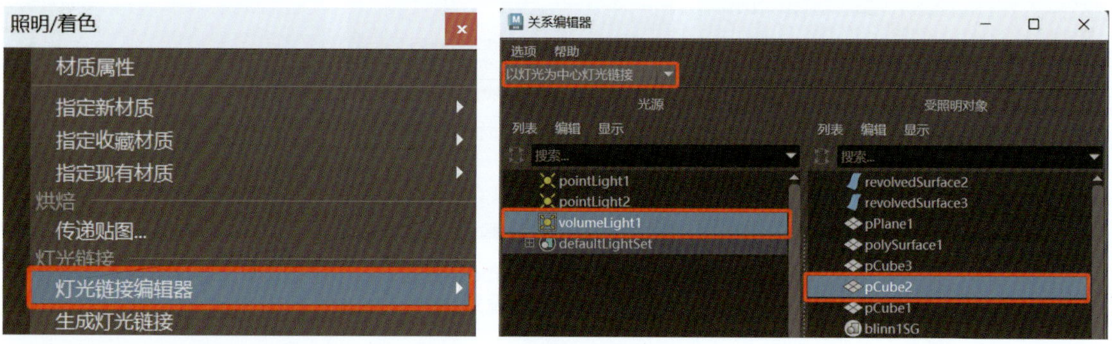

图5-54　修改灯光链接

修改墙面灯光设置，让墙面不受其他光源影响，只受到体积光照射。在关系编辑器中点击“以对象为中心灯光链接”，在对话框左侧列表中选择“pCube2”（背景墙多边形），在右侧列表中选择“volumeLight1”体积光，取消选择其他光源，此时渲染会发现墙面只受体积光影响，其他物体没有受到体积光的照射，如图5-55所示。

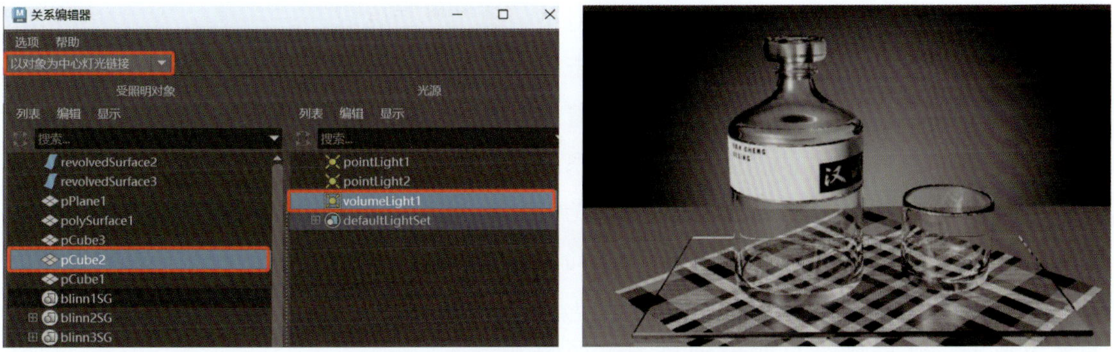

图5-55 编辑墙面灯光链接并渲染效果

修改渲染设置。点击视图状态栏中的“渲染设置”按钮，在弹出的渲染设置对话框中选择“Maya软件”标签下的“抗锯齿质量”，将质量改为中间质量，将边缘抗锯齿改为最高质量，如图5-56所示。

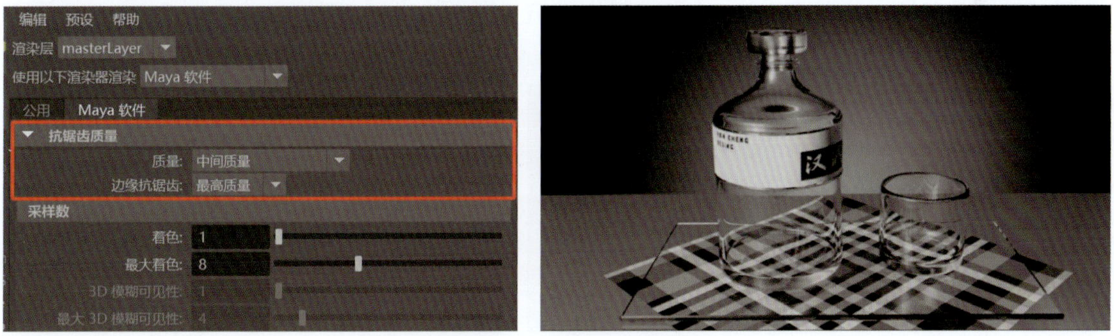

图5-56 修改渲染设置

创建局域光。点击工具架中“渲染”标签下的“局域光”，在瓶子的上方创建一盏局域光，用来局部照亮桌子。使用移动工具和缩放工具，结合四视图设置好局域光的位置。打开局域光属性编辑器，将强度参数改为3，如图5-57所示。

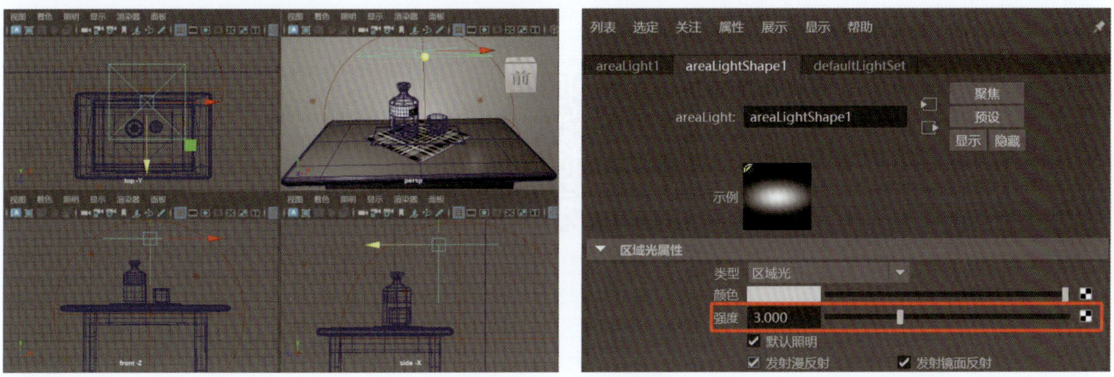

图5-57 设置局域光

修改局域光照射范围，让局域光只照射桌面物体，而其他物体不受局域光影响。点击视图左上角的“渲染”，点击菜单中的照明/着色>灯光链接编辑器>以灯光为中心，在“关系编辑器”对话框中选择“以灯光为中心灯光链接”，在左侧列表中选择“areaLight1”（局域光），在右侧列表中选择“polySurface1”（桌子多边形），让局域光只照射到桌子，如图5-58所示。

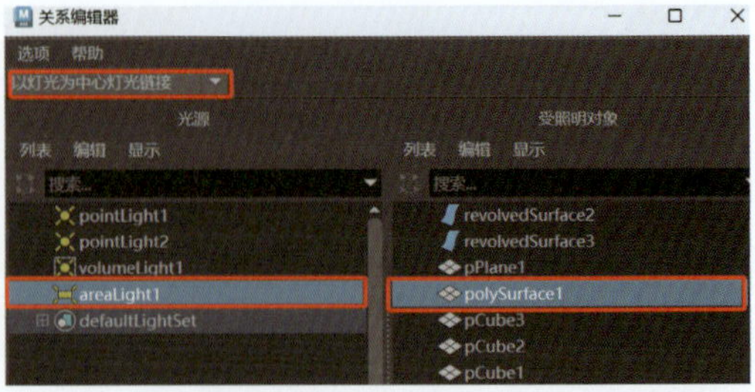

图5-58 修改局域光照射范围

修改多边形桌面灯光设置，让桌面不受其他光源影响，只受到局域光照射。在关系编辑器中选择“以对象为中心灯光链接”，在左侧列表中选择“polySurface1”（桌子多边形），在右侧列表中选择“areaLight1”（局域光），只选择局域光光源，取消选择其他光源，如图5-59所示。调整好后，完成制作，渲染效果如图5-60所示。

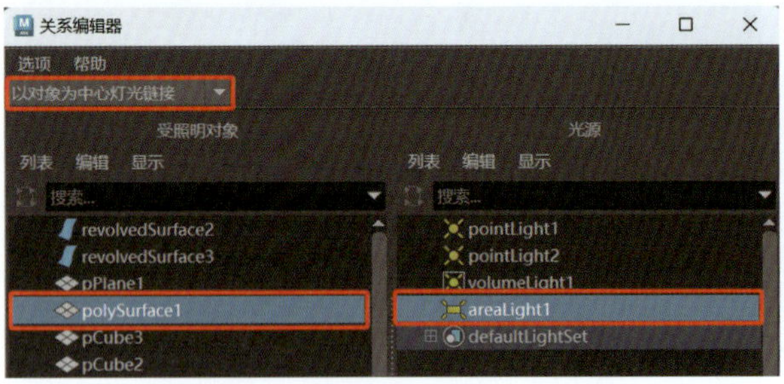

图5-59 修改多边形桌面灯光设置

图5-60 最终渲染效果

二、黄瓜、木板、瓷砖材质实例

制作黄瓜、木板、瓷砖模型，通过案例深入学习材质编辑以及为场景设置不同灯光的方法如图5-61所示。

图5-61 黄瓜、木板、瓷砖材质与灯光设置案例

黄瓜、木板、瓷砖材质制作讲解视频

创建局域光。点击工具架“渲染”标签下的“局域光”，在黄瓜上方创建局域光。使用移动工具和缩放工具，结合四视图调整体积光的位置。打开渲染设置对话框，或点击状态栏中的“渲染设置”按钮，在弹出的渲染设置对话框中选择“Maya软件”，如图5-62所示。

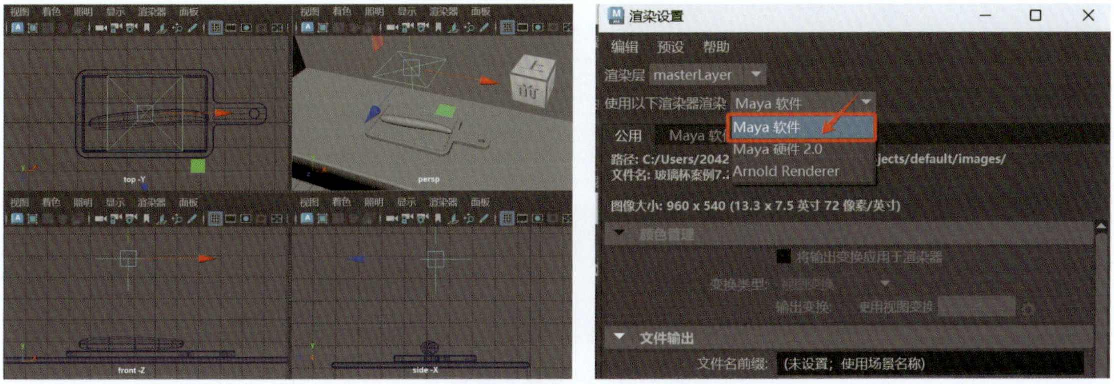

图5-62　创建局域光并修改渲染设置

修改体积光参数。选择局域光，点击状态栏中的属性编辑器，将灯光强度改为5，修改后渲染视图，如图5-63所示。

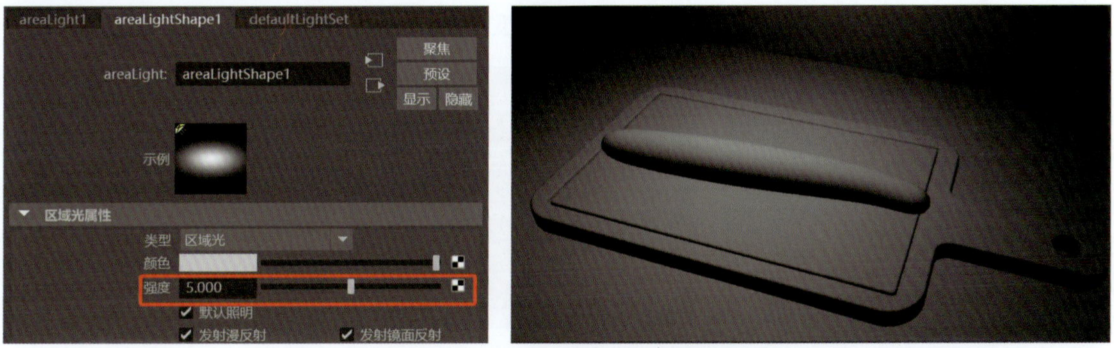

图5-63　设置局域光强度并渲染

创建点光源。点击工具架“渲染”标签下的“点光源”，在场景的左上方创建一盏点光源，结合四视图，使用移动工具调整点光源的位置，如图5-64所示。

修改点光源属性。选择点光源，点击状态栏中的属性编辑器，将点光源的灯光强度设为0.5，渲染效果如图5-65所示。

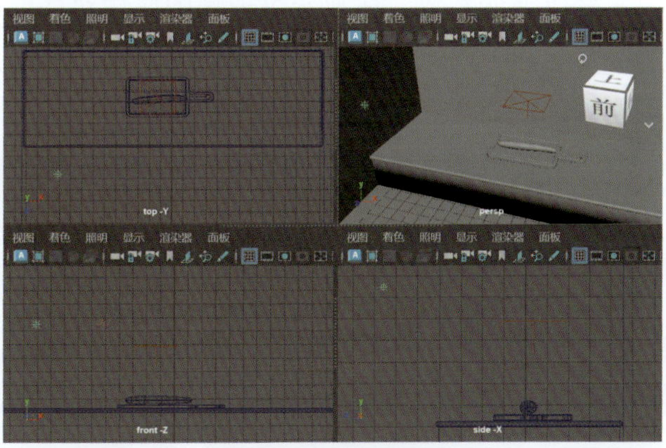

图5-64　创建点光源

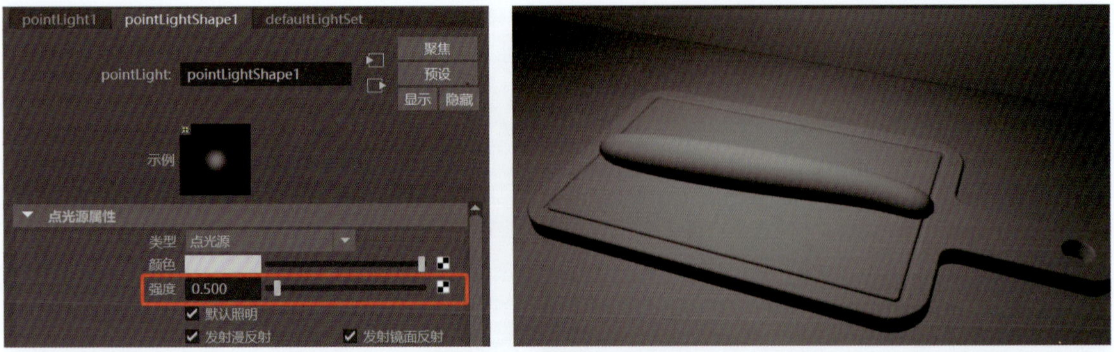

图5-65　设置点光源强度

给黄瓜赋予Blinn材质。选择场景中的黄瓜模型，点击工具架：“渲染”标签下的Blinn材质球，将Blinn材质指定给黄瓜模型，如图5-66所示。

设置黄瓜颜色。打开黄瓜的Blinn材质属性编辑器，点击“颜色”贴图图标，在“创建渲染节点”对话框中选择“渐变”，为黄瓜添加渐变纹理贴图，如图5-67所示。

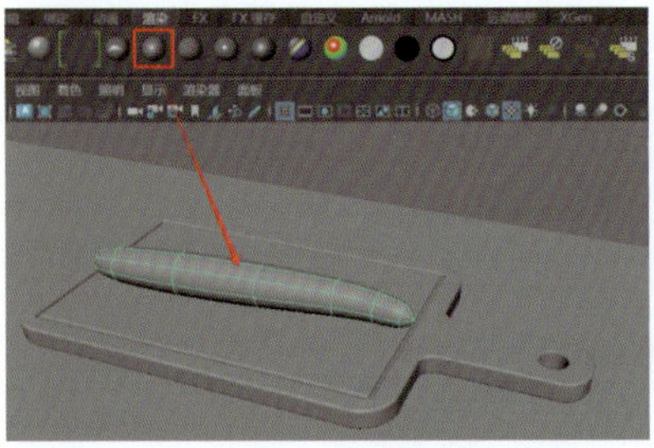

图5-66　将Blinn材质赋予黄瓜

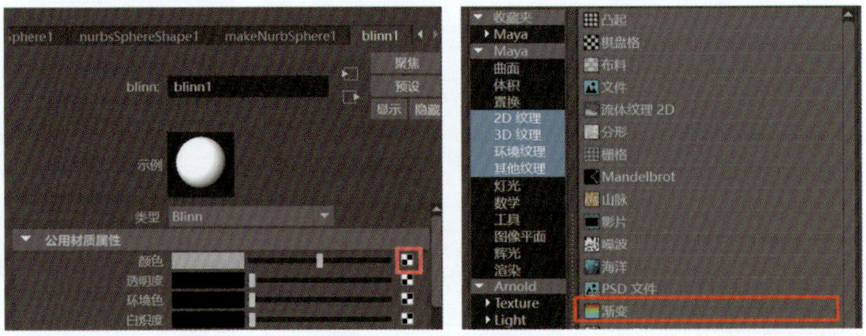

图5-67　创建渐变纹理贴图

修改渐变参数。在渐变纹理贴图属性对话框中，将类型修改为U向渐变，将插值修改为平滑，在下面的渐变色色标中添加黄色、绿色、墨绿色色标，制作出整根黄瓜由黄绿色到墨绿色的渐变效果，如图5-68所示。

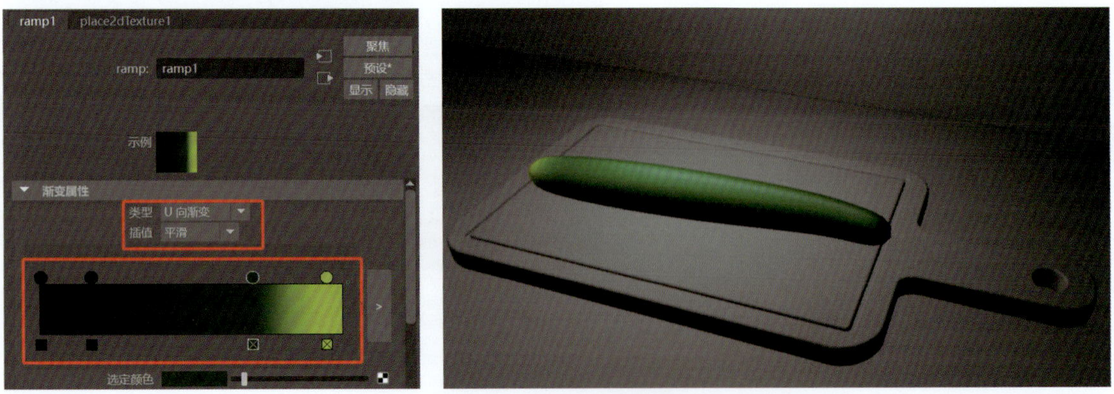

图5-68　设置渐变贴图

制作黄瓜凹凸纹理。编辑好颜色后，单击渐变编辑面板上方的向上按钮，回到Blinn材质球上一级编辑面板；点击“凹凸贴图”后的按钮，在弹出的“创建渲染节点”对话框中选择“渐变”，如图5-69所示。

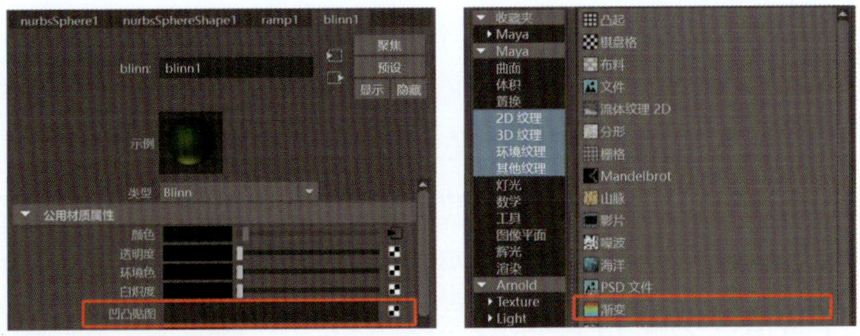

图5-69　为凹凸贴图添加渐变纹理

修改凹凸参数。在凹凸属性对话框中，将类型设为U向渐部变，将插值设为平滑，将颜色设定为黑、白、黑，黑色为黄瓜头部和尾部，不产生凹凸效果，白色为黄瓜中部，产生凹凸效果。选择色条中的白色色标，点击“选定颜色”后面的小图标，在弹出的对话框中选择“渐变”，为黄瓜中间部分制作条纹凹凸纹理，如图5-70所示。

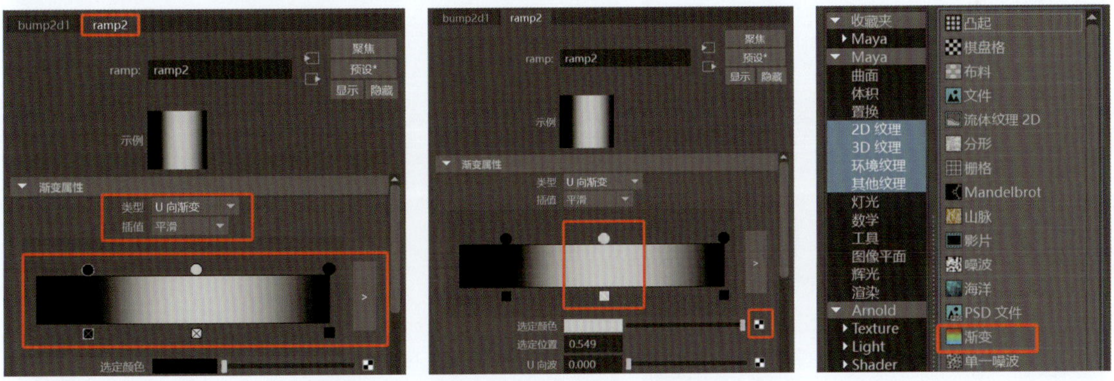

图5-70　修改渐变纹理参数

修改渐变凹凸纹理贴图参数，将插值设为平滑，将黄瓜凹凸渐变纹理颜色设为黑、白、黑。打开渐变2D贴图坐标属性对话框，将UV向重复设为1和14，如图5-71所示。

通过贴图坐标的重复设置，调整出条纹凹凸效果，渲染视图并观察，如图5-72所示。

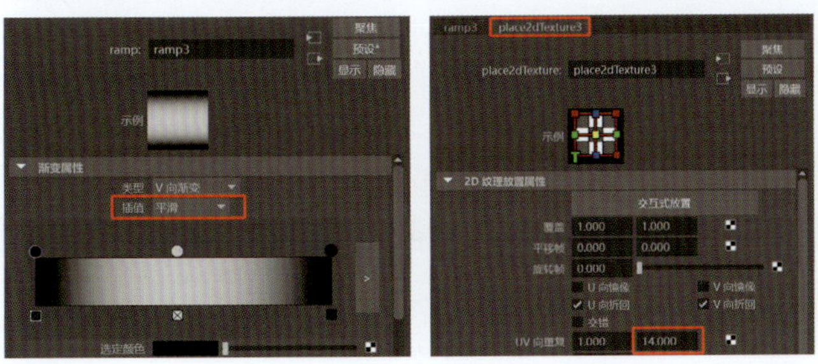

图5-71　设置黄瓜条纹凹凸纹理

图5-72　渲染黄瓜条纹

为黄瓜凹凸纹理加入噪波点效果。选择渐变纹理属性对话框中的白色色标，点击“选定颜色”后的贴图按钮，在弹出的对话框再次添加“渐变”纹理。修改渐变参数，将插值改为平滑，将色标改成浅灰、黑、浅灰色，将噪波改为1，将噪波频率改为0.4，如图5-73所示。

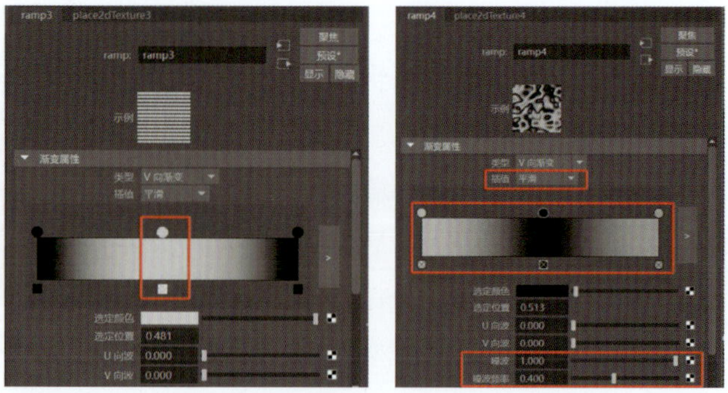

图5-73　设置渐变噪波点参数

修改UV向重复参数，制作黄瓜凹凸点效果。打开渐变2D贴图坐标属性对话框，将UV向重复设为8和8。修改好后渲染视图，如图5-74所示。

图5-74　修改UV向重复参数

黄瓜材质制作完成。可打开状态栏中的超级滤光器对话框，选择黄瓜Blinn材质球，点击展开输入和输出链接，检查黄瓜材质所有的链接是否正确，如图5-75所示。

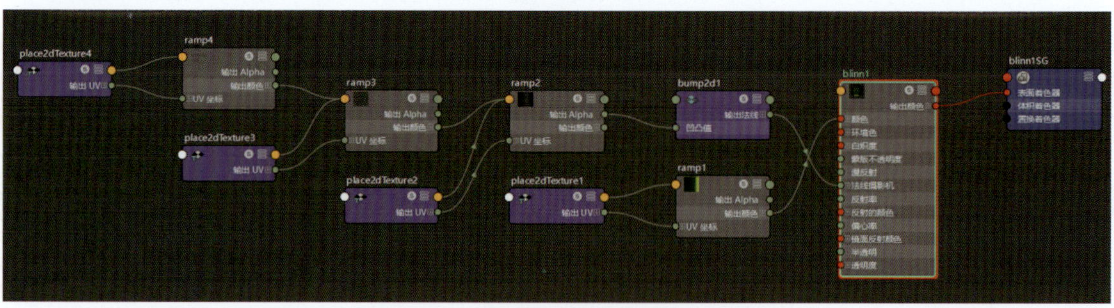

图5-75　Blinn材质球输入和输出链接

制作木板纹理。选择场景中的木板模型，点击工具架中“渲染”标签下的Lambert（无高光）材质球，将Lambert材质赋予场景中选择的目标对象，如图5-76所示。

设置Lambert参数。点击状态栏中的属性编辑器，打开Lambert材质设置对话框，将漫反射设为0.4。点击“颜色”后的贴图图标，在弹出的“创建渲染节点”对话框中选择3D纹理中的“木材”，为Lambert材质球添加木纹，如图5-77所示。

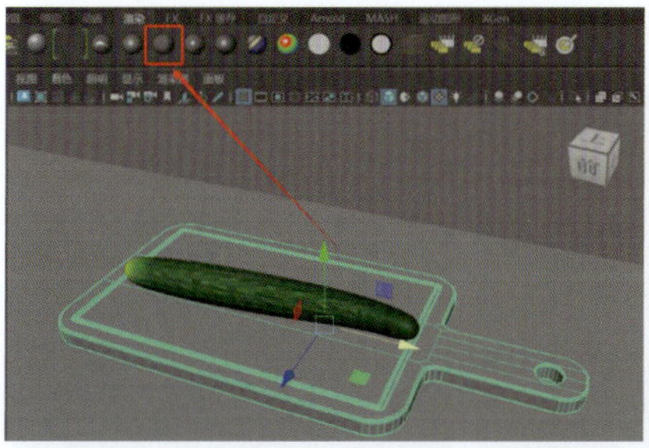

图5-76　指定Lambert材质球

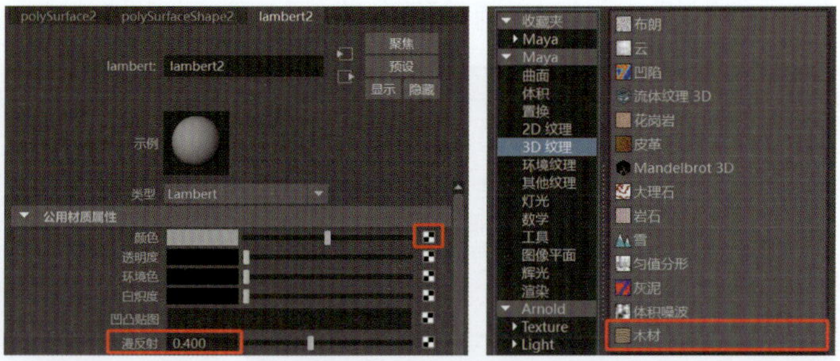

图5-77　添加木纹

选择视图中的木材三维纹理坐标图标，在视图通道盒中旋转贴图坐标的方向。将旋转X设为–90，让三维纹理坐标正面方向向上，如图5-78所示。

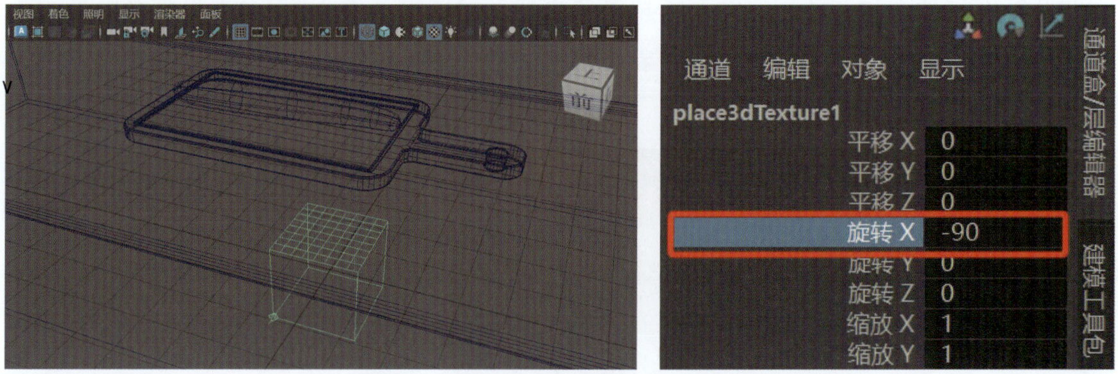

图5-78　修改三维纹理贴图坐标的方向

选择木材三维纹理贴图坐标，打开三维纹理贴图坐标属性设置话框。点击“适配到组边界盒”按钮，让三维贴图坐标与模型木板适配，如图5-79所示。

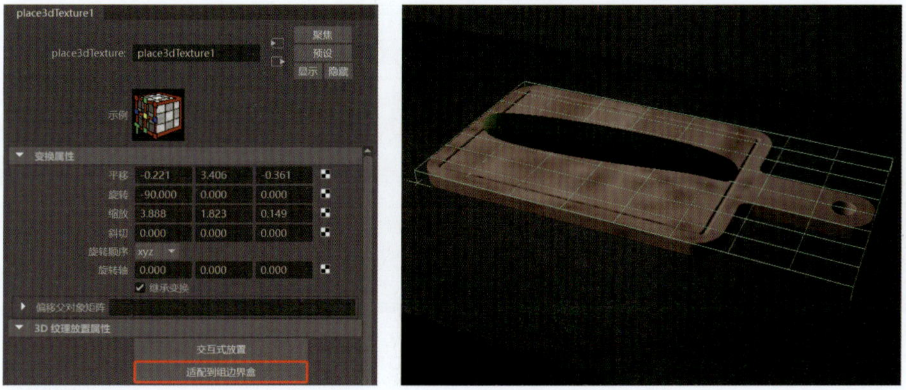

图5-79　设置三维纹贴图坐标

设置好后渲染视图，木纹效果如图5-80所示。

修改Wood木材纹理贴图的参数。打开Wood属性面板，调整填充颜色、脉络颜色、颗粒颜色。将颗粒对比度设为0.8，加大颗粒效果。打开“噪波属性”卷展栏，将振幅X设为1.5，将振幅Y设为4，调整出自然的纹理，如图5-81所示。

图5-80　木纹渲染效果

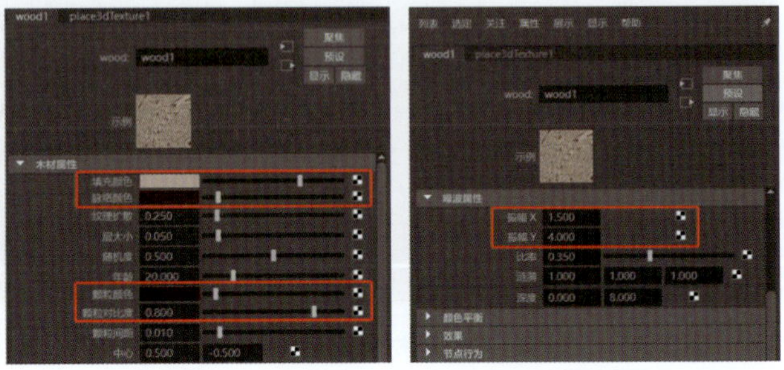

图5-81　设置Wood木材纹理贴图属性

制作木材纹理凹凸贴图。为了让凹凸纹理和木材颜色相匹配，可将木材颜色贴图复制到凹凸贴图标签。打开Hypershade（超级滤光器）对话框，点击Wood木材颜色贴图，选择Hypershade对话框中的编辑>复制>着色网络，复制出同样参数的Wood木材颜色贴图，如图5-82所示。

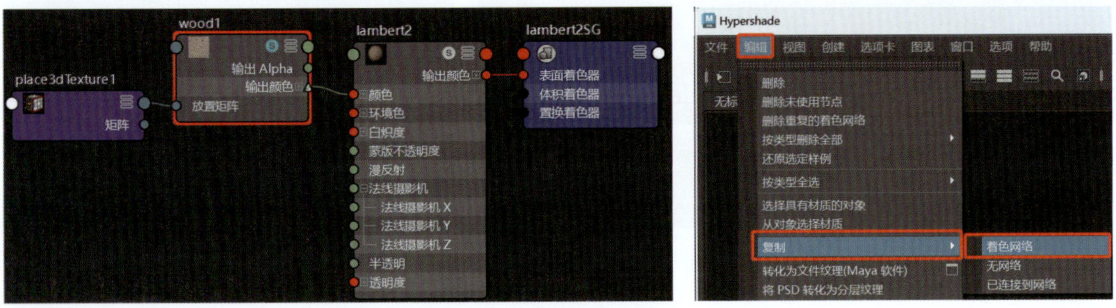

图5-82　复制木材纹理

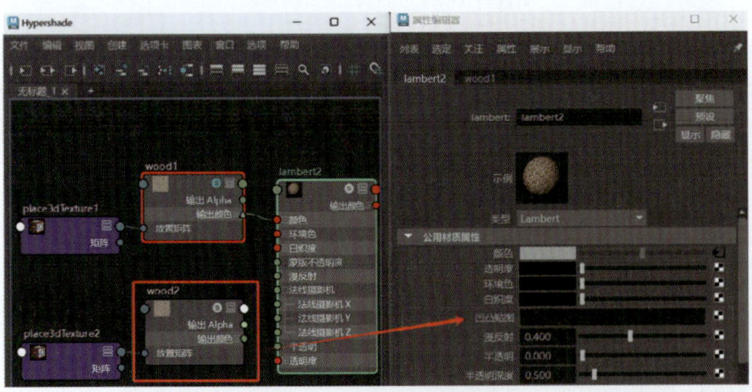

图5-83　赋予凹凸贴图

复制好木材颜色贴图后，打开Lambert无高光材质球属性对话框，在超级滤光器中按住鼠标中键，将复制的木材贴图拖拽到Lambert材质球属性对话框的“凹凸贴图”上，松开鼠标中键，完成同参数木材凹凸贴图的赋予，如图5-83所示。

打开木材凹凸贴图属性对话框，将凹凸深度修改为0.01，完成木板凹凸贴图的制作，渲染效果如图5-84所示。

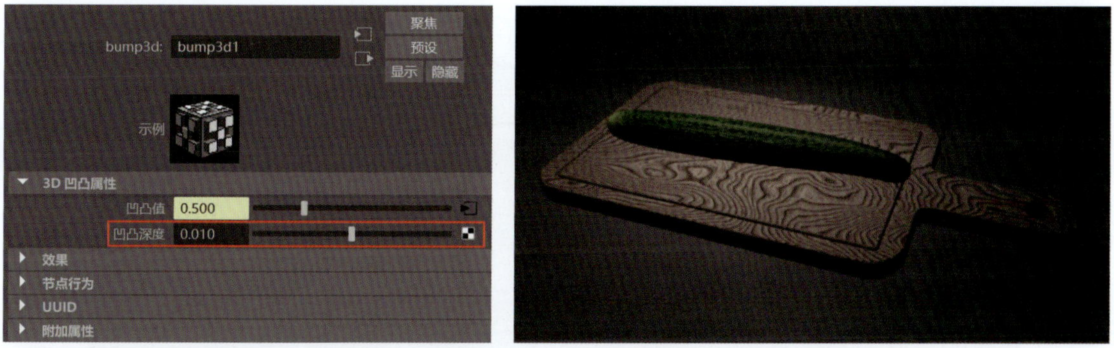

图5-84　设置凹凸深度

制作桌面材质。选择场景中的桌面，点击工具架“渲染”标签下的Blinn材质球，将Blinn材质指定给场景中的桌面。打开Blinn材质球属性对话框，将Blinn材质颜色更改为中灰色，如图5-85所示。

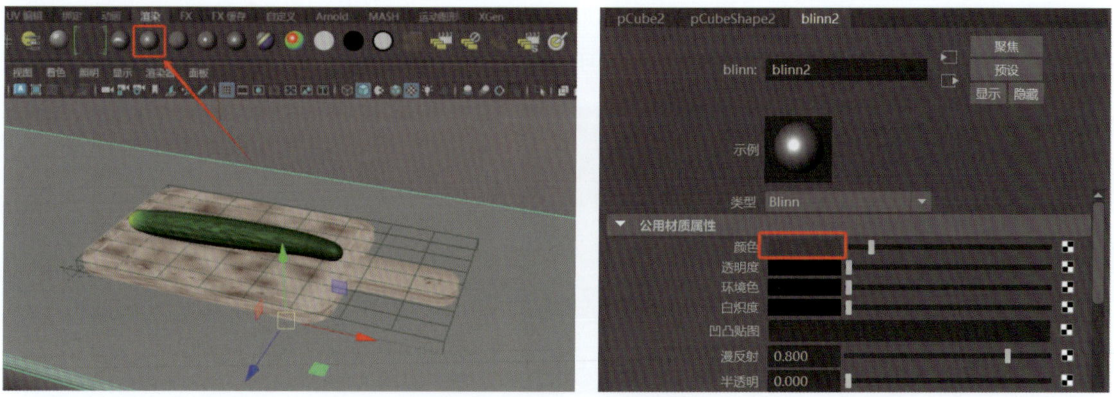

图5-85　设置桌面材质颜色

更改体积光参数。打开体积光属性对话框，打开“深度贴图阴影属性”卷展栏，勾选“使用深度贴图阴影”选项，将分辨率设为1000，将过滤器大小设为10，如图5-86所示。

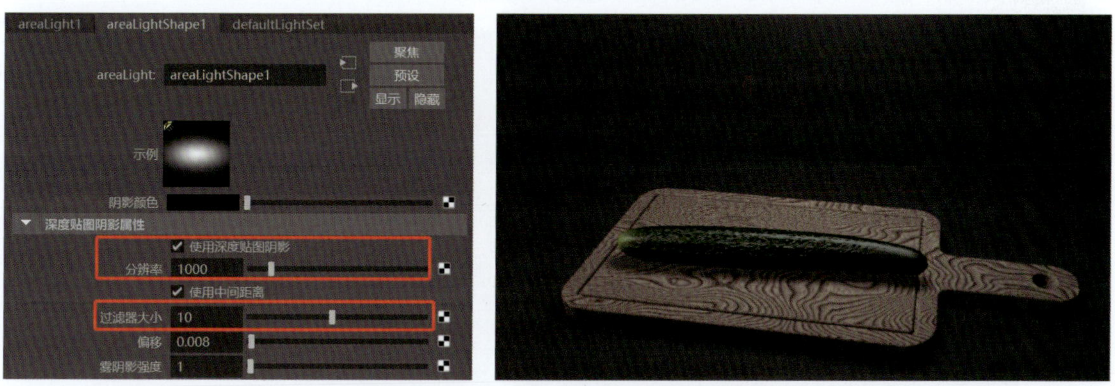

图5-86　设置体积光深度并使用贴图阴影

渲染后发现黄瓜和木板颜色较暗。修改黄瓜Blinn材质球参数，将漫反射修改为1，将偏心率修改为0.8，将镜面反射衰减修改为0.2；修改木板Lambert材质球参数，将漫反射修改为0.8。如图5-87所示。

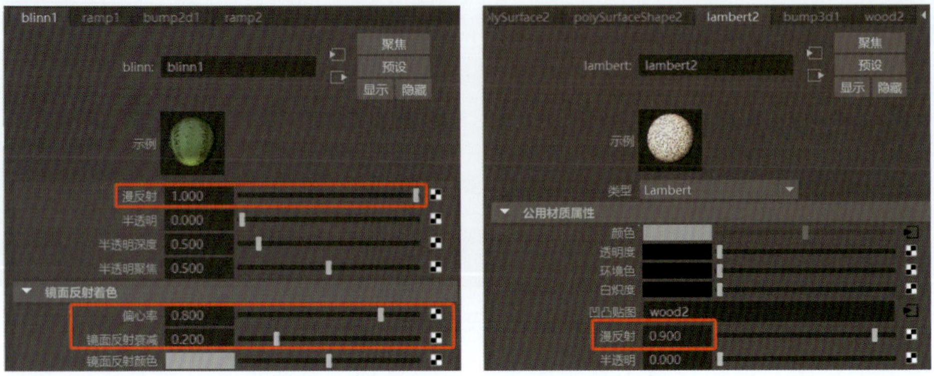

图5-87 修改黄瓜和木板材质球亮度

修改好后的渲染效果如图5-88所示。

制作墙面瓷砖材质。先选择场景中的墙面模型，点击渲染标签下的Phone E材质球，将Phone E材质球赋予瓷砖墙面，如图5-89所示。

图5-88 黄瓜和木板渲染效果

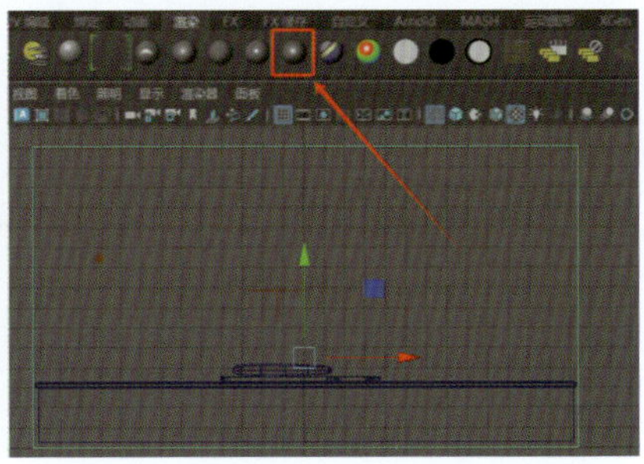

图5-89 赋予墙面Phone E材质

设置Phone E材质球属性。打开Phone E材质球属性对话框，点击颜色后面的贴图按钮，在弹出的“创建渲染节点”对话框中选择“噪波”贴图，如图5-90所示。

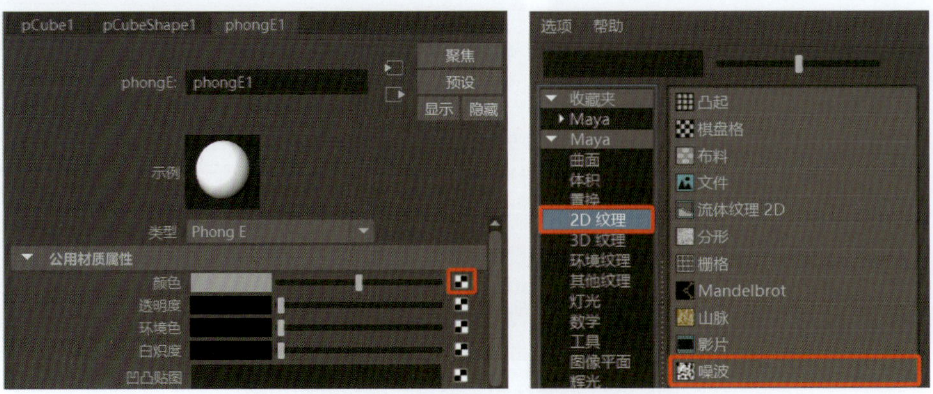

图5-90 设置颜色噪波贴图

修改噪波参数。打开噪波属性对话框，将阈值设为0.5，将频率设为40。点击噪波二维贴图坐标标签，将UV向重复修改为100和100，为瓷砖添加杂点效果，如图5-91所示。

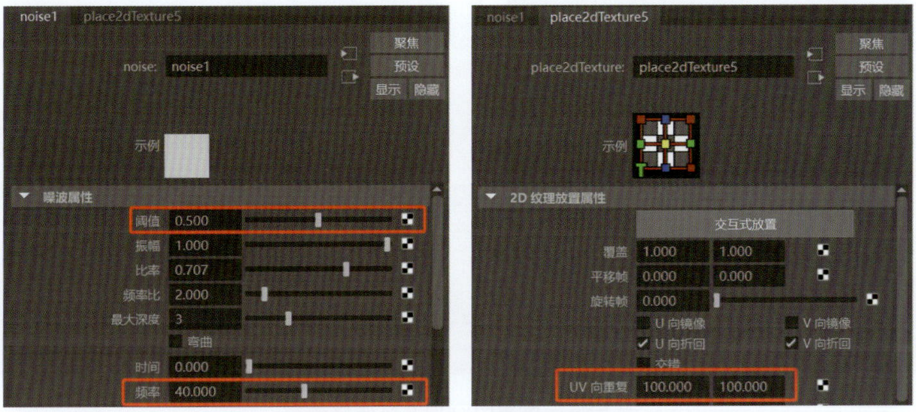

图5-91 设置噪波纹理参数

制作瓷砖凹凸纹理。在Phone E材质球属性对话框中编辑好瓷砖颜色后，单击噪波编辑面板上方的■向上按钮，回到Phone E材质球上一级编辑面板。点击“凹凸贴图”后的贴图按钮，在弹出的“创建渲染节点”对话框中选择“栅格”，如图5-92所示。

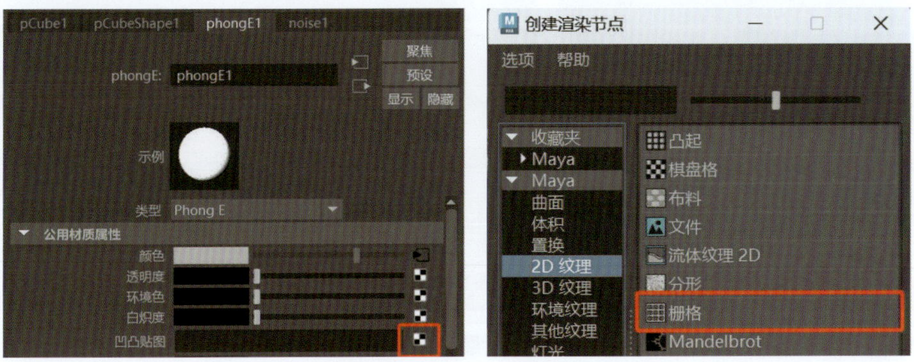

图5-92 添加“栅格”

打开“栅格”纹理贴图属性对话框，将U向宽度改为0.03，将V向宽度改为0.03；打开“栅格”纹理二维贴图坐标属性对话框，将UV向重复改为80和40。如图5-93所示。

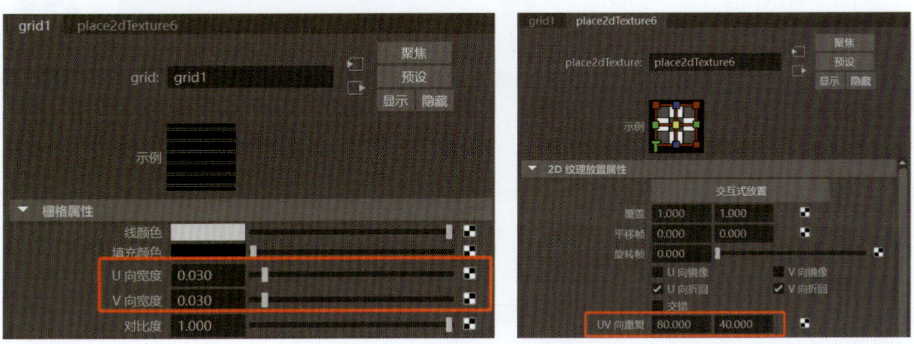

图5-93 设置栅格纹理参数

修改Phone E材质球的亮度及反射效果。回到Phone E材质球参数面板中，将漫反射改为0.4，将粗糙度改为0.1，将反射率改为0.1，如图5-94所示。

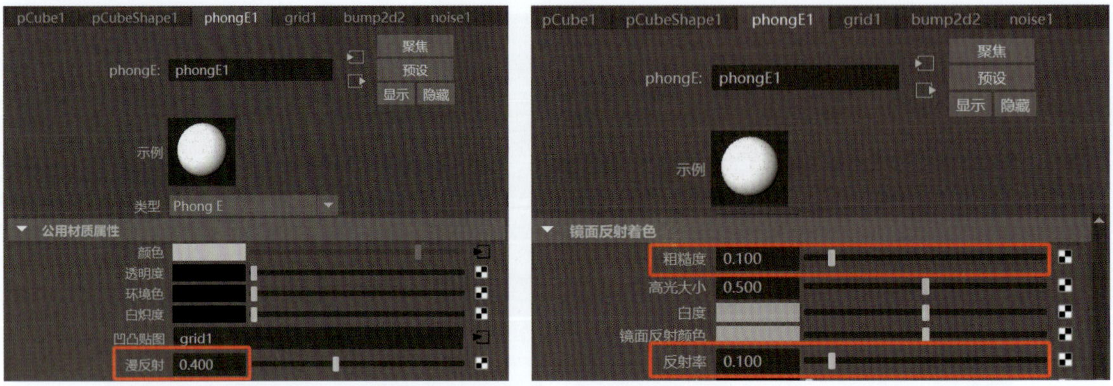

图5-94 设置Phone E材质球参数

更改渲染设置。打开状态栏中的“渲染设置”按钮，在弹出的渲染设置对话框中打开Maya标签下的“光线跟踪质量”卷展栏，勾选“光线跟踪”选项，最终渲染效果如图5-95所示。

图5-95 最终渲染效果

三、多边形UV贴图编辑实例

制作案例多边形文件收纳盒UV材质，如图5-96所示，学习多边形UV贴图编辑与灯光设置方法。

图5-96 多边形UV贴图编辑与灯光设置案例

多边形UV贴图制作讲解视频

在场景中选择多边形文件收纳盒，执行菜单中的UV>自动命令，为多边形盒子指定自动UV映射命令。执行自动映射命令后，在视图场景中模型的所有面会进行UV自动投射，如图5-97所示。

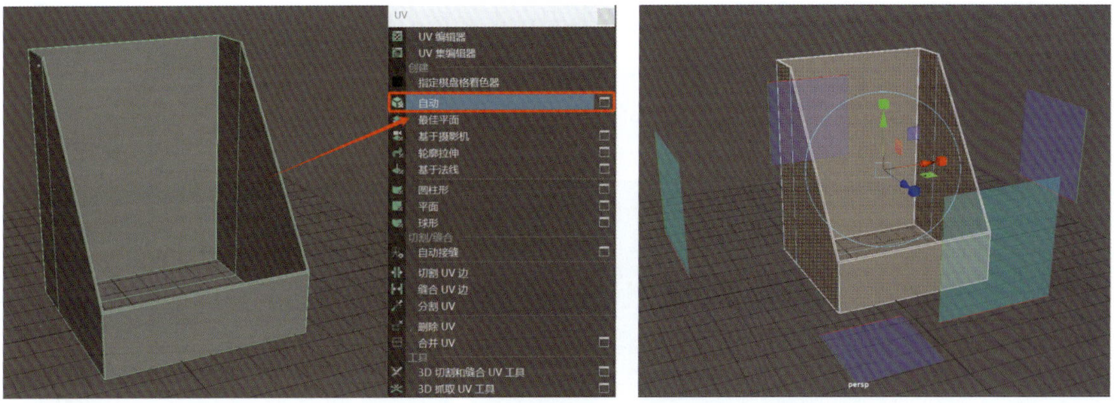

图5-97 执行自动UV映射命令

观察自动映射的UV。点击菜单中的UV自动>UV编辑器，打开UV编辑器对话框。通过UV编辑器观察，可见文件收纳盒模型被拆出多个UV面，如图5-98所示。

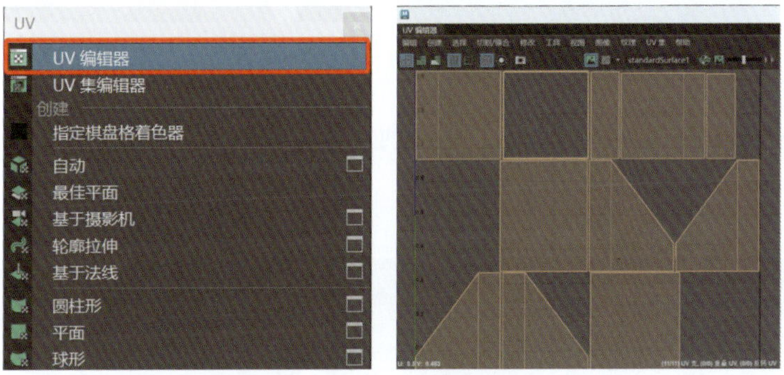

图5-98 UV编辑器

编辑UV。在视图中点击鼠标右键，选择“边”元素，点击收纳盒侧面的边，此时在UV编辑器对话框中可看到对应的边被选择，该边在UV编辑器对话框中显示为两条边界边，如图5-99所示。

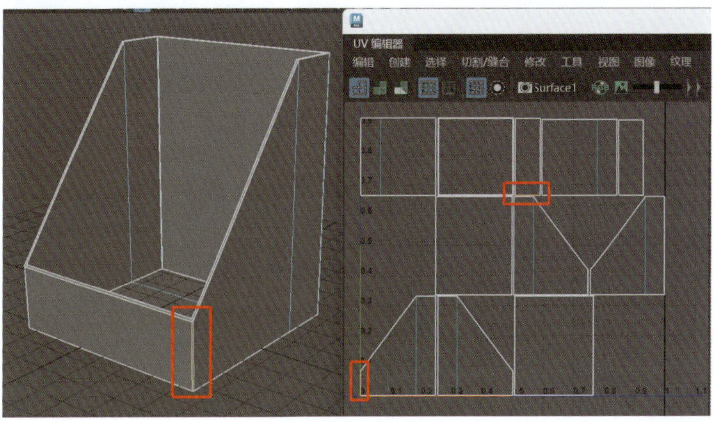

图5-99 选择UV边

缝合选择的UV边。在UV编辑器对话框中点击鼠标右键，选择“边”元素，选择UV编辑器文件收纳盒左边侧面的一条边，执行“UV工具包”面板中的“缝合到一起”命令，对应边及其所在的面就会移动并缝合在一起，如图5-100所示。

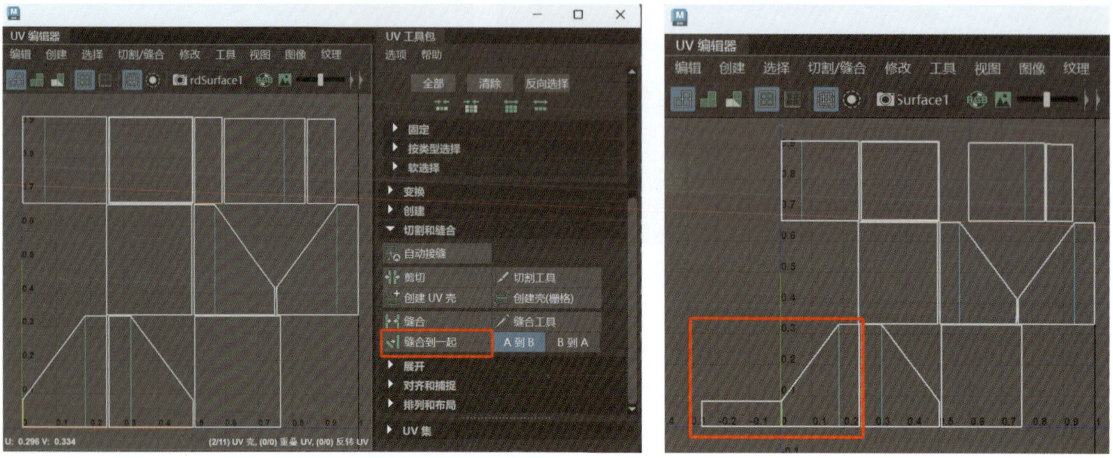

图5-100 缝合UV（1）

选择缝合左边面的边，再次执行“缝合到一起”命令，文件收纳盒对应的面被缝合，如图5-101所示。

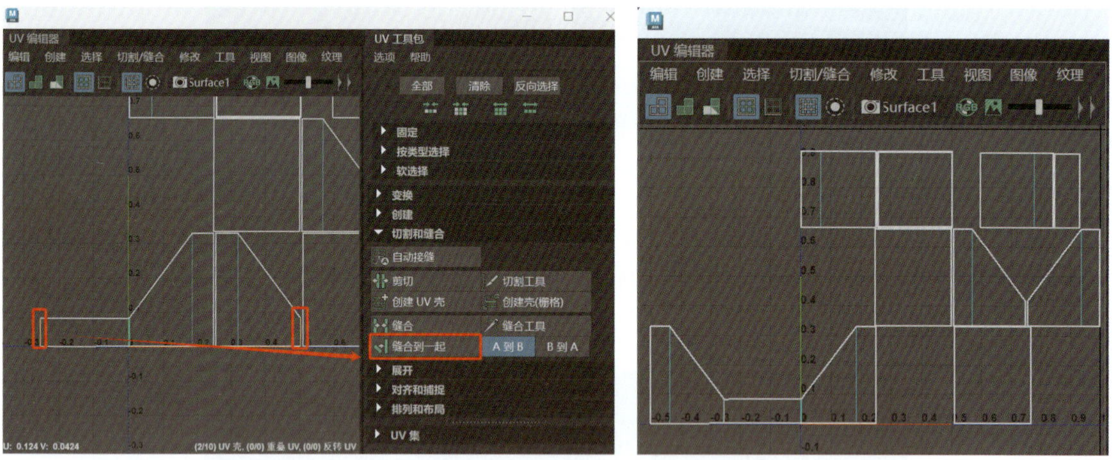

图5-101 缝合UV（2）

使用以上同样的方法，选择缝合好的面左侧的边，执行“缝合到一起”命令，将文件收纳盒背面的面缝合在一起，如图5-102所示。

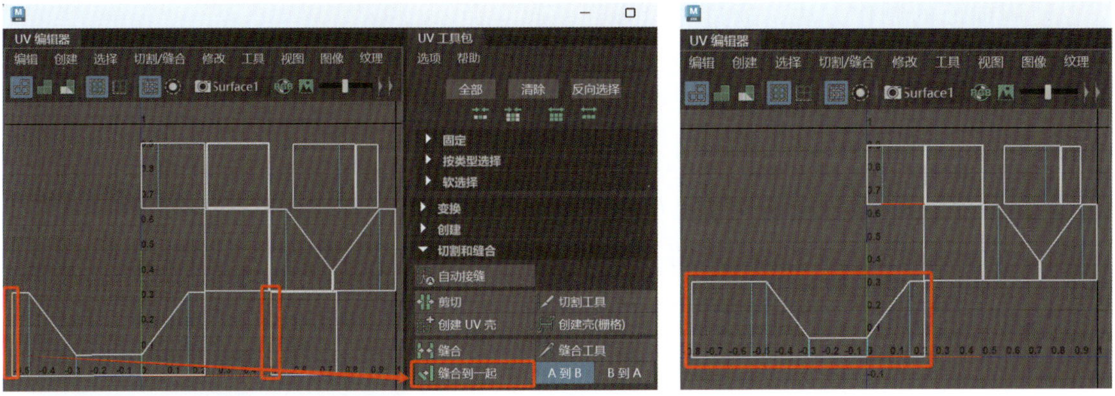

图5-102　缝合UV（3）

选择文件收纳盒中间面底下的边，执行“缝合到一起”命令，完成盒子外部UV面的整体缝合制作，如图5-103所示。

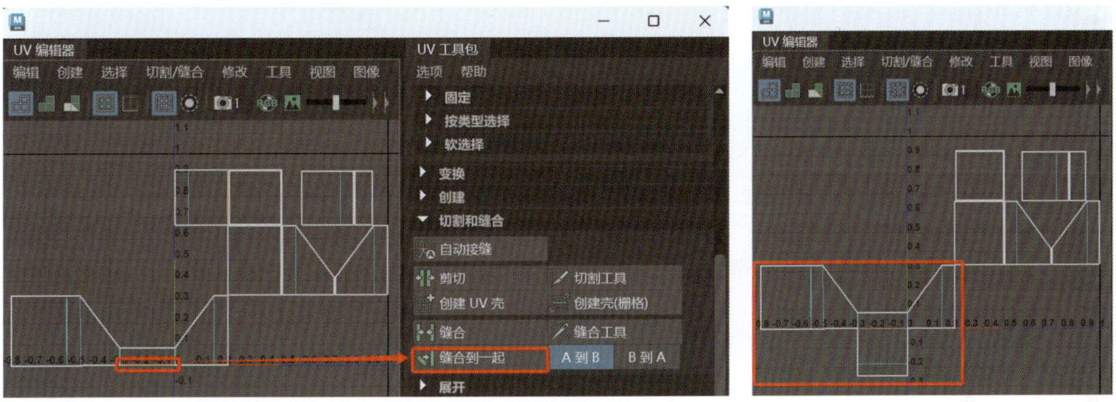

图5-103　缝合UV（4）

调整UV面的位置。在编辑器中点击鼠标右键，选择“面”元素，选择相应的UV面，将其移动到UV视图区域下方，如图5-104所示。

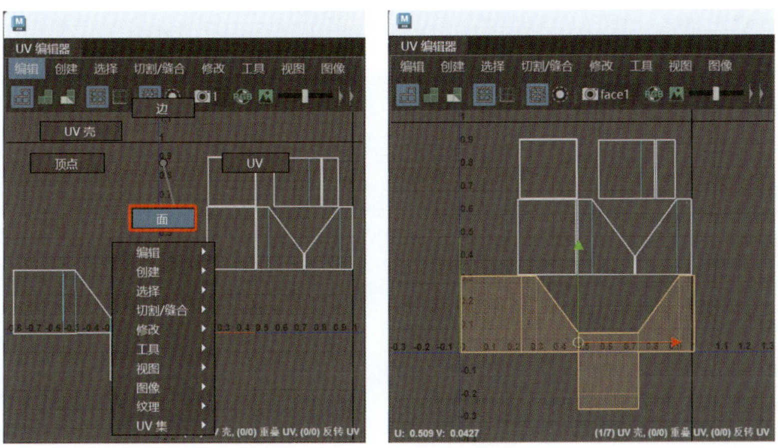

图5-104　调整UV面的位置

使用前面的制作方法，通过“缝合到一起”命令，将文件收纳盒内部的UV面缝合，并移动调整好UV面的位置，如图5-105所示。

剪切UV边。点击鼠标右键，选择“边”元素，在UV编辑器中选择文件收纳盒厚度方向的UV边，执行UV工具包中的“剪切”命令，将文件收纳盒厚度方向的UV边都剪切开，如图5-106所示。

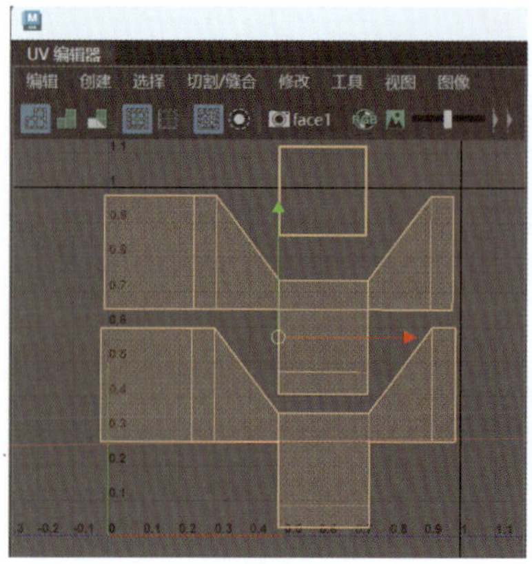

图5-105　缝合盒子内部的UV边

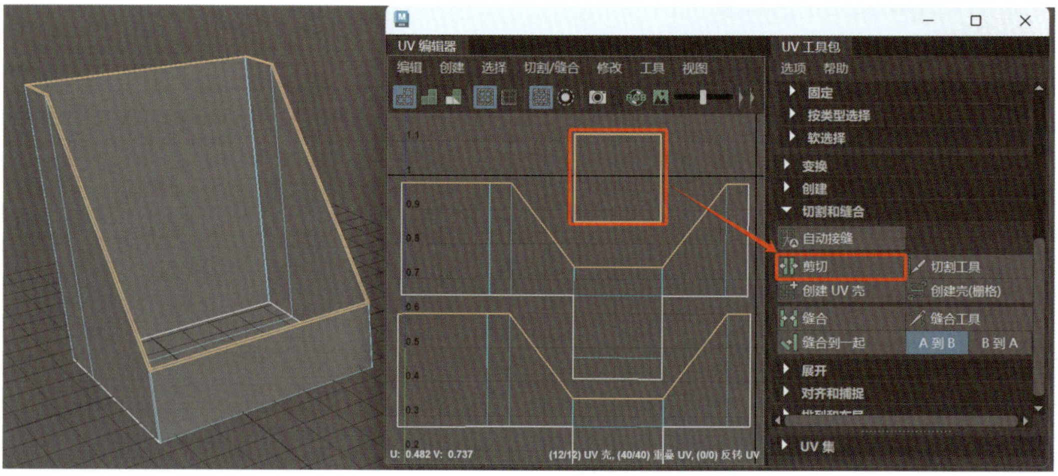

图5-106　剪切UV边

将文件收纳盒厚度方向的UV边缝合到收纳盒外面的UV面上。点击鼠标右键，选择“边”元素，在UV编辑器中选择收纳盒外面的UV边，执行“缝合到一起”命令，将收纳盒厚度方向的UV边缝合到收纳盒外部的UV面上，如图5-107所示。

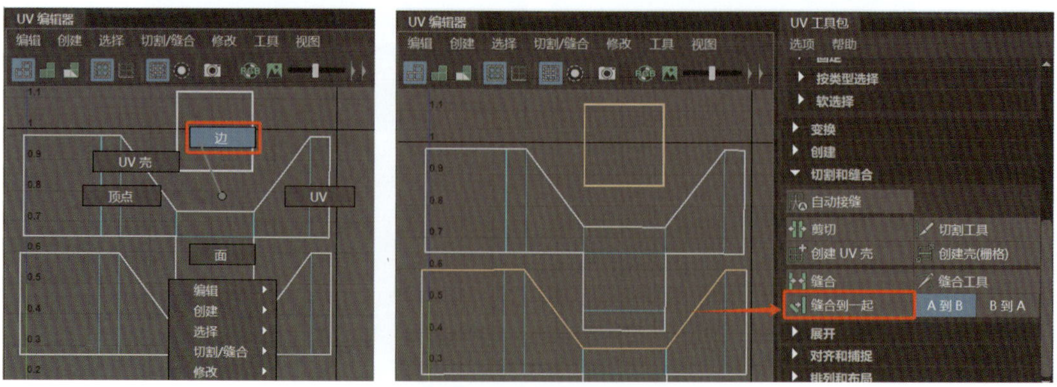

图5-107　缝合UV边

打开棋盘纹理贴图观察UV贴图。点击UV编辑器菜单中的纹理>棋盘贴图，此时场景中的文件收纳盒模型和UV编辑器都将呈现出棋盘纹理贴图，如图5-108所示。

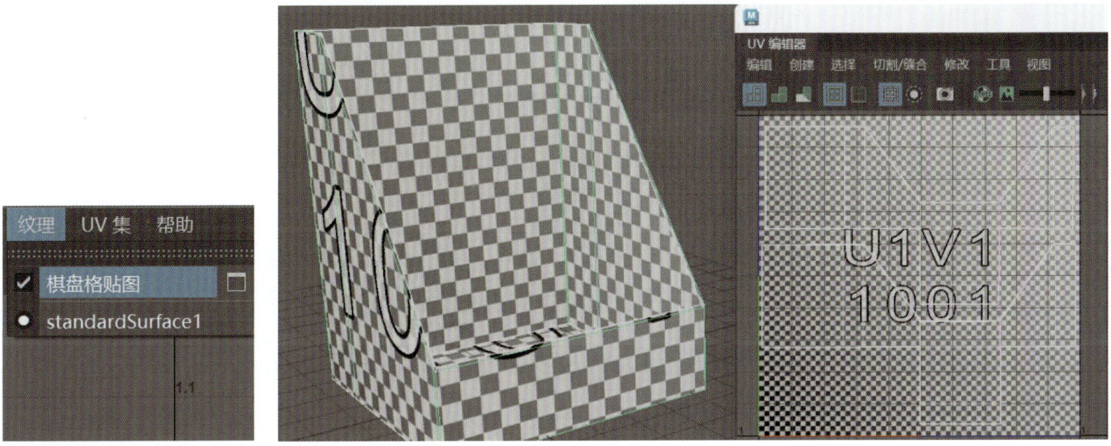

图5-108　显示棋盘盒UV贴图

缝合文件收纳盒侧面的边，结合视图的棋盘纹理进行观察和调整，如图5-109所示。

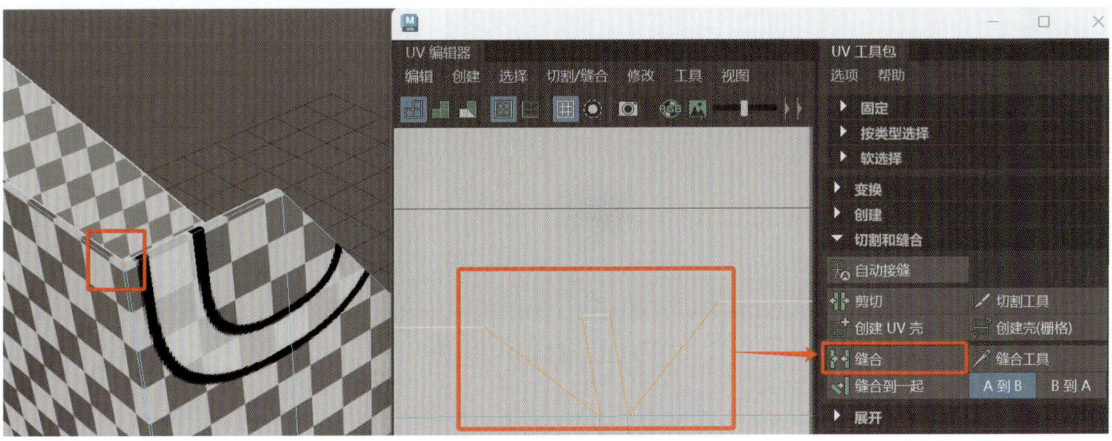

图5-109　缝合并调整

结合视图UV纹理，观察棋盘纹理贴图细节是否正确。在UV编辑器中点击鼠标右键，选择“UV”，选择UV点元素，在UV编辑器中移动调整UV点，边移动边观察纹理是否正确，如图5-110所示。用此方法对文件收纳盒边界所有的UV点进行调整，直至文件收纳盒的棋盘纹理贴图均正确显示，完成UV贴图的制作。

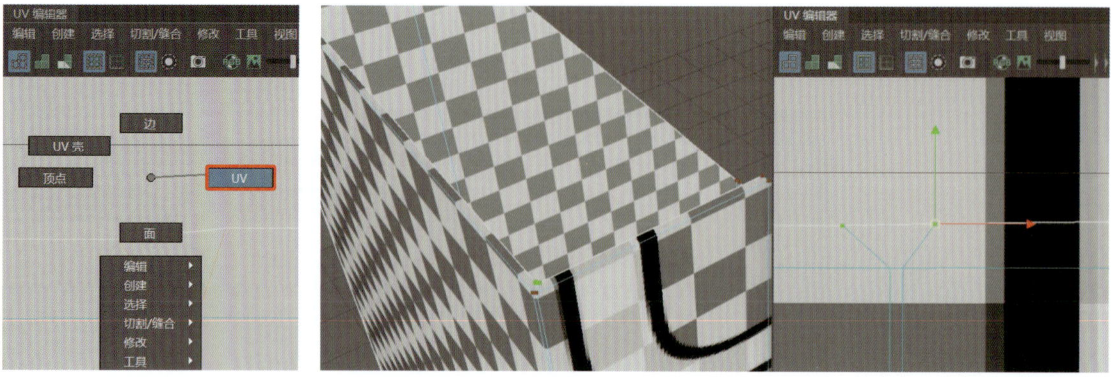

图5-110　调整UV点的位置

在UV编辑器中，点击棋盘纹理显示图标，关闭显示；点击Maya操作视图中的模型棋盘纹理UV显示图标，关闭棋盘纹理在视图中的显示。在UV编辑器中调整UV位置，UV区域在“1，1”的范围内，如图5-111所示。

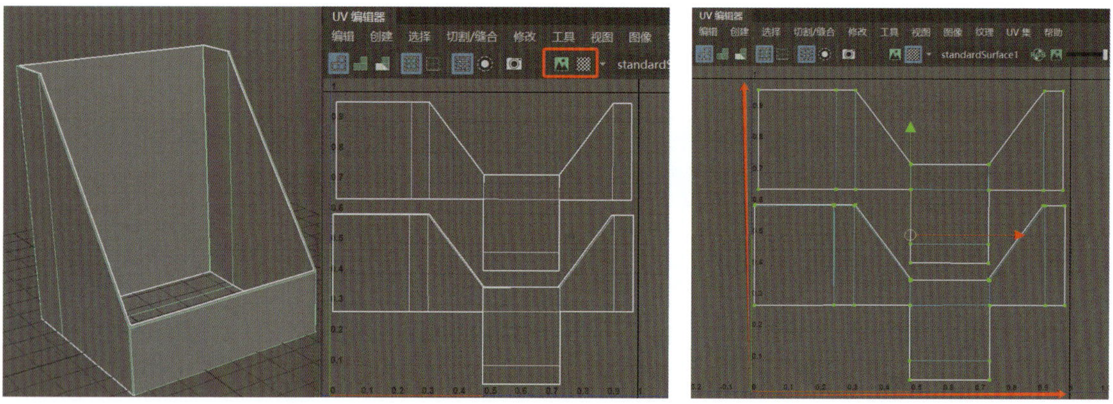

图5-111　整理UV编辑器

导出UV图片。点击UV编辑器菜单，执行图像>UV快照命令，在弹出的UV快照对话框中修改文件名，设置导出图片的位置，修改导出图片的尺寸（大小X：2480，大小Y：2480），将输出的图像格式设为PNG，将编辑好的UV信息导出，如图5-112所示。

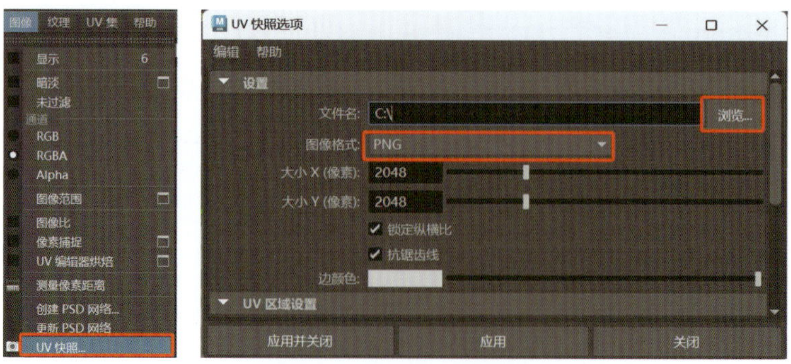

图5-112　导出UV贴图

制作贴图。在Photoshop软件中打开导出的PNG格式的UV图片，如图5-113所示。

在Photoshop软件中，根据文件收纳盒的UV线相应的位置，创建新的图层，针对外部UV和内部UV设计平面图片。制作效果如图5-114所示。

图5-113 打开UV图片

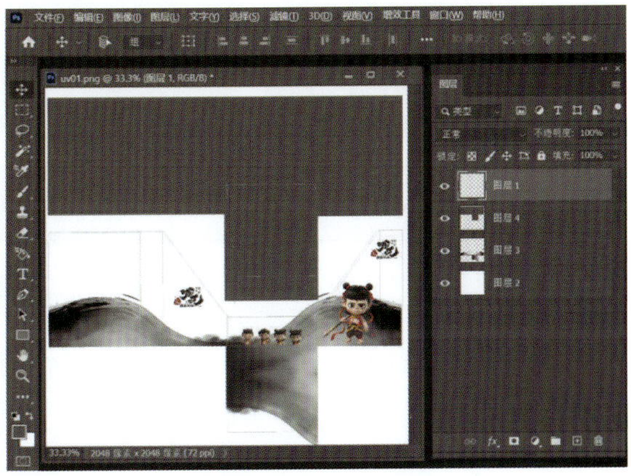

图5-114 编辑贴图

UV贴图图片制作完成后，关闭UV线图层的显示，将图片另存为JPEG格式，如图5-115所示。

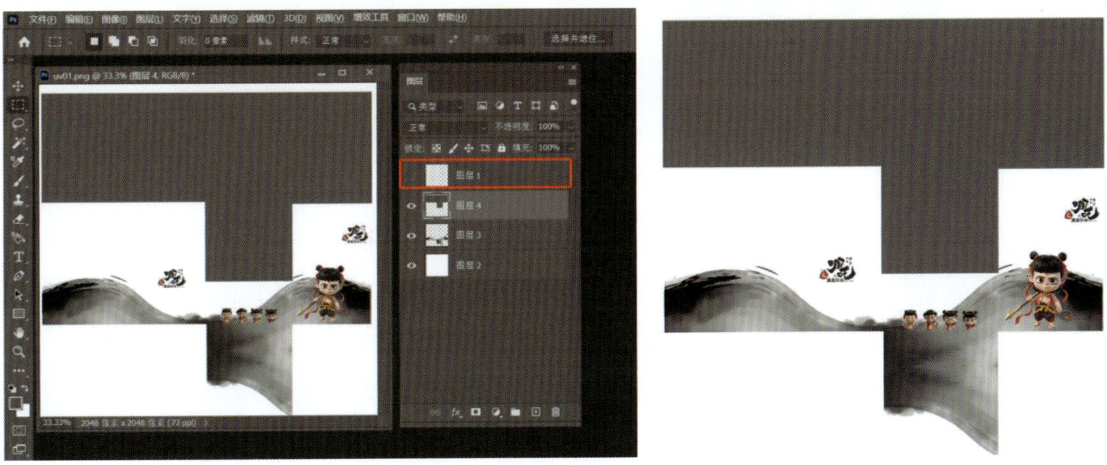

图5-115 储存JPEG文件

赋予材质贴图。打开Maya软件，选择文件收纳盒模型并为其赋予Blinn材质球。打开Blinn材质球属性对话框，点击颜色贴图图标，在弹出的创建渲染节点对话框中选择“文件”，如图5-116所示。

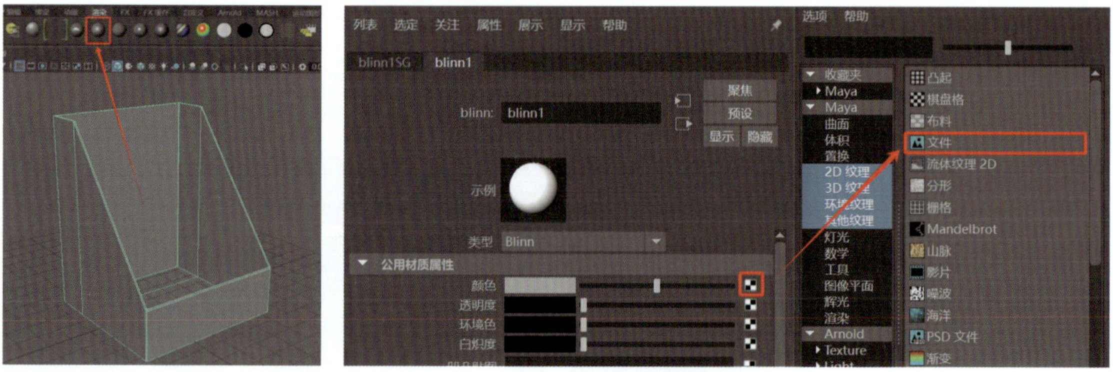

图5-116 指定文件贴图材质

在文件纹理贴图对话框中，选择制作好的JPEG贴图文件，在透视图中按键盘中的“6”键，显示贴图材质，如图5-117所示。

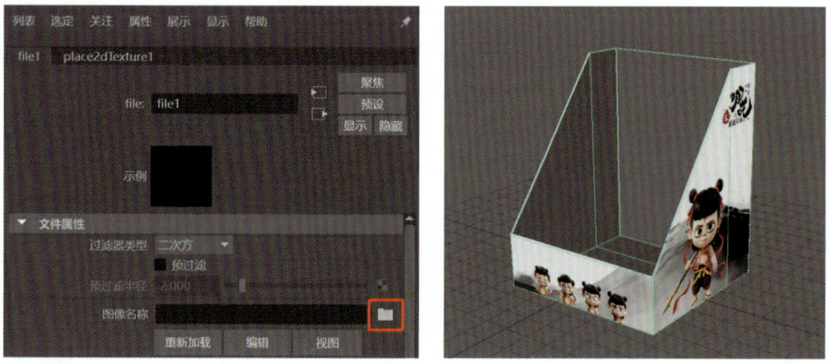

图5-117 贴入UV贴图

结合透视图观察文件收纳盒UV贴图是否匹配，旋转透视图，从各个角度进行观察。如发现不正确的地方，再次进入Photoshop软件中进行修改，修改好后在Maya软件的文件贴图属性对话框中选择加载图片，让UV贴图与模型完全匹配，如图5-118所示。

图5-118 检查盒子贴图

打开第三章实例练习中的场景，将文件夹收纳盒摆放在书桌合适的位置上，制作夜晚窗户场景的一角。点击菜单中的Arnold>Lights>Skydome Light（物理灯光），为场景创建模拟天空光线的虚拟灯光。如图5-119所示。

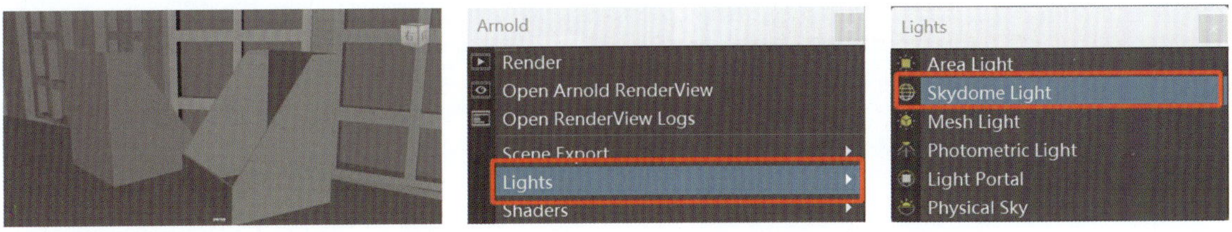

图5-119　创建Skydome Light物理灯光

修改Skydome Light灯光参数。打开Skydome Light物理灯光属性器，将Color（颜色）修改为灰蓝色，模仿夜晚窗外的颜色。将Intensity（灯光强度）设为0.849，渲染效果如图5-120所示。

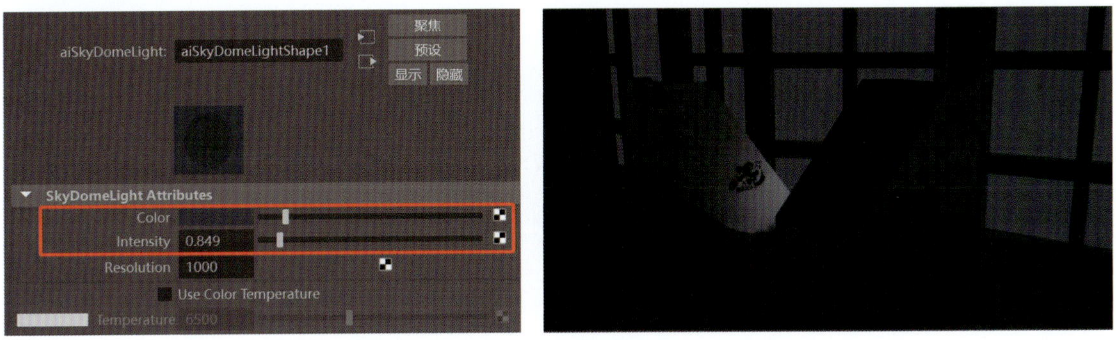

图5-120　修改Skydome Light灯光参数

在室内创建一盏聚灯光。选择渲染标签下的聚光灯，在视图中放大并调整好聚光灯的位置。打开聚光灯属性编辑器，将灯光强度修改为4.2，将衰退速率改为线性，将圆锥体角度改为56，将半影角度改为5.3，将衰减改为5，如图5-121所示。注：灯光的调试和角度参数有关，需在视图中变换灯光角度，结合灯光参数，通过反复调试得到最佳效果。

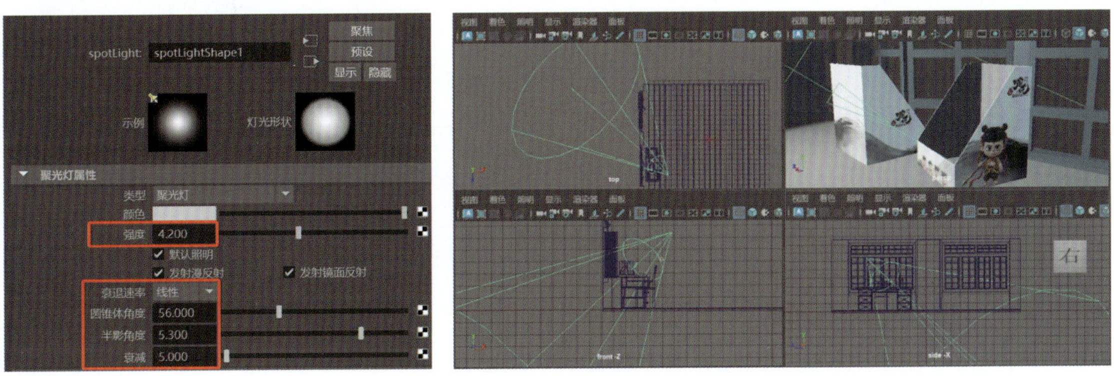

图5-121　创建聚光灯

修改渲染设置。打开渲染设置对话框，选择Arnold Renderer渲染器。最终渲染效果如图5-122所示。

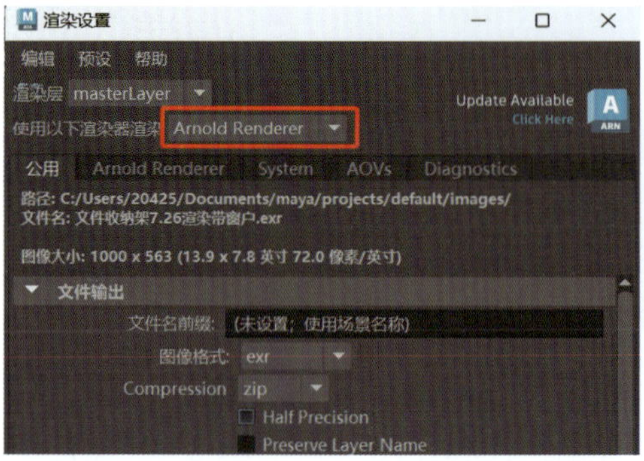

图5-122　修改渲染设置并查看最终渲染效果

课后实践

1. 制作玻璃、布料、木纹等材质的模型，通过实践练习掌握独立编辑材质与赋予材质的能力，在动画场景中设置灯光的能力，以及渲染动画场景的方法。

2. 制作多边形盒子模型，学习巩固UV展开和编辑方法，结合灯光与渲染制作，熟练掌握灯光设置、材质编辑与赋予材质的方法。